肉牛生态养殖实用新技术

姜金庆　王学静　魏刚才　主编

河南科学技术出版社

·郑州·

内容提要

本书包括肉牛生态养殖概述、肉牛的品种及选择、肉牛场的建设和环境控制、肉牛生态养殖的饲料及配制、肉牛生态养殖的饲养管理、肉牛生态养殖的成本管理、肉牛生态养殖的疾病防控等内容。本书注重科学性、实用性、先进性和通俗易懂，适于肉牛养殖场（户）、养殖技术推广员、兽医工作者以及大专院校和培训机构师生阅读。

图书在版编目（CIP）数据

肉牛生态养殖实用新技术 / 姜金庆，王学静，魏刚才主编．—郑州：河南科学技术出版社，2020. 1

ISBN 978-7-5349-9755-6

Ⅰ.①肉… Ⅱ.①姜… ②王… ③魏… Ⅲ.①肉牛-饲养管理 Ⅳ.①S823. 9

中国版本图书馆 CIP 数据核字（2019）第 250961 号

出版发行：河南科学技术出版社

地址：郑州市郑东新区祥盛街 27 号　　邮编：450016

电话：（0371）65737028　65788613

网址：www. hnstp. cn

策划编辑：李义坤

责任编辑：李义坤

责任校对：董静云

封面设计：张　伟

版式设计：栾亚平

责任印制：张艳芳

印　　刷：河南省环发印务有限公司

经　　销：全国新华书店

开　　本：850 mm×1 168 mm　1/32　　印张：11. 25　　字数：294 千字

版　　次：2020 年 1 月第 1 版　　2020 年 1 月第 1 次印刷

定　　价：35. 00 元

《肉牛生态养殖实用新技术》编写人员

主　　编　姜金庆　王学静　魏刚才

副 主 编　刘明成　杨国栋　王　佩　王老七

编写人员　（按姓氏笔画排序）

王　佩（长垣市农业农村局）
王　娜（汤阴县畜牧兽医总站）
王老七（河南牧业经济学院）
王利伟（濮阳市畜牧良种繁育中心）
王学静（长垣市农业农村局）
王继君（濮阳市畜牧良种繁育中心）
王增光（濮阳市畜牧良种繁育中心）
刘明成（河南科技学院）
杨国栋（河南科技大学）
姜金庆（河南科技学院）
郭来军（濮阳市畜牧良种繁育中心）
董利杰（濮阳市畜牧良种繁育中心）
魏刚才（河南科技学院）

前言

近年来，我国畜牧业有了巨大发展，畜禽数量和产品产量已经跃居世界前列，但畜牧业发展过程中存在产品质量和环境污染等问题，直接影响我国畜牧业的稳定发展和效益提高。所以，生产安全、绿色、优质的畜禽产品和避免养殖过程中对周边环境的污染，维持生态平衡成为人们关注和必须解决的关键问题。肉牛生态养殖是将养牛业自身的发展和生态农业、生态经济有机结合起来，运用生态系统的原理、生态学的技术和方法，实现资源的高效转化、持续利用，保证肉牛的健康，保护好养殖场及周围环境，从而解决养殖生产过程中的资源利用率低、环境污染、牛肉产品质量低等问题。为此，我们组织多年从事肉牛养殖教学、科研和生产实践的专家编写了本书，以期对读者有所帮助。

本书包括肉牛生态养殖概述、肉牛的品种及选择、肉牛场的建设和环境控制、肉牛生态养殖的饲料及配制、肉牛生态养殖的饲养管理、肉牛生态养殖的成本管理、肉牛生态养殖的疾病防控等内容。本书注重科学性、实用性、先进性和通俗易懂，适于肉牛养殖场（户）、养殖技术推广员、兽医工作者以及大专院校和培训机构师生阅读。

由于编者水平有限，书中可能有不妥之处，恳请同行专家和读者不吝指正。

编者

2019 年 8 月

目　录

第一章　肉牛生态养殖概述

第一节　肉牛生态养殖的概念及内涵

一、肉牛生态养殖的概念

生态养殖是指根据不同养殖生物间的共生互补原理，利用自然界物质循环系统，在一定的养殖空间和区域内通过相应的技术和管理措施，使不同生物在同一环境中共同生长，保持生态平衡、提高养殖效益的一种养殖方式。具体来说，生态养殖就是从维持农业生态系统平衡的角度出发，保证饲草、饲料资源的充分利用和安全卫生，保护生态环境，保证畜禽健康和产品安全优质的养殖过程。

二、肉牛生态养殖的内涵

（一）生态养殖要遵循生态系统循环再生的原则，使农林牧等有机结合

肉牛生态养殖充分体现生态系统中资源的合理循环利用，提高资源的利用效率，并本着节约资源的目的组织生产，科学地利用能量和物质；充分利用生物的共生优势、生物相克以趋利避害以及生物相生相养等原理，合理安排并循环利用资源，将养殖业和农林渔业有机地结合起来，形成有效的链接和新的价值产业

链，实现生产的良性循环。

（二）生态养殖要因地制宜，合理组织

生态养殖有多种模式，要因地制宜，根据当地自然资源和社会条件，合理利用各种自然资源，合理安排养殖生产的过程、饲养方式，形成符合本地条件的生态养殖模式。

（三）生态养殖要保护好生态环境

保护生态环境是生态养殖的重要内容。根据肉牛生物学特性选择适宜的养殖模式，合理利用养殖空间和饲料资源，做到养殖生产过程中不污染周围环境，不破坏生态环境，维持生态平衡。

（四）生态养殖要生产出优质产品

肉牛生态养殖的最终目的是生产安全、优质、绿色的产品，并取得较好的经济效益。生产中必须创造适宜的环境条件，采用先进技术，科学规范地选择饲料、饲料添加剂和各种药物，注重隔离、卫生和消毒工作，提高肉牛的抵抗力，以生产更多的优质肉牛产品。

第二节　肉牛生态养殖的意义

一、可以充分利用自然条件以减少对资源的消耗

肉牛生态养殖是利用自然环境条件中的场地、水源、青草让牛群能够自由自在地活动、采食、饮水和洗浴。肉牛生态养殖能够为牛群提供一个大的活动和觅食场所，能够满足肉牛的许多生物学习性，在大程度上符合“动物福利”的相关要求。由于活动场所宽阔，单位面积内肉牛的数量少，对环境的污染和破坏程度很低，甚至显示不出污染或破坏效应，可以充分利用各种野生饲料和阳光、空气、空间等资源，减少饲料、设备、药物等资源投入，降低生产成本。

二、可以充分利用肉牛生产过程中的粪水为植物生长提供有机肥

肉牛生态养殖，需要放养场地内自然的植被能够为牛群提供比较充足的天然饲料资源，肉牛群生产过程中产生的粪便和污水能够作为自然植被的有机肥被充分利用，从而促进植被的生长，形成“植被—肉牛的天然饲料粪水有机肥—促进植被生长”的良性循环。由于在肉牛生态养殖模式中，肉牛群的活动空间大，单位面积的地面上粪便的排泄量少，容易被消纳和利用，解决了集约化养殖粪便和污水产生量大、易造成污染的问题。

三、可以充分利用自然资源获得优质、绿色的产品

肉牛生态养殖可以充分利用青草、秸秆、种植业和林果业的副产品，降低对精饲料的依赖性，也减少了饲料中药物的添加；肉牛可以充分利用自然的光照、清新的空气以及广阔的空间，有利于肉牛健壮，加之肉牛的抗病力强、传染病少，生产中药物使用很少，也避免了牛肉中微生物污染和药物的残留。除维生素和微量元素外很少使用其他各种化学添加剂和药物添加剂，避免了添加剂在牛肉中的残留。所以，肉牛生态养殖可以获得优质绿色的产品。

第三节　肉牛生态养殖的生产特点

一、肉牛生态养殖是养牛与农、林、草的有机结合

肉牛生态养殖可更好地利用草场、荒山荒坡、河堤、滩涂、农田等丰富的自然资源，是养牛业与农、林、草的有机结合。

牛是反刍动物，其消化器官在构造上最突出的特点是，牛的

胃是由瘤胃（俗称毛肚。瘤胃分背腹囊两部分，内部互通；胃壁做有节律的蠕动，以搅和内容物；胃黏膜上有许多叶状突起，有助于饲料的机械磨碎。其容积占整个胃容量的80%）、网胃（俗称蜂巢胃，形如小瓶状，黏膜上有许多形如蜂巢一样的小格子，其容积为胃容量的5%）、瓣胃（俗称重瓣胃或百叶肚）和皱胃（真胃，呈长梨形，黏膜光滑柔软，有十余个皱褶，能分泌胃液，其容积占胃容量的7%~8%）四部分组成。牛胃中内容物占整个消化道的68%~80%。牛的肠道较长，为体高的20倍，仅次于羊。小肠一般长35~40米，大肠长8~9米。这些消化特点，决定了牛的消化道可以容纳和利用大量的饲草和种植业副产品。选择专门化的牧草品种，采用科学的栽培管理技术，使牧草能够充分利用光、热、水等自然资源的优势，在单位面积上生产数量更多、品质更好的饲料（如果种3亿亩地的紫花苜蓿，按最低产量计算，其生物产量起码相当于6亿亩的粮田）；充分利用现代处理技术对农作物副产品资源（如茎叶、秸秆等）进行处理，提高其营养价值和利用效果；利用肉牛生产过程中的副产品生产食用菌和沼气等，实现肉牛生态养殖与农、林、草的有机结合，可减少对环境的污染和破坏。

二、肉牛生态养殖可提高生产效益

肉牛生态养殖一是要充分利用种植业副产品和野生的饲料资源，并将肉牛生产过程中的副产品返还大地，既减少了环境污染又提高了生产效益；二是可以利用广阔的农田种草养肉牛。在同等土地和管理条件下，种草养牛的生产效益远远高于种植粮食作物。种草养肉牛的经济效益可达到2万元/公顷以上，这是传统种植业难以达到的。种草对土地条件、气候条件要求较低，不适宜种植粮食的沙化较低、退化较低、盐碱化土地和撂荒土地等均可以种植牧草，以获得较多的营养物质和较好的经济效益。另

外，种草养肉牛可以延长产业链，带动农村相关产业发展，充分利用农村剩余劳动力，有效增加农民收入。

三、肉牛生态养殖可以促进种植业发展

(一) 可以为种植业提供巨大的转化市场

肉牛业可以将种植业生产的饲草等产品转化成肉、皮等产品，有效转化和利用种植业产品，提高种植业产品的销售价格和销售量，进而促进种植业的持续稳定发展。

(二) 可以为种植业提供大量有机肥

生态养肉牛可以增加肉牛养殖数量，进而促进有机肥的产量的提高。利用农田种草或利用种植业的副产品养肉牛，可以生产大量的有机肥。一头体重 400 千克的肉牛每年通过粪便排泄纯氮 24. 8 千克，纯磷 11. 7 千克，纯钾 29. 2 千克，相当于尿素 53. 9 千克、过磷酸钙 139. 6 千克、硫酸钾 65. 2 千克，能满足 0. 1 ~ 0. 2 公顷耕地有机肥需要量，从而形成“牛多—肥多—粮多”的良性循环。另外，还可增加土壤有机质，提高土壤质量，可以促进种植业发展。

(三) 可以有效改良土壤

牧草根系庞大，具有比农作物更强的有机质合成能力，种植牧草可以明显提高地力，牧草收割后留在土壤中的根系能够较快分解为可利用的有机质，促进土壤团粒结构形成，改善土壤理化性质。特别是豆科牧草，不仅根系发达，而且具有固氮功能，每公顷苜蓿每年可以固氮 225 千克，草木樨可以固氮 110 ~ 135 千克，种植豆科牧草等于建设没有成本的天然“氮肥加工厂”。草木樨等牧草还具有吸收盐碱的功能。种植牧草可以大幅度提高后茬作物产量，种植豆科牧草 3 ~ 4 年的土地，玉米等后茬作物产量一般可以提高 10% ~ 20%。在草场上放牧养牛，场地可以获得较多的有机肥，也有利于牧草的生长和利用。因此，大力发展种

草养肉牛是确保农业良性循环、实现农业可持续发展的必然选择。

四、肉牛生态养殖可以提高动物产品的安全性

同集约化养猪及养禽相比，生态养殖的肉牛抗病能力更强，饲养过程中添加的添加剂及药物的需求量和使用量大为减少，所生产的产品更安全。在生态养肉牛的生产过程中，肉牛可以利用大量的种植业副产品，进行充分的活动，进行常规的免疫接种，就可以保持体质健壮和健康；牧草生产和作物生产相比，可不施用农药、除草剂，同时牛的粪尿回田又被牧草生产充分利用，最大限度地减少了对环境的污染甚至可实现零污染排放。肉牛产品生产过程中使用的自然饲料——牧草，不使用抗生素，生产的产品符合绿色食品的要求，产品更健康安全。

第四节　肉牛生态养殖的模式

一、"肉牛养殖+沼气能源+种植"模式

"肉牛养殖+沼气能源+种植"生态循环经济模式，以产业链条延伸和构成闭合式链条为主线，综合利用农牧业的可利用资源，发展生态型农牧业。其过程包括三个大的环节——养牛、沼气建设及种植业，三大环节统一协调，互相链接。该模式的循环流程以农户为中心，以养殖 2 头肉牛为基础，排出的粪便发酵产生沼气供农户做饭、烧水及照明使用，沼液在小麦、玉米等农作物不同的生长时期进行叶面喷施，沼渣可以作为农作物生长的基肥。而农作物成熟后的秸秆、籽粒又可以作为肉牛的饲料。肉牛生态养殖及循环经济模式的生产环节及循环流程见图 1-1。

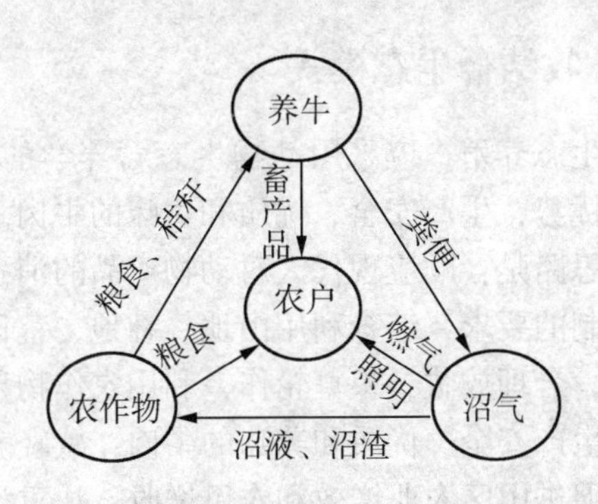

图 1-1　肉牛生态养殖及循环经济模式的生产环节及循环流程

建设标准化半开放型暖棚圈舍可使冬春时节舍温提高，缓解寒冷对牛的不利影响，解决了高寒阴湿的寒冷地区肉牛冬乏春瘦、患病率高、饲料利用率低等问题，提高了肉牛的受配率、产仔成活率及繁殖成活率。同时，增加了与圈舍配套的沼气池的产气量，提高了农牧民收入。

该模式中的沼气建设使牛粪便变废为宝，既改善了农村卫生条件，提高了群众的生活质量，又提供了新的能源，减少了农作物秸秆的燃烧，为草食畜饲料提供了保障。沼肥是可以代替化肥的优质有机肥，可减少化肥和农药的使用，有效地增加了农作物的产量，促进了种植、养殖业的良性发展。

种植业为养牛业提供了丰富的饲草料资源。但由于饲养的规模小，饲草料的加工技术相对滞后，将秸秆直接用于饲喂大大降低了其消化率，对肉牛的生长也带来了一定的不利影响。如能发展规模养殖或者小规模养肉牛户能合力建造青贮氨化池，对秸秆做进一步处理后再进行饲喂，将能带来更好的经济效益。“肉牛养殖+沼气能源+种植+青贮氨化”的循环发展模式，能更有效地推动生态养殖及循环经济模式迈向新的台阶。

二、农林牧结合生态模式

发展肉牛生态养殖，应采用动物生态营养学的理论和技术，充分利用资源优势，生产安全、优质和美味的牛肉。山区肉牛生态养殖的总体思路是：顺应现代人对动物产品的消费潮流和国家对环境质量控制的要求，综合利用山地、林地、荒田、山塘和水库等自然资源，合理放牧，粮草轮作，利用农作物秸秆制作青贮和干草补饲，生产安全、优质和美味的牛肉，减轻养殖业对生态环境的污染，促进山区农业增效和农民增收，注重生产、生态和社会的整体效益。

（一）具备条件

1. 适宜的气候及优良的饮水条件 气候条件适宜，光照和热量充足，雨量充沛，夏长冬短，草地植物一年四季都能生长，利于发展肉牛养殖业。

2. 丰富的天然放牧资源 有广大的山区，成片或零星的（高山）草甸、稀树干草原和次生的灌草丛草地，杂草的生物量巨大，可自由放牧肉牛。

3. 潜力巨大的闲散地资源 有大量分散的山地、坡地、荒地等，不仅可放牧肉牛，也可用来种植牧草并制作青贮和干草供肉牛补饲。

4. 成熟的技术应用 形成一套完善的技术为肉牛生态养殖提供技术保证。

（二）饲养方式

采用半生态饲养管理技术。半生态饲养管理即半散放饲养管理，指饲草丰盛时选择合适的场地生态放牧，并适度地改造环境（如建围栏、种植牧草、挖饮水池、设置路障以防肉牛吃庄稼等），饲草短缺时使用青贮、干草和精料补饲的饲养管理方式。

1. 放牧 放牧包括三种模式。

（1）山坳自由放牧：选择放牧资源量较大、有饮水、无庄稼或少庄稼、三面环山（三面山体较陡，牛爬不过）的山坳，3月底或4月初将牛赶进山坳，自由放牧，10月底或11月初赶出来舍饲。根据放牧资源量的大小，一般每头牛需要0.67顷以上的山坳面积。

（2）赶牧：3月底至11月初实施赶牧。一般每天早晨6时左右将牛从牛舍赶出，黄昏时将牛赶回牛舍。根据沿途放牧场地内饲草资源和庄稼的分布情况，为保证不让牛吃庄稼，一个中等劳动力可赶牛30头左右，赶牧来回路程一般为5~15千米。

（3）轮拴放牧：轮拴放牧主要在林地实施。将牛用绳拴系在桩或树上，牛活动直径60米左右，5天左右轮拴在另一处。轮拴放牧应安排在饲草丰盛期，一般在4月底至10月初。

实践证明，采用山坳自由放牧、赶牧和轮拴放牧，肉牛自由采食，活动量大，体格健壮，抗病力强，生长发育快，牛肉品质佳、风味美。

2. 舍饲

（1）利用山区闲散地种植牧草：山区大量的闲散地或闲置的庄稼地，可根据当地自然气候和土壤肥力等条件，种植黑麦草（一年生和多年生）、青饲玉米（墨西哥玉米）和紫花苜蓿等，供放牧或制作青贮和干草。牧草种植要考虑牧草品种配比符合肉牛营养需要并与各牧草生长季节性变化的相互配合。

（2）制作青贮和干草：收割整株墨西哥玉米制作青贮，甜玉米则是用收获青籽实后的青秸秆制作青贮。制作干草的原料主要是收割一年生黑麦草、青大豆秸、花生秧以及春夏时节收割的杂草等，干草储备需保证良好的通风。11月至翌年3月，牛主要饲喂青贮料和干草，并补饲多年生黑麦草以及糟渣和精料。

（三）牛舍建造

放牧期间，根据地形、放牧资源量和饮水水源等情况，在山坳内就地取材、因陋就简地建造牛舍。舍饲期间，根据地形、交通、制作青贮和干草所需原料的供给等情况，建造保暖效果较好的牛舍，并就近建造青贮窖和干草堆放设施以及粪尿储备池。

三、种草养肉牛生态模式

牛是草食家畜，种草养肉牛符合牛的生物学特性，具有广阔的生产前景和较高的经济价值。牧草生产是以营养体收获为目的，牧草的整个植株都能为草食动物所利用，以实现资源的充分利用，同时肉牛的粪便又可为农业生产循环利用，因此种草养肉牛产生的污染物最少，符合资源和环境可持续发展的要求，是实现农业可持续发展的技术保证。

第二章 肉牛的品种及选择

品种是决定肉牛繁殖能力和生产性能的内因，只有优良的品种，才能繁殖更好的肉牛，并能保证肉牛的增重速度、饲料转化率和养殖效益。

第一节 常见肉牛品种介绍

一、国外的肉牛品种

（一）皮埃蒙特牛

1. 产地及分布 皮埃蒙特牛原产于意大利北部的皮埃蒙特地区，原为役用牛，经长期选育，现已成为生产性能优良的专门化肉用品种。

2. 外貌特征 该牛体躯发育充分，胸部宽阔、肌肉发达、四肢强健，公牛皮肤为灰色，眼、睫毛、眼睑边缘、鼻镜、唇以及尾巴端为黑色，肩胛毛色较深。母牛毛色为全白，有的个体眼圈为浅灰色，眼睫毛、耳郭四周为黑色，犊牛幼龄时毛色为乳黄色，4~6 月龄胎毛褪去后，呈成年牛毛色。牛角在 12 月龄变为黑色，成年牛的角底部为浅黄色，角尖为黑色。体型较大，体躯呈圆筒状，肌肉高度发达。成年体重：公牛不低于 1 000 千克，母牛平均为 500~600 千克。平均体高，公牛和母牛分别为 150

厘米和136厘米。

3. 生产性能 皮埃蒙特牛肉用性能十分突出，其肥育期平均日增重1 500克（1 360~1 657克），生长速度为肉用品种之首。公牛屠宰适期为550~600千克活重，一般在15~18月龄即可达到此值。母牛14~15月龄体重可达400~450千克。肉质细嫩，瘦肉含量高，屠宰率一般为65%~70%。经试验测定，该品种公牛屠宰率可达到68.23%，胴体瘦肉率达84.13%，骨骼占13.60%，脂肪仅占1.50%。每100克牛肉中胆固醇含量只有48.5毫克。

4. 杂交利用效果 从意大利引进冻精及胚胎，山东高密、河南南阳及黑龙江齐齐哈尔等地设有胚胎中心。我国已展开了皮埃蒙特牛的杂交改良项目研究，河南南阳地区对南阳牛的杂交改良已显示出良好的效果。通过244天的肥育，2 000多头皮埃蒙特牛杂交后代创造了18月龄耗料800千克、获重500千克的国内最高纪录，生长速度达国内肉牛领先水平。

【提示】因其具有双肌肉基因，是目前国际公认的终端父本，已被多个国家引进，用于杂交改良。

（二）利木赞牛

1. 产地及分布 利木赞牛原产于法国中部的利木赞高原，主要分布在法国中部和南部的广大地区，数量仅次于夏洛莱牛。现在世界上许多国家都有该牛分布，属于专门化的大型肉牛品种。

2. 外貌特征 利木赞牛毛色为红色或黄色，背毛浓厚而粗硬，可适应严寒地区的放牧生活。口鼻周围、眼圈周围、四肢内侧及尾帚毛色较浅（称“三粉特征”），角为白色，蹄为红褐色。头较短小，额宽，胸部宽深，体躯较长，后躯肌肉丰满，四肢粗短。利木赞牛全身肌肉发达，骨骼比夏洛莱牛略细，因而一般较夏洛莱牛小一些。平均成年体重：公牛1 100千克、母牛

600 千克；在法国较好的饲养条件下，公牛活重可达 1 200~1 500 千克，母牛达 600~800 千克。

3. 生产性能　利木赞牛产肉性能好，胴体质量好，眼肌面积大，前后肢肌肉丰满，出肉率高，在肉牛市场上很有竞争力，其育肥牛屠宰率在 65%左右，胴体瘦肉率为 80%~85%，且脂肪少，肉味好，市场售价高。集约饲养条件下，犊牛断奶后生长很快，10 月龄体重即达 408 千克，周岁时体重可达 480 千克左右，哺乳期平均日增重 0. 86~1. 0 千克。8 月龄的小牛就可生产出具有大理石纹的牛肉。因此，利木赞牛是法国等一些欧洲国家生产牛肉的主要品种。

4. 杂交利用效果　我国从法国引入利木赞牛，在河南、山东、内蒙古等地改良当地黄牛，杂种优势明显。杂交后代体型改善，肉用特征明显，生长强度增大。目前，黑龙江、山东、安徽为主要供种区，现有改良牛 45 万头。

【提示】利木赞牛的犊牛出生体格小，具有快速的生长能力，以及良好的体躯长度和令人满意的肌肉量，因而被广泛用于经济杂交来生产小牛肉。

（三）夏洛莱牛

1. 产地及分布　夏洛莱牛原产于法国中西部到东南部的夏洛莱省和涅夫勒地区。以其生长快、肉量多、体型大、耐粗放而受到国际市场的广泛欢迎，已输往世界许多国家，参与新型肉牛品种的育成、杂交繁育，或在引入国进行纯种繁殖。

2. 外貌特征　该牛最显著的特点是被毛为白色或乳白色，皮肤常有色斑；全身肌肉特别发达；骨骼结实，四肢强壮，体力强大。夏洛莱牛头小而宽，角圆而较长，并向前方伸展，角质蜡黄，颈粗短，胸宽深，肋骨方圆，背宽肉厚，体躯呈圆筒状，后躯、背腰和肩胛部肌肉发达，并向后和侧面突出，常形成“双肌”特征。公牛常有双鬐甲和凹背的缺点。成年活重，公牛平均为1 100~1 200千克，母牛为700~800千克。

3. 生产性能　生长速度快，增重快，瘦肉多且肉质好，无过多的脂肪。在良好的饲养条件下，6月龄公犊可以达250千克，母犊达210千克。日增重可达1 400克。产肉性能好，屠宰率一般为60%~70%，胴体瘦肉率为80%~85%。16月龄的育肥母牛胴体重达418千克，屠宰率为66.3%。夏洛莱母牛泌乳量较大，一个泌乳期可产奶2 000千克，乳脂率为4.0%~4.7%。夏洛莱牛有良好的适应能力，耐寒抗热。夏季全天放牧时，采食快、觅食能力强，不补饲也能增重上膘。夏洛莱母牛发情周期为21天，发情持续期36小时，产后第一次发情时间为62天，妊娠期平均为286天。

4. 杂交利用效果　与黄牛杂交，杂交一代具有父系品种的明显特征，毛色多为乳白色或草黄色，体格略大，四肢坚实，骨骼粗壮，胸宽尻平，肌肉丰满，性情温驯且耐粗饲，易于饲养管理，增长速度加快，杂种优势明显。我国两次直接从法国引进夏洛莱牛，在东北、西北和南方部分地区用该品种与我国黄牛杂交，取得了明显效果。

【提示】该牛是专门化大型肉用牛，与我国黄牛品种杂交时常用作父系。

(四) 比利时蓝白牛

1. 产地及分布　比利时蓝白牛原产于比利时王国的南部，能够适应多种生态环境，在山地和草原都可饲养，是欧洲市场较好的双肌大型肉牛品种。山西省于1996年少量引入该品种。1997年河南省引进30头，犊牛初生重达50千克以上。

2. 外貌特征　比利时蓝白牛的毛色主要是蓝白色和白色，也有少量带黑色毛片的牛。体躯强壮，背直，肋圆。全身肌肉极度发达，臀部丰满，后腿肌肉突出。温顺易养。

3. 生产性能　成年体重，公牛1 250千克，母牛750千克。

早熟，幼龄公牛可用于肥育。经肥育的蓝白牛，胴体中可食部分比例大，优等者胴体中肌肉70%、脂肪13.5%、骨16.5%。胴体一级切块率高，即使前腿肉也能形成较多的一级切块。肌纤维细，肉质嫩，肉质完全符合国际市场的要求。

4. 杂交利用效果　可作为父本，与荷斯坦牛或地方黄牛杂交，杂交效果良好。

【提示】适于做商品肉牛杂交的“终端父本”。

(五) 海福特牛

1. 产地及分布　原产于英格兰西部的海福特郡，是世界上最古老的中小型早熟肉牛品种，现分布于世界上许多国家。

2. 外貌特征　具有典型的肉用牛体型，分为有角和无角两种。颈粗短，体躯肌肉丰满，呈圆筒状，背腰宽平，臀部宽厚，肌肉发达，四肢短粗，侧望体躯呈矩形。全身被毛除头、颈垂、腹下、四肢下部以及尾尖为白色外，其余均为红色，皮肤为橙黄色，角为蜡黄色或白色。

3. 生产性能　成年母牛平均体重520~620千克，公牛900~1100千克；犊牛初生重28~34千克。该牛7~18月龄的平均日增重0.8~1.3千克；在良好的饲养条件下，7~12月龄平均日增重可达1.4千克以上。据载，加拿大一头海福特公牛，肥育期日增重高达2.77千克。屠宰率一般为60%~65%，18月龄公牛活重可达500千克以上。海福特牛适应性好，在干旱高原的牧场，冬季严寒（-50~-48℃）或夏季酷暑（38~40℃）条件下，都可以放牧饲养和正常生活繁殖，表现出良好的适应性和生产性能。

4. 杂交利用效果　与本地黄牛杂交，后代一般体格加大，体型改善，宽度明显提高；犊牛生长快，抗病耐寒，适应性好，体躯被毛为红色，但头、腹下和四肢部位多有白毛。

(六) 短角牛

1. 产地及分布　原产于英格兰东北部的诺森伯兰郡、达勒姆郡。最初只强调肥育，到 20 世纪初已培育成为世界闻名的肉牛良种。近代短角牛有两种类型，即肉用短角牛和乳肉兼用型短角牛。

2. 外貌特征 肉用短角牛被毛以红色为主，也有白色和红白交杂的沙毛个体，部分个体腹下或乳房部有白斑；鼻镜粉红色，眼圈色淡；皮肤细致柔软。该牛体型为典型肉用牛体型，侧望体躯为矩形，背部宽平，背腰平直，尻部宽广、丰满，股部宽而多肉。体躯各部位结合良好，头短，额宽平；角短细、向下稍弯，角呈蜡黄色或白色，角尖部为黑色，颈部被毛较长且多卷曲，额顶部有丛生的被毛。

3. 生产性能 活重，成年公牛平均 900~1 200 千克，母牛 600~700 千克；公、母牛体高分别约为 136 厘米和 128 厘米。早熟性好，肉用性能突出，利用粗饲料能力强，增重快，产肉多，肉质细嫩。17 月龄活重可达 500 千克，屠宰率为 65% 以上。大理石纹好，但脂肪沉积不够理想。

4. 杂交利用效果 在东北三省、内蒙古等地改良当地黄牛，杂种牛毛色紫红，体型改善，体格加大，产乳量提高，杂种优势明显。

【提示】乳用短角牛与吉林、河北和内蒙古等地的土种黄牛杂交育成了乳肉兼用型新品种——草原红牛，其乳肉性能得到全面提高，表现出了很好的杂交改良效果。

（七）安格斯牛

1. 产地及分布 属于古老的小型肉牛品种。原产于英国的阿伯丁、安格斯和金卡丁等郡，因此得名。目前世界大多数国家都有该品种牛。

2. 外貌特征 安格斯牛以被毛黑色和无角为重要特征，故也称无角黑牛，也有红色类型的安格斯牛。该牛体躯低矮、结实，头小而方，额宽，体躯宽深，呈圆筒形，四肢短而直，前后

裆较宽，全身肌肉丰满，具有现代肉牛的典型体型。

3. 生产性能　该牛适应性强，耐寒抗病。安格斯牛成年公牛平均活重 700~900 千克，母牛 500~600 千克，犊牛平均初生重 25~32 千克。成年体高，公、母牛分别为 130.8 厘米和 118.9 厘米。安格斯牛具有良好的肉用性能，被认为是世界上专门化肉牛品种中的典型品种之一。表现早熟，胴体品质高，出肉多。屠宰率一般为 60%~65%，哺乳期日增重 900~1 000 克。肥育期平均日增重（1.5 岁以内）0.7~0.9 千克。肌肉大理石纹很好。

4. 杂交利用效果　安格斯牛改良务川黑牛、云南黄牛、延安本地牛等，其后代的体尺、体重和产肉性能、适应能力都得到明显提高。

【提示】改良后的母牛稍具神经质。

(八) 西门塔尔牛

1. 产地及分布　原产于瑞士西部的阿尔卑斯山区，主要产地为西门塔尔平原和萨能平原。现成为世界上分布最广、数量最多的乳、肉、役兼用品种之一。

2. 外貌特征　属宽额牛，角较细而向外上方弯曲，尖端稍向上。毛色为黄白花或红白花，身躯缠有白色胸带，腹部、尾梢、四肢、腓节和膝关节以下为白色。颈长中等，体躯长。属欧洲大陆型肉用体型，体表肌肉群明显易见，臀部肌肉充实，尻部肌肉深，多呈圆形。前躯较后躯发育好，胸深，尻宽平，四肢结实，大腿肌肉发达，乳房发育好。

3. 生产性能　成年公牛体重平均为 800~1 200 千克，母牛为 650~800 千克。乳肉用性能均较好，平均产奶量为 4 070 千克，乳脂率为 3.9%。生长速度较快，平均日增重可达 1.0 千克以上，生长速度与其他大型肉用品种相近，胴体肉多，脂肪少而分布均匀，公牛肥育后屠宰率可达 65%左右。成年母牛难产率低，适应性强，耐粗放管理。

【提示】西门塔尔牛是兼具乳牛和肉牛特点的典型品种。

4. 杂交利用效果 改良各地黄牛都取得了比较理想的效果。西门塔尔牛与当地黄牛杂交后的F1代、F2代2岁体重分别比黄牛提高24.18%和24.13%。其中F2代牛屠宰率比黄牛提高9.25个百分点。在产奶性能上，207天的泌乳量，杂交一代为1 818千克，杂交二代为2 121.5千克，杂交三代为2 230.5千克。

（九）德国黄牛

1. 产地及分布 原产于德国和奥地利，其中以德国数量最多，系瑞士褐牛与当地黄牛杂交选育而成。

2. 外貌特征 毛色为浅黄色（奶油色）到浅红色，体躯长，体格大，胸深，背直，四肢短而有力，肌肉强健。母牛乳房大，附着结实。

3. 生产性能 成年公牛活重900~1 200千克，母牛600~700千克；体高分别为145~150厘米和130~134厘米。屠宰率为62%，净肉率为56%，分别高于南阳牛5.7和4.9个百分点。泌乳期产乳量4 164千克，乳脂率为4.15%（据1970年良种登记资料），比南阳牛高4倍多。母牛初产年龄为28个月，犊牛初生重平均为42千克，难产率很低。小牛易肥育，肉质好，屠宰率高。去势小公牛肥育至18月龄时体重达500~600千克。

4. 杂交利用效果 河南省南阳牛育种中心、陕西省秦川肉牛良种繁育中心场引进饲养了批量的德国黄牛。国内许多地方拟选用该品种改良当地黄牛。

（十）丹麦红牛

1. 产地及分布 原产于丹麦的西南岛、洛兰岛及默恩岛。1878年育成，以泌乳量、乳脂率及乳蛋白率高而闻名于世，现在许多国家都有分布。

2. 外貌特征 被毛呈一致的紫红色，不同个体间也有毛色深浅的差别；部分牛只的腹部、乳房和尾帚部生有白毛。该牛体

躯长而深，胸部向前突出；背腰平直，尻宽平；四肢粗壮结实；乳房发达而匀称。

3. 生产性能　成年牛活重，公牛 1 000~1 300 千克，母牛 650 千克；其体高分别为 148 厘米和 132 厘米；犊牛初生重 40 千克。产肉性能较好，屠宰率平均为 54%，肥育牛胴体瘦肉率为 65%。犊牛哺乳期日增重较高，平均为 0.7~1.0 千克。性成熟早，耐粗饲、耐寒、耐热、采食快，适应性强。丹麦红牛的产乳性能好，年平均产奶量为 6 712 千克，乳脂率为 4.21%，乳蛋白率为 3.30%，高产个体 305 天产奶量超过 1 万千克。

4. 杂交利用效果　使用丹麦红牛改良辽宁、陕西、河南、甘肃、宁夏、内蒙古、福建等省区的当地黄牛，效果良好。如改良秦川牛，杂种一代公、母犊牛的初生重比秦川牛分别提高 24.1%和 49.2%。杂种一代牛 30、90、180、360 日龄体重分别比本地秦川牛提高了 43.9%、30.6%、4.5%、23.0%。杂种牛背腰宽广，后躯宽平，乳房大。杂种一代牛在农户饲养的条件下，第一泌乳期 225.2 天、泌乳 2 015 千克，杂种优势十分明显。

二、我国的肉牛品种

（一）夏南牛

1. 产地及分布　育成于河南省泌阳县，是中国第一个具有自主知识产权的肉用牛品种。是以法国夏洛莱牛为父本，以南阳牛为母本，采用杂交创新、横交固定和自群繁育三个阶段、开放式育种方法培育而成的肉用牛新品种。夏南牛含夏洛莱牛血 37.5%，含南阳牛血 62.5%。

2. 外貌特征　毛色纯正，以浅黄色、米黄色居多。公牛头方正，额平直，成年公牛额部有卷毛，母牛头清秀，额平稍长；公牛角呈锥状，水平向两侧延伸，母牛角细圆，致密光滑，多向前倾；耳中等大小；鼻镜为肉色。颈粗壮，平直。成年牛结构匀称，体躯呈长方形，胸深而宽，肋圆，背腰平直，肌肉比较丰满，尻部长、宽、平、直。四肢粗壮，蹄质坚实，蹄壳多为肉色。尾细长。母牛乳房发育较好。

3. 生产性能 公、母牛平均初生重分别为38千克和37千克，18月龄公牛体重达400千克以上，成年公牛体重可达850千克以上。24月龄母牛体重达390千克，成年母牛体重可达600千克以上。母牛经过180天的饲养试验，平均日增重1.11千克；公牛经过90天的集中强度肥育，日增重达1.85千克。未经肥育的18月龄夏南公牛屠宰率为60.13%，净肉率为48.84%，眼肌面积为117.7平方厘米，瘦肉率为58.66%，肌肉剪切力值为2.61，肉骨比为4.81∶1，优质肉切块率为38.37%，高档牛肉率为14.35%。

夏南牛初情期平均432天，最早290天；发情周期平均20天；初配时间平均490天；怀孕期平均285天；产后发情时间平均60天；难产率为1.05%。

【提示】夏南牛体质健壮，抗逆性强，性情温顺，行动较慢；耐粗饲，食量大，采食速度快，耐寒冷，耐热性能稍差。

（二）延黄牛

1. 产地及分布 延黄牛的中心培育区在吉林省东部的延边朝鲜族自治州，州内的图们市、龙井市农村和州东盛种牛场为核心区。延黄牛含延边牛血统75%、利木赞牛血统25%，采用了杂交—回交—自群繁育、群体继代选育几个阶段而育成。

2. 外貌特征 延黄牛全身被毛颜色均为黄红色或浅红色，股间色淡；公牛角较粗壮，平伸；母牛角细，多为龙门角。骨骼坚实，体躯结构匀称，结合良好；公牛头较短宽；母牛头较清秀，尻部发育良好。

3. 生产性能 屠宰前短期肥育18月龄公牛平均宰前活重432.6千克，胴体重255.7千克，屠宰率59.1%，净肉率

48.3%，日增重0.8~1.2千克。母牛初情期8~9月龄，初配期13~15月龄，农村一般延后至20月龄。公牛14月龄；发情周期为20~21天，持续期约20小时，平均妊娠期为283~285天；公牛初生重平均为30.9千克，母牛28.8千克。

（三）辽育白牛

1. 产地及分布　辽育白牛是以夏洛莱牛为父本，以辽宁本地黄牛为母本级进杂交后，在第4代的杂交群中选择优秀个体进行横交和有计划选育，采用开放式育种体系，坚持档案组群，形成了含夏洛莱牛血统93.75%、本地黄牛血统6.25%遗传组成的稳定群体。该群体抗逆性强，适应当地饲养条件，是经国家畜禽遗传资源委员会审定通过的肉牛新品种。

2. 外貌特征　辽育白牛全身被毛呈白色或草白色，鼻镜肉色，蹄角多为蜡色；体型大，体质结实，肌肉丰满，体躯呈长方形；头宽且稍短，额阔唇宽，耳中等偏大，大多有角，少数无角；颈粗短，母牛颈平直，公牛颈部隆起，无肩峰，母牛颈部和胸部多有垂皮，公牛垂皮发达；胸深宽，肋圆，背腰宽厚、平直，尻部宽长，臀端宽齐，后腿部肌肉丰满；四肢粗壮，长短适中，蹄质结实；尾中等长度；母牛乳房发育良好。

3. 生产性能　辽育白牛成年公牛体重910.5千克，母牛体重451.2千克；初生重公牛41.6千克，母牛38.3千克；6月龄体重公牛221.4千克，母牛190.5千克；12月龄体重公牛366.8千克，母牛280.6千克；24月龄体重公牛624.5千克，母牛386.3千克。辽育白牛6月龄断奶后持续肥育至18月龄，宰前重、屠宰率和净肉率分别为561.8千克、58.6%和49.5%；持续肥育至22月龄，宰前重、屠宰率和净肉率分别为664.8千克、59.6%和50.9%。11~12月龄体重350千克以上发育正常的辽育白牛，短期肥育6个月，体重可达到556千克。母牛初配年龄为14~18月龄，产后发情时间为45~60天；公牛适宜初采年龄为16~18月龄；人工授精发情期受胎率为70%，适繁母牛的繁殖成活率达84.1%或以上。

（四）秦川牛

1. 产地及分布 因产于陕西关中地区的“八百里秦川”而得名。其中，渭南、蒲城、扶风、岐山等15县市为主产区，尤以扶风、礼泉、乾县、咸阳、兴平、武功和蒲城等7个县市的秦川牛最为著名。目前全国各地都有分布。

2. 外貌特征 秦川牛体格高大，骨骼粗壮，肌肉丰满，体质强健，前躯发育好，具有肉役兼用牛的体型。头部方正，肩长而斜。胸部宽深，肋长而弓。背腰平直宽长，长短适中，结合良好。荐骨稍隆起，后躯发育中等。四肢粗壮结实，两前肢相距较宽，蹄叉很紧。角短而钝。被毛细致有光泽，毛色多为紫红色及红色；鼻镜呈肉红色，部分个体有色斑；蹄壳和角多为肉红色。公牛头大颈短，鬐甲高而厚，肉垂发达；母牛头清目秀，鬐甲低而薄，肩长而斜，缺点是牛群中常见有尻稍斜的个体。

3. 生产性能 肉用性能比较突出，尤其经过数十年的系统选育，秦川牛不仅数量大大增加，而且牛群质量、等级、生产性能也有了很大提高。短期（82天）肥育后屠宰，18月龄和22.5月龄屠宰的公、母阉牛，其平均屠宰率分别为58.3%和60.75%，净肉率分别为50.5%和52.21%，相当于国外著名的乳肉兼用品种水平。13月龄屠宰的公、母牛的平均肉骨比（6∶13）、瘦肉率（76.04%）、眼肌面积（公，106.5平方厘米）远远超过国外同龄肉牛品种。平均泌乳期7个月，产奶量715.8千克（最高达1 006.75千克）。秦川牛常年发情，在中等饲养条件下，初情期为9.3月龄，成年母牛发情周期20.9天，发情持续期平均39.4小时，妊娠期285天，产后第一次发情约53天。秦川公牛一般12月龄性成熟，2岁左右配种。

4. 杂交利用效果 秦川牛适应性良好，全国已有20多个省

区引进秦川公牛以改良当地牛，杂交效果良好。秦川牛作为母本，与荷斯坦牛、丹麦红牛、兼用短角牛杂交，杂交后代肉、乳性能均得到明显提高。

（五）南阳牛

1. 产地及分布　产于河南省南阳地区白河和唐河流域的广大平原地区，以南阳市郊区、唐河、邓州、新野、镇平、社旗、方城等7个县（市）为主要产区。

2. 外貌特征　体格高大、肌肉发达、结构紧凑、四肢强健，皮薄，毛细，行动迅速，性情温顺，鼻镜宽，多为肉红色，其中部分带有黑点。公牛颈侧多有皱襞，尖峰隆起8~9厘米。毛色有黄、红、草白三种，以深浅不一的黄色为最多。一般牛的面部、腹部、四肢下部的毛色较浅。南阳牛的蹄壳以黄蜡色、琥珀色带血筋者较多。角型以萝卜角为主，公牛角基粗壮，母牛角细。鬐甲较高，肩部较突出，背腰平直，荐部较高；额微凹；颈短厚而多皱褶，部分牛只胸部欠宽深，体长不足，尻部较斜，乳房发育较差。

3. 生产性能　产肉性能良好，15月龄育肥牛，体重达到441.7千克，日增重813克，屠宰率为55.6%，净肉率为46.6%，胴体产肉率为83.7%，肉骨比为5：1，眼肌面积为92.6平方厘米；肉质细嫩，颜色鲜红，大理石花纹明显，味道鲜美。泌乳期6~8个月，产乳量600~800千克。南阳牛适应性强，耐粗饲。母牛常年发情，在中等饲养水平下，初情期在8~12月龄，初配年龄一般掌握在2岁。发情周期17~25天，平均21天。妊娠期平均289.8天，范围为250~308天，产后发情约需77天。

4. 杂交利用效果　已被全国22个省区引入，与当地黄牛杂交。改良后的杂种牛体格高大，体质结实，生长发育快，采食能力强，耐粗饲，适应本地生态环境。四肢较长，行动迅速，毛色多为黄色，具有父本的明显特征。

（六）晋南牛

1. 产地及分布 产于山西省南部晋南盆地的运城地区。晋南牛是经过长期不断的人工选育而形成的地方良种。

2. 外貌特征 属于大型役肉兼用品种，体格粗壮，胸围较大，躯体较长，成年牛的前躯较后躯发达，胸部及背腰宽阔，毛色以枣红色为主，红色和黄色次之，富有光泽；鼻镜和蹄壳多为粉红色。公牛头短，额宽，颈较短粗，背腰平直，垂皮发达，肩峰不明显，臀端较窄；母牛头部清秀，体质强健，但乳房发育较差。晋南牛的角为顺风角。

3. 生产性能 产肉性能良好，18月龄时屠宰中等营养水平饲养的该牛，其屠宰率和净肉率分别为53.9%和40.3%；经高营养水平肥育者屠宰率和净肉率分别为59.2%和51.2%。肥育的成年阉牛屠宰率和净肉率分别为62%和52.69%。晋南牛肥育日增重、饲料报酬、形成“大理石肉”等性能优于其他品种，晋南牛的泌乳期为7~9个月，泌乳量为754千克，乳脂率为55%~61%。晋南牛的性成熟期为10~12月龄，初配年龄18~20月龄，产犊间隔14~18个月，妊娠期287~297天，繁殖年限12~15年，繁殖率为80%~90%，犊牛初生重23.5~26.5千克。

4. 杂交利用效果 用于改良我国一般黄牛效果较好。改良牛的体尺和体重都大于当地牛，体型和毛色也酷似晋南牛。

（七）鲁西牛

1. 产地及分布 产于山东省西南部的菏泽、济宁两地区，以郓城、鄄城市区、菏泽、嘉祥、济宁市区等为中心产区。在山东南部、河南东部、河北南部、江苏和安徽北部也有分布。

2. 外貌特征 体躯高大，结构紧凑，肌肉发达，前躯较宽深，具有较好的肉役兼用体型。被毛从浅黄色到棕红色都有，以黄色为最多，占70%以上。一般前躯毛色较后躯深，公牛毛色较

母牛的深。多数牛具有完全的“三粉特征”，即眼圈、口轮、腹下四肢内侧毛色较浅。垂皮较发达，角多为龙门角；公牛肩峰宽厚而高，胸深而宽，后躯发育差，尻部肌肉不够丰满，前高后低；母牛后躯较好，鬐甲低平，背腰短而平直，尻部稍倾斜，尾细长。

3. 生产性能　肉用性能良好，据菏泽地区测定，18月龄的肥育公、母牛的平均屠宰率为57.2%，净肉率为49.0%，肉骨比为6∶1，眼肌面积89.1平方厘米。该牛皮薄骨细，肉质细嫩，大理石纹明显，市场占有率较高。总体上讲，鲁西牛以体大力强、外貌一致、品种特征明显、肉质良好而著称，但尚存在体成熟较晚、日增重不高、后躯欠丰满等缺陷。鲁西牛繁殖能力较强，母牛性成熟早，公牛稍晚。一般2~2.5岁开始配种。此外，自有记载以来，鲁西牛从未流行过绦虫病，说明它有较强的抗绦虫病的能力。母牛性成熟早，有的8月龄即能受胎。一般10~12月龄开始发情，发情周期平均22天，范围16~35天，发情持续期2~3天。妊娠期平均285天，范围270~310天。产后第一次发情平均为35天，范围22~79天。

4. 杂交利用　利木赞牛与鲁西牛杂交，可以获得较好的效果。鲁西牛是我国著名的役肉兼用的地方良种，以体大力强、肉质鲜美而著称，可以作为父本杂交改良我国其他役用牛。

【小常识】中国黄牛广泛分布于我国各地。按地理分布划分，中国黄牛包括中原黄牛、北方黄牛和南方黄牛三大类型。在地方黄牛中体型大、肉用性能好的培育品种有秦川牛、南阳牛、鲁西牛、晋南牛等优良品种。

（八）延边牛

1. 产地及分布　为东北地区优良地方牛种之一。延边牛产于吉林省延边朝鲜族自治州及朝鲜，尤以延吉、珲春、和龙及汪清等县（市）的牛著称。现在东北三省均有分布，属寒温带山区役肉兼用型品种。

2. 外貌特征 毛色为深浅不一的黄色，鼻镜呈淡褐色。被毛密而厚，皮厚有弹力。胸部宽深，体质结实，骨骼坚实，公牛额宽，角粗大，母牛角细长。鼻镜呈淡褐色，带有黑点。成年时平均活重：公牛465.5千克，母牛365.2千克；公、母牛体高分别为130.6厘米和121.8厘米；体长分别为151.8厘米和141.2厘米。

3. 生产性能 18月龄肥育公牛平均屠宰率为57.7%，净肉率为47.23%。眼肌面积为75.8平方厘米；母牛泌乳期6~7个月，一般产奶量500~700千克；20~24月龄初配，母牛繁殖年限10~13岁。

【提示】延边牛耐寒、耐粗饲，抗病力强，适应性良好。体质结实，抗寒性能良好，适宜于林间放牧。为北方水稻田的重要耕畜，是寒温带的优良品种。

（九）蒙古牛

1. 产地及分布 广泛分布于我国北方各省区，以内蒙古中部和东部为集中产区。

2. 外貌特征 毛色多样，但以黑色和黄色居多，头部粗重，角长，垂皮不发达，胸较宽深，背腰平直，后躯短窄，尻部倾斜；四肢短，蹄质坚实。成年牛平均体重：公牛350~450千克，母牛206~370千克，地区类型间差异明显；体高分别为113.5~120.9厘米和108.5~112.8厘米。

3. 生产性能 泌乳率较好，产后100天内，日均产乳5千克，最高日产8.1千克。平均含脂率为5.22%。中等膘情的成年阉牛，平均屠宰前重376.9千克，屠宰率为53.0%，净肉率为44.6%，眼肌面积56.0平方厘米。该牛繁殖率为50%~60%，犊牛成活率为90%；4~8岁为繁殖旺盛期。

【提示】蒙古牛可终年放牧，在不同季节气温剧烈变化

(-50~35℃)条件下能常年适应，且抓膘能力强，发病率低，是我国最耐干旱和严寒的少数几个品种之一。

（十）三河牛

1. 产地及分布　产于内蒙古呼伦贝尔草原的三河（根河、得尔布尔河、哈布尔河）地区。为我国培育的第一个乳肉兼用品种，含西门塔尔牛血统。

2. 外貌特征　三河牛毛色以黄白花、红白花片为主，头白色或有白斑，腹下、尾尖及四肢下部为白色毛。头部清秀，角粗细适中，体躯高大，骨骼粗壮，结构匀称，肌肉发达，性情温顺。角稍向上向前弯曲。

3. 生产性能　平均活重：公牛 1 050 千克，母牛 547. 9 千克；体高分别为 156. 8 厘米和 131. 8 厘米。初生重：公牛为 35. 8 千克，母牛为 31. 2 千克。三河牛年泌乳量在 2 000 千克左右，条件好时可达 3 000~4 000 千克，乳脂率一般在 4%以上。该牛产肉性能良好，未经肥育的阉牛，屠宰率一般为 50%~55%，净肉率为 44%~48%，肉质良好，瘦肉率高。该牛由于个体间差异很大，在外貌和生产性能上，表现均不一致，有待于进一步改良和提高。

【提示】适应寒冷能力特强，可以啃雪放牧。

（十一）草原红牛

1. 产地及分布　是由吉林省白城地区、内蒙古赤峰市和锡林郭勒盟行政公署南部以及河北省张家口地区联合育成的一个兼用型新品种，1985 年正式命名为“中国草原红牛”。

2. 外貌特征　大部分有角，角多伸向前外方，呈倒八字形，略向内弯曲。全身被毛为紫红色或红色，部分牛的腹下或乳房有白斑；鼻镜、眼圈粉红色。体格中等大小。

3. 生产性能　成年活重：公牛为 700~800 千克，母牛 450~500 千克；初生重：公牛为 37. 3 千克，母牛为 29. 6 千克；成年牛体高：公牛 137. 3 厘米，母牛 124. 2 厘米。在以放牧为主的条件下，第一胎平均泌乳量为 1 127. 4 千克，年均泌乳量为 1 662 千克；泌乳期为 210 天左右。18 月龄阉牛经放牧肥育，屠宰率达 50. 84%，净肉率为 40. 95%。短期肥育牛的屠宰率和净肉率分别达到 58. 1%和 49. 5%，肉质良好。繁殖性能良好，繁殖成活率为 68. 5%~84. 7%。

【提示】草原红牛适应性好，耐粗放管理，对严寒酷热的草场条件耐受力强，且发病率很低。

（十二）新疆褐牛

1. 产地及分布 原产于新疆伊犁、塔城地区。由瑞士褐牛和阿拉塔乌牛与当地黄牛杂交育成。

2. 外貌特征 被毛为深浅不一的褐色，额顶、角基、口腔周围及背线为灰白色或黄白色。体躯健壮，肌肉丰满。头清秀，嘴宽，角中等大小，向侧前上方弯曲，呈半椭圆形，颈适中，胸较宽深，背腰平直。

3. 生产性能 成年平均体重，公牛为 950. 8 千克，母牛为 430. 7 千克，体高一般母牛为 121. 8 厘米。平均泌乳量 2 100~3 500 千克，高的个体产乳量达 5 162 千克；平均乳脂率为 4. 03%~4. 08%，乳中干物质含量为 13. 45%。该牛产肉性能良好，在伊犁、塔城牧区天然草场放牧 9~11 个月屠宰测定，1. 5 岁、2. 5 岁和阉牛的屠宰率分别为 47. 4%、50. 5%和 53. 1%，净肉率分别为 36. 3%、38. 4%和 39. 3%。

【提示】新疆褐牛适应性好，可在极端温度-40℃和 47. 5℃下放牧，抗病力强。

三、其他肉牛品种

（一）水牛

水牛是热带和亚热带地区特有的物种，主要分布在亚洲地

区，约占全球饲养量的90%。水牛具有乳、肉、役多种经济用途，适宜水田作业，以稻草为主要粗饲料，饲养方便，成本低。水牛肉味香、鲜嫩，且脂肪含量低。未改良水牛3年出栏，杂交后可2年出栏，生长速度慢于黄牛。役畜产畜化的发展趋势，对充分挖掘这一资源，促进水牛业发展有重要意义。

（二）牦牛

牦牛是我国的主要牛种，数量仅次于黄牛和水牛，是青藏高原的当家品种。成年公牦牛体重300~450千克，母牦牛体重200~300千克。其肉质细嫩，味美可口，有野味风格，营养价值更高，符合当代人高蛋白、低脂肪、低热量、无污染和保健强身的摄食标准。

（三）奶牛

奶牛的公牛犊和淘汰的公、母牛可以作为肉用牛，而且在牛肉生产中占有较高的比例。中国荷斯坦奶牛是从19世纪末开始先后从荷兰、德国、加拿大及苏联、日本等国引进的荷斯坦奶牛同中国黄牛进行杂交选育而成的优良品种。根据其培育方式和体格标准的不同，中国荷斯坦奶牛又分为大型、中型、小型，其中大型为乳用型，中、小型为乳肉兼用型。未经肥育的母牛和去势公牛，屠宰率平均可达50%以上，净肉率在40%以上。

第二节　肉牛的选种和经济杂交

一、肉牛的选种方法

肉牛选择的一般原则是“选优去劣，优中选优”。种公牛和种母牛的选择，是从品质优良的个体中精选出最优个体，即“优中选优”。而对种母牛进行大面积的普查鉴定、评定等级，同时及时淘汰劣等，则又是“选优去劣”的过程。在肉牛公、母牛选择中，种公牛的选择对牛群的改良起着关键作用。

种公牛的选择，首先是审查系谱，其次是审查该公牛外貌表现及发育情况，最后还要根据种公牛的后裔测定成绩，以断定其遗传性是否稳定。对种母牛的选择则主要根据其本身的生产性能或与生产性能相关的一些性状，此外，还要参考其系谱、后裔及旁系的表现情况。故选择肉牛的途径主要包括系谱、本身、后裔和旁系选择四项。

（一）系谱选择

查看系谱记录资料是比较牛只优劣的重要途径。肉牛业中，选择小牛时，考察其父母、祖父母及外祖父母的性能成绩，对提高选种的准确性有重要作用。据资料表明，种公牛后裔测定的成绩与其父亲后裔测定成绩的相关系数为0.43，与其外祖父后裔测定成绩的相关系数为0.24，而与其母亲1~5个泌乳期产奶量之间的相关系数只有0.21、0.16、0.16、0.28、0.08。由此可见，估计种公牛育种值时，对来自父亲的遗传信息和来自母亲的遗传信息不能等量齐观。

（二）本身表现选择（个体成绩选择）

当小牛长到1岁以上，就可以直接测量其某些经济性状，如1岁活重、肉牛肥育期增重效率等。而对于胴体性状，则只能借助如超声波测定仪等设备进行辅助测量，然后对不同个体做出比较。对遗传力高的性状，适宜采用这种选择途径。本身选择就是根据种牛个体本身和一种或若干种性状的表型值判断其种用价值，从而确定个体是否选留，该方法又称性能测定和成绩测验。具体做法：可以在环境一致并有准确记录的条件下，与所有牛群的其他个体进行比较，或与所在牛群的平均水平比较。有时也可以与鉴定标准比较。

肉用种公牛的体型外貌主要看其体型大小，全身结构是否匀称，外形和毛色是否符合品种要求，雄性特征是否明显，有无明

显的外貌缺陷。如公牛母相，四肢不够强壮结实，肢势不正，背线不平，颈线薄，胸狭腹垂，尖斜尻等。生殖器官发育良好，睾丸大小正常，有弹性。凡是体型外貌有明显缺陷的，或生殖器官畸形的，睾丸大小不一的等均不合乎种用。肉用种公牛的外貌评分不得低于一级，其种用公牛要求特级。

除外貌外，还要测量种公牛的体尺和体重，按照品种标准分别评出等级。另外，还需要检查其精液质量。

（三）后裔测验（成绩或性能试验）

后裔测验是根据后裔各方面的表现情况来评定种公牛好坏的一种鉴定方法，这是多种选择途径中最为可靠的选择途径。具体方法是令选出的种公牛与一定数量的母牛配种，对犊牛成绩加以测定，从而评价使（试）用种牛品质优劣的程序。

二、肉牛的经济杂交方法

多用于生产性牛场，特别是用于黄牛改良、肉牛改良和奶牛的肉用生产。目的是利用杂交优势，获得具有高度经济利用价值的杂交后代，以增加商品肉牛的数量和降低生产成本，获得较好的效益。生产中，简便实用的杂交方式主要有二元杂交、三元杂交。

（一）二元杂交

二元杂交又称两品种固定杂交或简单杂交，即利用两个不同品种（品系）的公母牛进行固定不变的杂交，利用一代杂种的杂种优势生产商品牛。这种杂交方法简单易行，杂交一代都是杂种，具有杂种优势的后代比例高，杂种优势率最高。这种杂交方式的最大缺点是不能充分利用繁殖性能方面的杂种优势。通常以地方品种或培育品种为母本，只需引进一个外来品种作父本，数量不用太多，即可进行杂交。

（二）三元杂交

三元杂交又称三品种固定杂交，是从两品种杂交得到的杂种一代母牛中选留优良的个体，再与另一品种的公牛进行杂交，所生后代全部作为商品肉牛肥育。第一次杂交所用的公牛品种称为第一父本，第二次杂交利用的公牛称为第二父本或终端父本。这种杂交方式由于母牛是一代杂种，具有一定的杂种优势，再杂交可望得到更高的杂种优势，所以三品种杂交的总杂种优势要超过两品种。

第三节　肉牛的选购和运输

一、肉牛的选购

（一）选择原则

选择架子大、增重快、瘦肉多、脂肪少、无疾病的肉牛。

（二）品种类型

我国肉牛类型有国外肉牛、本地耕牛（优良的地方黄牛品种）、奶牛（公牛犊）、杂种牛（国外优良肉牛品种与我国本地黄牛杂交的杂交牛）以及淘汰的老牛等。在我国目前最好选择夏洛莱牛、利木赞牛、皮埃蒙特牛、西门塔尔牛等肉用或肉乳兼用牛作肉牛，也可自行利用纯种的夏洛莱、利木赞、西门塔尔、海福特、安格斯等品种的公牛与奶牛或本地牛杂交所生的后代作肉牛，或利用我国地方黄牛良种，如晋南黄牛、秦川牛、南阳黄牛和鲁西黄牛等，但以纯种肉牛和杂种牛及奶公牛较好。如果当地没有以上牛种，也可利用奶公牛与本地黄牛杂交的后代，其生长速度和饲料利用率一般都较高，饲养周期短，见效快，收益高。

（三）年龄

如果利用小牛作肉牛，以选择 12 月龄以内的犊牛最佳，其次

为12~18月龄，再饲养2~6个月出栏；如果利用退役耕牛或淘汰奶牛，则要求其牙齿大部分完好，能正常取食，不影响反刍消化。

（四）性别

一般宜选公牛作肥育肉牛，其次选阉牛，再次选母牛。因为公牛增重最快，饲料转化率和瘦肉率均高，且胴体瘦肉多、脂肪少。但对2周岁以上的公牛肥育时，应先去势，否则其肌纤维粗糙且肉带腥味，食用价值降低。如果选择已去势的架子牛，则以早去势为好，3~6月龄去势的牛可以减少应激，加速头、颈及四肢骨骼的雌化，提高出肉率和肉的品质。

（五）体型外貌

理想的肥育架子牛外貌特征：体型大，肩部平宽，胸宽深，背腰平直而宽广，腹部圆大，肋骨弯曲，臀部宽大，头大，鼻孔大，嘴角大深，鼻镜宽大湿润，下颚发达，眼大有神，被毛细而亮，皮肤柔软而疏松并有弹性，用拇指和食指捏起一拉像橡皮筋，用手指插入后一挡一握，一大把皮，这样的牛长肉多，易育肥。

一般情况下1.5~2岁或15~21月龄的牛，体重应在300千克以上，体高和胸围最好大于其所处月龄发育的平均值。

（六）膘情

架子牛由于其营养状况不同，膘情也不同，可通过肉眼观察和触摸来判断。应注意肋骨、脊骨、十字部、腰角和臀端肌肉丰满情况，如果骨骼明显外露，则膘情为中下等；若骨骼外露不明显，但手感较明显为中等；若手感较不明显，表明肌肉较丰满，则为中上等。

（七）健康状况

选购时要向原饲养者了解牛的来源、饲养役用历史及生长发育情况等，并通过牵牛走路、观察眼睛神采和鼻镜是否潮湿以及粪便是否正常等特征，对牛的健康状况进行初步判断；必要时应请兽医师诊断，重病牛不宜选购，小病牛也要待治好后再肥育。

二、肉牛的运输

（一）运输时间

牛运输最佳季节应选择春季和秋季，这两个季节温度适宜，牛出现应激反应现象比其他季节少。夏季运输时热应激较多，白天应在运输车厢上安装遮阳网，以减少阳光直接照射。冬天运牛要在车厢周围用帆布挡风防寒。

（二）运输车辆

选用货车运输较为合适，牛在运输途中装卸各需1次即可到达目的地，给牛造成的应激反应比较小。运输途中押运人员饮食和牛饮水比较方便，也便于途中经常检查牛群的情况，如发现牛只有异常情况能及时停车处理。如果是火车运输需装卸多次才能到达目的地，牛出现应激反应较大，牛出现异常情况也无法及时处理。车型要求：使用高护栏敞篷车，护栏高度应不低于1.8米。车身长度根据运输肉牛头数和体重选择合适的车型。同时还要在车厢靠近车头顶部用粗的木棒或钢管捆扎一个1平方米左右的架子，将饲喂的干草堆放在上面。

（三）车厢内防滑

在牛上车前，必须在车厢地板上放置20~30厘米厚的干草或草垫，并铺垫均匀，因为牛连续三四天吃睡都在车厢里，牛粪尿较多，会使车厢地板很湿滑，垫草可以防止牛滑倒或摔倒。

（四）饮水桶和草料的准备

在牛装车之前应准备胶桶或铁桶2个，不要使用塑料桶。另外还要准备1根长10米左右的软水管，便于在停车场接自来水供牛饮用。根据调运地的实际情况选用饲草，一般首选苜蓿，其次选用当地质量较好的、牛喜食的当家草，最次也要配备羊草。准备的草捆中严禁混有发霉变质的饲草（要估计几天路程，每天每头牛需要多少草料，计算出草料总量，备足备好，只多不少）。干草捆可放在车

厢的顶部，用帆布或塑料布遮盖，防止途中被雨水浸湿变质。

（五）药品的配备

运输车上要配备的药品有青霉素、链霉素、安乃近、氨基比林、碘酒、过氧化氢、酚磺乙胺等。另外，在途中为了降低应激反应，还要备好葡萄糖粉、口服补液盐、水溶性多维等抗应激药物。

（六）牛的装车

一般选择清晨或傍晚开始装车，每车装载牛的数量根据车身的长短来决定，车长 12 米的可装未成年牛（体重 300 千克左右）20~25 头。在装车过程中如发现有外伤或有病的牛，还要及时剔除。牛上车后，要核对牛耳牌号和数量，并登记造册，在确认隔离场方、调牛方和承运司机三方签字无误后方可出隔离场。

（七）办好检疫证明

在长途运输时沿途经过多个省市，每个省都设有动物检疫站，押运人一定要将车辆开进站进行防疫消毒，不要冲关逃避检疫消毒。同时还要准备好相关的检疫证明，如出县境动物检疫合格证明（表 2-1）和动物及动物产品运载工具消毒证明等。

表 2-1　出县境产品检疫合格证明

出县境动物产品检疫合格证明

货主＿＿＿＿＿＿

产品名称	单位	数量（大写）
启运地点		到达地点
备注		
本证自签发之日起　　日内有效 动物检疫员（签章） 单位（章） 年　月　日签发		铁路（航空、水路） 动物防疫监督（签章） 年　月　日

（八）运输过程中的饲喂

在运输之前，应该对待运的牛进行健康状况检查，体质瘦弱的牛不能进行运输。在刚开始运输的时候应控制车速，让牛有一个适应的过程，在行驶途中规定车速不能超过每小时 80 千米，急转弯和停车均要先减速，避免紧急刹车；牛在运输前只喂半饱就行。在长途运输中，每头牛每天喂干草 5~6 千克。但必须保证每头牛每天饮水 1~2 次，每次 10 升左右。为减少长途运输带来的应激反应，可在饮用水中添加适量的电解多维或葡萄糖。

（九）防止牛应激

由于突然改变饲养环境，牛在车厢内活动受到限制，青年牛应激反应较大，免疫力会下降。因此在汽车起步或停车时要慢、平稳，中途要匀速行驶。长途运输过程中押运人每行驶 2~5 小时要停车检查 1 次，尽最大努力减少运输引起的应激反应，确保牛能够顺利抵达目的地。

在运输途中发现牛患病，或因路面不平、急刹车造成牛滑倒、关节扭伤或关节脱位，尤其是发现有卧地牛时，不能粗暴地抽打、惊吓牛只，应用木棒或钢管将卧地牛隔开，避免其他牛只踩踏。要采取简单方法治疗，主要以抗菌、解热、镇痛等治疗为主，针对病情用药。牛如有外伤可用碘酒、过氧化氢涂抹，流血不止的可注射酚磺乙胺、维生素 K_3 等。

（十）运输后的管理

到达目的地后，将牛慢慢从车上卸下来，赶到指定的牛舍中进行健康检查，挑出病牛，隔离饲养，做好记录，加强治疗，尽快恢复患病牛的体能。

牛经过长时间的运输，路途中没有饲喂充足的草料和饮水，突然看到草料和水容易暴饮暴食。所以需要准备适量的优质青草，控制饮水，青草料减半饲喂。可在饮水中加入适量电解多维和葡萄糖，以利于牛更好地恢复生产体能。

新购回的牛相对集中后，在单独圈舍进行健康观察和饲养过渡10~15天。第1周以粗饲料为主，略加精料；第2周开始逐渐加料至正常水平，同时结合驱虫，确保肉牛健康无病及检疫正常后再转入大群。

第三章　肉牛场的建设和环境控制

【提示】环境是肉牛生存、繁殖和生长的基本条件，直接关系到肉牛的健康和生产性能的发挥。只有提供最适宜的环境条件，保持洁净卫生的生产和生活环境，才能最大限度地提高肉牛养殖效益。

第一节　牛场的建设

一、场址选择

（一）地势和地形

场地地势高燥、避风、阳光充足，这样可防潮湿，有利于排水。其地下水位应在2米以下，即地下水位需在青贮窖底部0.5米以下。场地要向阳背风。牛场的地面要平坦，稍有坡度（不超过2.5%），总坡度应与水流方向相同。山区地势变化大，面积小，坡度大，可结合当地实际情况而定，但要避开悬崖、山顶、雷区等。地形应开阔整齐，尽量少占耕地，并留有余地，理想的地形是正方形或长方形，尽量避免狭长形或多边角地形，以减少隔离设施的投入和提高场地的利用率。

（二）土壤

场地的土壤应该具有较好的透水透气性能、抗压性和洁净卫生，有利于保持牛舍及运动场的清洁与干燥，有利于防止蹄病等疾病的发生。牛场土壤的生物学指标见表 3-1。

表 3-1　土壤的生物学指标

污染情况	每千克土寄生虫卵数/个	每千克土细菌总数/万个	每克土大肠杆菌值/个
清洁	0	1	0.001
轻度污染	1~10	—	—
中等污染	10~100	10	0.02
严重污染	>100	100	0.5~1.0

注：清洁和轻度污染的土壤适宜作场址

（三）水源

场地的水量应充足，能满足牛场内的人、牛饮用和其他生产、生活用水，并应考虑防火和未来发展的需要。要求水质良好，达到饮用标准的水最为理想，不含毒素及重金属。此外，在选择时要调查当地是否因水质不良而出现过某些地方性疾病等。水源要便于取用，便于保护，设备投资少，处理技术简单易行。通常以井水、泉水、地下水为好。

【小知识】每头成年牛每天耗水量为 60 千克。

（四）草料

饲草、饲料的来源，尤其是粗饲料，决定着牛场的规模。牛场应距牧场、干草、秸秆和青贮料资源较近，以保证草料供应，降低成本。

【注意】一般应考虑 5 千米半径内的饲草资源，根据有效范围内年产各种饲草、秸秆总量，减去原有草食家畜消耗量，剩余的量便决定了牛场的规模。

（五）交通

便利的交通是牛场对外进行物质交换的必要条件，但距公路、铁路和飞机场过近时，噪声会影响牛的正常休息与消化，人流、物流频繁也易使牛患传染病，所以牛场应距交通干线1 000米以上，距一般交通线100米以上。

（六）社会环境

选择在居民点、村庄的下风向，径流的下方，距离居民点不少于500米，其位置不得高于居民点，以避免牛的排泄物、饲料废弃物、患传染病的尸体等对居民区的污染，也要防止居民区对牛场的干扰。为避免居民区与肉牛场的相互干扰，可在两地之间建立树林隔离区。牛场附近不应有超过90分贝噪声的工矿企业，不应有肉联、皮革、造纸、农药、化工等有毒有污染危险的工厂。

（七）其他因素

我国幅员辽阔，南北气温相差较大，应减少气象因素的影响，如北方不要将牛场建设于西北向风口处。山区牧场还要考虑建在放牧出入方便的地方。牧道不要与公路、铁路、水源等交叉，以避免污染水源和发生事故。场址大小、间隔距离等，均应遵守卫生防疫要求，并应符合配备的建筑物和辅助设备及牛场远景发展的需要。

【小知识】场地面积根据每头牛所需要面积确定（奶牛场每头牛为10~15平方米）；牛舍及运动场的面积占场地总面积的40%~50%。由于牛体大小、生产目的、饲养方式等不同，每头牛占用的牛舍面积也不一样。肥育牛每头所需面积为1.6~4.6平方米，通栏肥育牛舍有垫草的每头牛占2.3~4.6平方米。成年奶牛舍每头牛占地面积为8~10平方米，每头奶牛所需运动场面积为12~20平方米。

二、牛场规划布局

牛场规划布局的要求是应从人和牛的保健角度出发，建立最佳的生产联系和卫生防疫条件，合理安排不同区域的建筑物，特别是在地势和风向上进行合理的安排和布局。牛场一般分成管理区、生产辅助区和生产区、隔离区三大功能区（图 3-1），各区之间保持一定的间距。

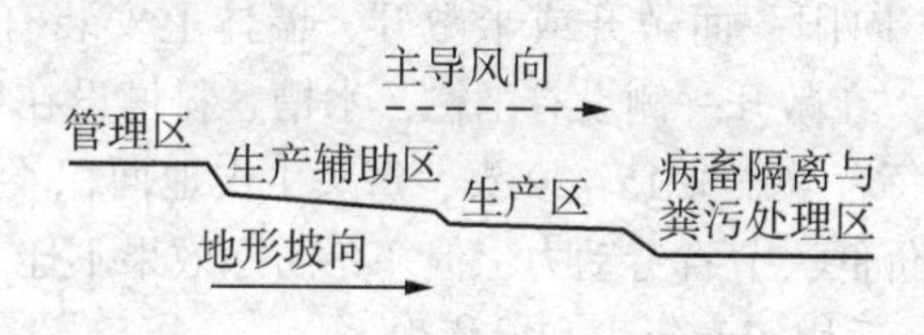

图 3-1 牛场规划布局模式图

三、牛舍的设计和建设

（一）牛舍的类型及特点

牛舍按墙壁的封闭程度可分为封闭式、半开放式、开放式和棚舍式；按屋顶的形状可分为钟楼式、半钟楼式、单坡式、双坡式和拱顶式；按牛床的排列形式可分为单列式、双列式和多列式；按舍饲的对象可分为成年母牛舍、犊牛舍、育成牛舍（架子牛舍）、肥育牛舍和隔离观察舍等。

1. 棚舍 或称凉亭式牛舍，有屋顶，但没有墙体。在棚舍的一侧或两侧设置运动场，用围栏围起来。棚舍结构简单，造价低。

【提示】适用于温暖地区和冬季不太冷的地区的成年牛舍。

炎热季节为了避免肉牛受到强烈的太阳辐射，缓解热应激对牛体的不良影响，可以修建凉棚。凉棚的轴向以东西向为宜，避免阴凉部分移动过快；棚顶材料有秸秆、树枝、石棉瓦、钢板瓦以及草泥挂瓦等，根据使用情况和固定程度确定。如果长久使用可以选择草泥挂瓦、夹层钢板瓦、双层石棉瓦等；如果临时使用或使用时间很短，可以选择用秸秆、树枝等搭建。秸秆和树枝等搭建的棚舍只要达到一定厚度，其隔热作用均较好，棚下凉爽；棚的高度一般为 3~4 米，棚越高越凉爽。冬季可以使用彩条布、塑料布以及草帘将北侧和东西侧封闭起来，避免寒风直吹牛体。

2. 半开放牛舍

（1）一般半开放牛舍：半开放牛舍有屋顶，三面有墙（墙上有窗户），向阳一面敞开或半敞开，墙体上安装有大的窗户，有部分顶棚，在敞开一侧设有围栏，水槽、料槽设在栏内，肉牛散放其中。每舍（群）15~20 头，每头牛占地面积 4~5 平方米。这类牛舍造价低，节省劳动力，但寒冬防寒效果不佳。

【提示】适用于青年牛和成年牛。

（2）塑料暖棚牛舍：近年北方寒冷地区推出的一种较保温的半开放牛舍。与一般半开放牛舍相比，保温效果较好。塑料暖棚牛舍三面全墙，向阳一面有半截墙，有 1/2~2/3 的顶棚。向阳的一面在温暖季节露天开放，冬季在露天一面用竹片、钢筋等材料做支架，上覆单层或双层塑料薄膜，两层膜间留有间隙，使牛舍呈封闭的状态，借助太阳能和牛体自身散发的热量使牛舍温度升高，防止热量散失。

【提示】适用于各种肉牛。

修筑塑膜暖棚牛舍要注意：一是选择合适的朝向，塑膜暖棚牛舍需坐北朝南，南偏东或西不要超过 15°，牛舍南面至少 10 米以内应无高大建筑物及树木遮蔽；二是选择合适的塑料薄膜，应选择对太阳光透过率高且对地面长波辐射透过率低的聚氯乙烯等塑料薄膜，其厚度以 80~100 微米为宜；三是合理设置通风换气口，棚舍的进气口应设在南墙，其距地面高度以略高于牛体身高为宜，排气口应设在棚舍顶部的背风面，上设防风帽，排气口的面积以 20 厘米×20 厘米为宜，进气口的面积是排气口面积的一

半，每隔3米设置一个排气口；四是有适宜的棚舍入射角，棚舍的入射角应大于或等于当地冬至时太阳高度角；五是注意塑料薄膜坡度的设置，塑料薄膜与地面的夹角应以55°~65°为宜。

（3）封闭式牛舍：封闭牛舍四面有墙和窗户，顶棚全部覆盖，分单列封闭舍和双列封闭舍。单列封闭牛舍只有一排牛床，牛舍宽6米，高2.8~3.2米，舍顶可修成平顶也可修成脊形顶。这种牛舍跨度小、易建造、通风好，但散热面积相对较大。双列封闭牛舍舍内设有两排牛床，两排牛床多采用对头式，中央为通道。牛舍宽10~12米，高2.7~2.9米，脊形棚顶。

【提示】单列封闭牛舍适用于小型牛场。双列封闭牛舍适用于规模较大的牛场，以每栋舍饲养100头肉牛为宜。

（4）装配式牛舍：装配式牛舍以钢材为原料，工厂制作，现场装备，属敞开式牛舍。屋顶为镀锌板或太阳板，屋梁为角铁焊接；“U”形食槽和水槽为不锈钢制作，可随牛只的体高随意调节；隔栏和围栏为钢管。装配式牛舍室内设置与普通牛舍基本相同，其适用性、科学性主要表现在屋架、屋顶和墙体及可调节的饲喂设备上。

【提示】装配式牛舍技术先进，适用、耐用和美观，且制作简单、省时，造价适中。

（二）牛舍的结构

牛舍是由各部分组成的，包括基础、屋顶及顶棚、墙、地面及楼板、门窗、楼梯等（其中屋顶和外墙构成牛舍的外壳，将牛舍的空间与外部隔开，屋顶和外墙称外围护结构）。牛舍的结构不仅影响到牛舍内环境的控制，而且影响到牛舍的牢固性和利用年限。

（三）牛舍的设计

1. 牛舍的内部设计　需要设置牛床、饲槽、饲喂通道、清粪通道、粪尿沟以及运动场等。

（1）牛床：必须保证牛舒适安静地休息，保持牛体清洁，并容易打扫。牛床一定要坚固、平坦防滑、排水良好，通常有1%~1.5%的坡度。牛床要造价低、保暖性好、便于清除粪尿。

肉牛牛床常用短牛床，牛的前身靠近饲料槽后壁，后肢接近牛床的边缘，使粪便能直接落在粪沟内。牛床的长度一般为160~180厘米。牛床的宽度取决于牛的体型，一般为60~120厘米。

奶牛一般采用链条拴系饲养。牛床长度为175~185厘米，牛床太短，牛站在粪沟边上或粪沟内，易引起趾的损伤。牛床宽度以1.2米为宜。牛床太窄，易使牛只起卧困难，容易挫伤跗部而造成关节肿胀。

目前牛床都采用水泥面层，并在后半部画线防滑。冬季，为降低寒冷天气对牛生产的影响，需要在牛床上加铺垫物，最好采用橡胶等材料铺垫牛床面层。

【注意】在牛站立后半部要画防滑线。线间宽距50毫米，宽500毫米，长100毫米，呈菱角形。

牛床规格直接影响牛舍的规格，不同类型的牛需要牛床规格也不同。见表3-2。

表3-2　牛舍内牛床规格

类别	长度/米	宽度/米	坡度/%
繁殖母牛	1.6~1.8	1.0~1.2	1.0~1.5
犊牛	1.2~1.3	0.6~0.8	1.0~1.5
架子牛	1.4~1.6	0.9~1.0	1.0~1.5
育肥牛	1.6~1.8	1.0~1.2	1.0~1.5
分娩母牛	1.8~2.2	1.2~1.5	1.0~1.5
成年奶牛	1.75~1.85	1.2~1.5	1.0~1.5

（2）饲槽：采用单一类型的全日粮配合饲料，即用青贮料和配合饲料调制成混合饲料，在采用舍饲散栏饲养时，大部分精料在舍内饲喂，青贮料在运动场或舍内食槽内饲喂，青、干草一

般在运动场上饲喂。饲槽位于牛床前，通常为统槽。饲槽长度与牛床宽度相等，饲槽底平面高于牛床5厘米。饲槽需坚固，表面光滑不透水，多为砖砌水泥砂浆抹面，饲槽底部平整，两侧带圈弧形，以适应牛用舌采食的习性。槽底向排水口的方向稍有坡度，便于清洗与消毒。为了不妨碍牛的卧息，饲槽前壁（靠牛床的一侧）应做成有一定弧度的凹形窝。也有采用无帮浅槽，把饲喂通道加高30~40厘米，前槽帮高20~25厘米（靠牛床），槽底部高出牛床10~15厘米。这种饲槽有利于饲料车运送饲料，饲喂省力。采食不“窝气”，通风好。牛的饲槽尺寸如表3-3所示。

表3-3 牛的饲槽尺寸

类别	槽内（口）宽/厘米	槽有效深/厘米	前槽沿高/厘米	后槽沿高/厘米
奶牛	60	40	25~30	60~70
成年牛	60	35	45	65
育成牛	50~60	30	30	65
犊牛	40~50	10~12	15	35

（3）饲喂通道：饲料通道设在牛食槽前面，宽度为1.6~2.0米（奶牛舍一般宽度为1.2~1.5米），一般贯穿牛舍中轴线，通道坡度为1%。

（4）清粪通道与粪沟：清粪通道的宽度要满足运输工具的往返和牛的出入，且要注意防滑。宽度一般为1.5~1.7米（奶牛舍宽度应为1.6~2.0米），路面要有1%的拱度。通道标高低于牛床地面5厘米。

在牛床与清粪通道之间一般设有排粪明沟。牛舍明沟宽度为32~35厘米，深度为5~15厘米，沟底应为方形，便于用锹除粪。粪沟底长度方向带有约6%的排水坡度，向下水道倾斜。当深度超过20厘米时，应设漏缝沟盖，以免胆小牛不敢越或失足时下肢受伤。

（5）牛栏和颈枷：牛栏位于牛床与饲槽之间，和颈枷一起用于固定牛只。牛栏由横杆、主立柱和分立柱组成，每两个主立柱的间距与牛床宽度相等，主立柱之间有若干分立柱，分立柱之间距离为10~12厘米，颈枷两边分立柱之间距离为15~20厘米。最简便的颈枷为下颈链式，用铁链或结实的绳索制成，在内槽沿有固定环，绳索系于牛颈部、鼻环、角之间和固定环之间。此外，直链式、横链式颈枷也常用。

2. 不同类型牛舍的设计 专业化肉牛场一般只饲养肥育牛，牛舍种类简单，只需要肉牛舍；自繁自养的肉牛场和奶牛场牛舍种类复杂，需要有犊牛舍、肥育舍、繁殖牛舍和分娩牛舍。

（1）犊牛舍：犊牛舍必须考虑屋顶的隔热性能和舍内的温度及昼夜温差，所以墙壁、屋顶、地面均应重视。并注意门窗安排，避免穿堂风。初生牛犊（0~7日龄）对温度的适应力较差，所以南方气温高的地方应注意防暑。在北方重点应为防寒，冬天初生犊牛舍可用厚垫草。犊牛舍不宜用煤炉取暖，可用火墙、暖气等，初生犊牛冬季室温在10℃左右，2日龄以上则需放室外运动，所以注意室内外温差不宜超过8℃。

犊牛舍可分为两部分，即初生犊牛栏和犊牛栏。初生犊牛栏，长1.8~2.8米，宽1.3~1.5米，过道侧设长0.6米、宽0.4米的饲槽，门0.7米。犊牛栏之间用高1米的挡板相隔，饲槽端为栅栏（高1米）带颈枷，牛舍地面高出过道10厘米，向门方向做1.5%坡度，以便清扫。犊牛栏长1.5~2.5米（靠墙为粪尿沟，也可不设），过道端设统槽，统槽与牛床间以带颈枷的木栅栏相隔，高1米，每头犊牛占地面积3~4平方米。

（2）肉牛舍：肉牛舍可以采用封闭式、开放式或棚舍，具有一定保温隔热性能，特别是夏季防热。肉牛舍的跨度由清粪通道、饲槽宽度、牛床长度、牛床列数、粪尿沟宽度和饲喂通道等

条件决定。一般每栋牛舍容纳 50~120 头牛。以双列对头为好。牛床长加粪尿沟需 2.2~2.5 米，牛床宽 0.9~1.2 米，中央饲料通道 1.6~1.8 米，饲槽宽 0.4 米。

(3) 繁殖牛舍：繁殖牛舍的规格和尺寸同肉牛舍。

(4) 成年奶牛舍：一般采用链条拴系饲养。牛床宽度 1.2 米，饲料通道宽度为 1.2~1.5 米，其他同肉牛舍。

(5) 分娩牛舍：分娩牛舍多采用密闭舍或有窗舍，有利于保持适宜的温度。饲喂通道宽 1.6~2 米，牛走道（或清粪通道）宽 1.1~1.6 米，牛床长度 1.8~2.2 米，牛床宽度 1.2~1.5 米。可以是单列式，也可以是多列式。

3. 门窗的设计　牛舍门洞大小依牛舍而定。繁殖母牛舍、肥育牛舍门宽 1.8~2.0 米，高 2.0~2.2 米；犊牛舍、架子牛舍门宽 1.4~1.6 米，高 2.0~2.2 米。繁殖母牛舍、犊牛舍、架子牛舍的门洞数要求有 2~5 个（每一个横行通道一般门洞一个），肥育牛舍门洞 1~2 个，高 2.1~2.2 米，宽 2.0~2.5 米。门一般设成双开门，也可设上下翻卷门。封闭式的窗应大一些，高 1.5 米，宽 1.5 米，窗台距地面以 1.2 米高为宜。

【小知识】奶牛舒适的场所条件：一是足够的地面垫料；二是足够的休息区域；三是足够的起卧进出空间；四是挡胸板不应高于 10.16~15.24 厘米，并且边缘圆滑。

四、辅助性建筑和设施设备

(一) 辅助性建筑

1. 运动场　运动场是牛运动休息的地方，与肢蹄病发病率低密切相关。运动场与牛舍相隔 5 米，宜设在牛舍南侧向阳的地方以便于绿化。各类牛需要运动场的面积分别为：成年公牛 15~25 平方米/头，成年母牛 15~20 平方米/头，青年牛和育成牛 10~15平方米/头，犊牛 5~8 平方米/头。奶牛运动场地应该干燥、平坦，同时要有4%的坡度以便于排水（其中央较高，向东、西、南三面倾斜）。除靠近牛舍的一边外，其他三边必须开排水沟，以便于在下大雨、暴雨时排除场内的积水，并且经常保持运动场的整洁和干燥。运动场四周还要建围栏。围栏可以用水泥柱或钢管作支柱，用钢筋棍将其串联在一起，也可用石料作围栏。成年母牛、青年牛、育成牛运动场围栏高度均为1.4~1.6米，犊牛为1.2~1.4米。运动场可以使用砖、三合土或石块铺设。运动场应搭设遮阳、避雨的凉棚，或采用隔栏式的休息棚。场内还应设饮水槽，旁边设盛矿物质饲料和食盐的槽子。

2. 草料库　草料库的大小根据饲养规模、粗饲料的储存方式、日粮的精粗料比重等确定。用于储存切碎粗饲料的草料库应建得较高，为5~6米。

【注意】草料库的窗户离地面也要高，至少为4米。草料库应设防火门，距下风向建筑物应大于50米。

3. 饲料加工场　饲料加工场包括原料库、成品库、饲料加工间等。原料库的大小应为能够储存肉牛场10~30天所需要的各种原料，成品库可略小于原料库，库房内应宽敞、干燥、通风良好。室内地面应高出室外30~50厘米，地面以水泥地面为宜，房顶要具有良好的隔热、防水性能，窗户要高，门窗要注意防鼠，整体建筑应注意防火等。

4. 青贮窖或青贮池　青贮窖或青贮池应建在饲养区靠近牛舍的地方，位置适中，地势较高，以防止粪尿等污水浸入造成污染，同时要考虑进出料时运输方便，降低劳动强度。根据地势、土质情况，可建成地下式或半地下式长方形或方形的青贮窖，长方形青贮窖的宽、深比以1∶（1.5~2）为宜，长度以需要量确定。

（二）设施设备

1. 消毒室和消毒池　在生产区大门口和人员进入饲养区的通道口，分别修建供车辆和人员进行消毒的消毒池和消毒室。车

辆用消毒池的宽度略大于车轮间距即可，参考尺寸为长 3. 8 米、宽 3 米、深 0.1 米，池底低于路面，坚固耐用，不渗水（见图 3-2）；人员消毒室（见图 3-3）大小可根据外来人员的数量设置，一般为串联的 2 个小间，其中一个为消毒室，内设小型消毒池和洗浴设施或紫外线灯，紫外线灯每平方米功率 2~3 瓦，另一个为更衣室。供人用消毒池，采用踏脚垫浸湿药液放入池内进行消毒，参考尺寸为长 2. 8 米、宽 1. 4 米、深 0. 1 米。

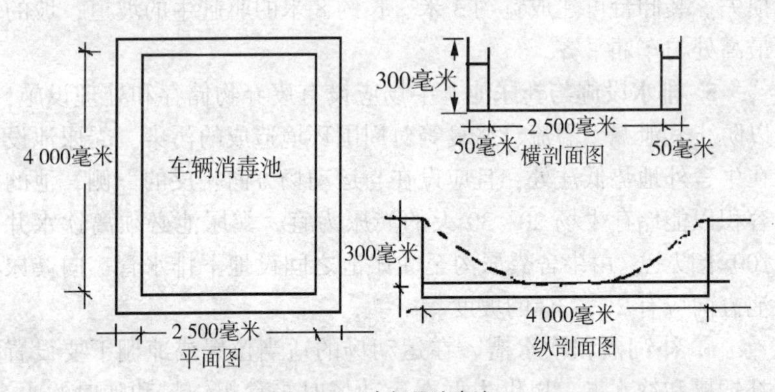

图 3-2　车辆用消毒池

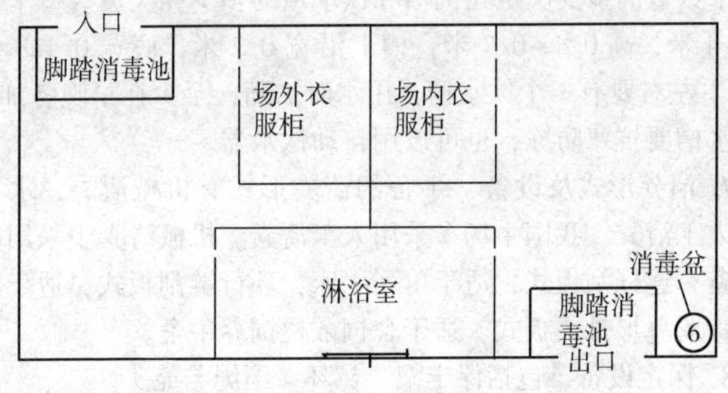

图 3-3　人员消毒室

2. 沼气池　建造沼气池，把牛粪、牛尿、剩草、废草等投

入沼气池封闭发酵，产生的沼气供生活或生产用燃料，经过发酵的残渣和废水，是良好的肥料。目前，普遍推广水压式沼气池，这种沼气池具有受力合理、结构简单、施工方便、适应性强、就地取材、成本较低等优点。

3. 地磅 对于规模较大的牛场，应设地磅，以便对各种车辆和牛等进行称重。

4. 装卸台 可减轻装车与卸车的劳动强度，同时减少牛的损失。装卸台可建成宽约 3 米、长约 8 米的驱赶牛的坡道，坡的最高处与车厢平齐。

5. 排水设施与粪尿池 牛场应设有废弃物储存和处理设施，以防止其泄漏、溢流、恶臭等对周围环境造成的污染。粪尿池设在牛舍外地势低洼处，且应设在与运动场方向相反的一侧，池的容积以能储存牛场 20~30 天的粪尿为宜，粪尿池必须离饮水井 100 米以上。由牛舍粪尿沟至粪尿池之间设地下排水管，向粪尿池方向应有 2%~3%的坡度。

6. 补饲槽和饮水槽 在运动场的适当位置或凉棚下要设置补饲槽和饮水槽，以供牛群在运动场时采食粗饲料和随时饮水。根据牛数量的多少决定建饲槽和饮水槽的多少和长短。每个饲槽长 3~4 米，高 0.4~0.7 米，槽上沿宽 0.7 米，底宽 0.4 米。每 30 头牛左右要有一个饮水槽，用水时加满，至少在早晚各加水 1 次，水槽要抗寒防冻，也可以用自动饮水器。

7. 清粪形式及设备 牛舍的清粪形式有机械清粪、水冲清粪、人工清粪。我国牛场多采用人工清粪。机械清粪中采用的主要设备有连杆刮板式，适于单列牛床；环行链刮板式，适于双列牛床；双翼形推粪板式，适于舍饲散栏饲养牛舍。

8. 保定设备 包括保定架、鼻环、缰绳与笼头。

（1）保定架：保定架是牛场不可缺少的设备，打针、灌药、编耳号及治疗时使用。通常用圆钢材制成，架的主体高 160 厘

米，前颈枷支柱高 200 厘米，立柱部分埋入地下约 40 厘米，架长 150 厘米，宽 65~70 厘米。也有活动式保定架，见图 3-4。

（2）鼻环：鼻环有两种类型：一种用不锈钢材料制成，质量好又耐用，但价格较高；另一种用铁或铜材料制成，质地较粗糙，材料直径 4 毫米左右，价格较低。农村用铁丝自制的圈，易生锈，不结实，易将牛鼻拉破而引起感染。

图 3-4　活动式保定架

（3）缰绳与笼头：缰绳与笼头为拴系饲养方式所必需的工具，采用围栏散养方式可不用缰绳与笼头。缰绳通常系在鼻环上以便牵牛；笼头套在牛的头上，便于抓牛，而且牢靠。缰绳材料有麻绳、尼龙绳，每根长 1. 6 米左右，直径 0. 9~1. 5 厘米。

（4）吸铁器：由于牛采食是不经咀嚼直接将饲料吞入口中，若饲料中混有铁钉、铁丝等则容易误食，一旦吞入，无法排出，容易造成牛发生创伤性网胃炎或心包炎。吸铁器有两种：一种用于体外，即在草料传送带上安装磁力吸铁装置；另一种用于体内，称为磁棒吸铁器。使用时将磁棒吸铁器放入病牛口腔近咽喉部，灌水促使牛吞入瘤胃，随瘤胃的蠕动，经过一定的时间，慢慢取出，将瘤胃中混有的细小铁器吸附在磁力棒上一并带出。

9. 饲料生产与饲养器具　大规模生产饲料时，需要各种作业机械，如拖拉机和耕作机械，制作青贮时，应有青贮料切碎机；一般肉牛肥育场可用手推车给料，大型肥育场可用拖拉机等自动或半自动给料装置给料；还有切草用的铡刀、大规模饲养用的铡草机及称料用的计量器，有时还需要压扁机或粉碎机等。

第二节　牛场的环境管理

一、场区的环境管理

（一）合理规划牛场

牛场不仅要做好分区规划，还要注意牛舍朝向、牛舍之间的间距、牛场道路以及绿化等设计。

1. 牛舍朝向和间距　牛舍朝向直接影响到牛舍的温热环境维持和卫生，一般应以当地日照和主导风向为依据，使牛舍的长轴方向与夏季主导风向垂直。如我国夏季盛行东南风，冬季多为东北风或西北风。所以，南向的牛场场址和牛舍朝向是适宜的。牛舍之间应该有 20 米左右的距离。

2. 牛场道路　牛场设置清洁道和污染道，清洁道供饲养管理人员、清洁的设备用具、饲料和健康牛等使用，污染道供清粪、污浊的设备用具、病死和淘汰牛使用。清洁道在上风向，与污染道不交叉。

3. 储粪场　牛场设置粪尿处理区。粪场可设置在多列牛舍的中间，靠近道路，有利于粪便的清理和运输。设置储粪场（池）应注意：一是储粪场应设在生产区和牛舍的下风处，与住宅、牛舍之间保持有一定的间距（距牛舍 30~50 米），并应便于运往农田或其他地方处理；二是储粪池的深度以不受地下水浸渍为宜，底部应较结实，对储粪场和污水池要进行防渗处理，以防粪液渗漏流失污染水源和土壤；三是储粪场底部应有坡度，使粪水可流向一侧或集液井，以便取用；四是储粪池的大小应根据每天牛场排粪量多少及储藏时间长短而定。

4. 绿化　绿化不仅可以美化环境，而且可以净化环境，改善小气候，而且有防疫防火的作用。做好场界林带、场区隔离林

带的设置，做好场内外道路两旁的绿化并在运动场建遮阳林。

（二）隔离卫生和消毒

牛场隔离卫生和消毒是维持场区良好环境和保证牛体健康的基础。

1. 严格隔离 隔离是指阻止或减少病原进入肉牛体的一切措施，这是控制传染病的重要而常用的措施，其意义在于严格控制传染源，以有效防止传染病的蔓延。

（1）牛场的一般隔离措施：除了做好牛场的规划布局外，还要注意在牛场周围设置隔离设施（如隔离墙或防疫沟），牛场大门处设置消毒室（或淋浴消毒室）和车辆消毒池，生产区中每栋建筑物门前都要设消毒池。进入牛场的人员、设备和用具只有经过大门消毒以后方可进入；引种时要隔离饲养观察，无病后方可大群饲养等。

（2）发病后的隔离措施：一是分群隔离饲养。在发生传染病时，要立即仔细检查所有的牛，根据牛的健康程度，可分为不同的牛群管理，严格隔离（见表3-4）。二是禁止人员和牛流动。禁止牛、饲料、养牛的用具在场内和场外流动，禁止其他畜牧场、饲料间的工作人员的来往以及场外人员来肉牛场参观。三是紧急消毒：对环境、设备、用具每天消毒一次并适当加大消毒液的用量，提高消毒的效果。当传染病被扑灭后，经过两周不再发现病肉牛时，进行一次全面彻底的消毒后才可以解除封锁。

表3-4 不同牛群的隔离措施

肉牛群	隔离措施
病牛	在彻底消毒的情况下，把症状明显的肉牛隔离在原来的场所，单独或集中饲养在偏僻、易于消毒的地方，专人饲养，加强护理、观察和治疗，饲养人员不得进入健康牛群的牛舍。要固定所用的工具，注意对场所、用具的消毒，出入口设有消毒池，进入人员必须经过消毒后，方可进入隔离场所。对粪便进行无害化处理，其他闲杂人员和动物避免接近。如经查明，场内只有极少数的牛患病，为了迅速扑灭疫病并节约人力和物力，可扑杀病牛

续表

肉牛群	隔离措施
可疑病牛	与传染源或其污染的环境（如同群、同笼或同一运动场等）有过密切的接触，但无明显症状的牛，有可能处在潜伏期，并有排菌、排毒的危险。对可疑病牛所用的用具必须消毒，然后将其转移到其他地方单独饲养，紧急接种和投药治疗，同时限制活动场所，平时注意观察
假定健康牛	无任何症状，一切正常，要将这些牛与上述两类牛分开饲养，并做好紧急预防接种工作，同时要加强消毒，仔细观察，一旦发现病牛，要及时消毒、隔离。此外，对被污染的饲料、垫草、用具、牛舍和粪便等进行严格消毒；妥善处理好尸体；做好杀虫、灭鼠、灭蚊蝇工作。在整个封锁期间，禁止从场内运出和向场内运进肉牛

2. 卫生与消毒 保持牛场和牛舍的清洁与卫生，定期进行全面的消毒，可以减少病原的种类和含量，防止或减少疾病发生。

（三）水源防护

作为牛场水源的水质，必须符合卫生要求（表3-5）。

表3-5 牛饮用水水质标准

	项目	畜（禽）标准
感官性状及一般化学指标	色度≤	30
	浑浊度≤	20
	臭和味	不得有异臭异味
	肉眼可见物	不得含有
	总硬度（$CaCO_3$ 计，毫克/升）≤	1 500
	pH 值≤	5. 0~5. 9（6. 4~8. 0）
	溶解性总固体（毫克/升）≤	1 000（1 200）
	氯化物（Cl 计，毫克/升）≤	1 000（250）
	硫酸盐（SO_4^{2-} 计，毫克/升）≤	500（250）
细菌学指标	总大肠杆菌群数（个/100 毫升）≤	成畜 10；幼畜和禽 1

续表

	项目	畜（禽）标准
毒理学指标	氟化物（F^-计，毫克/升）≤	2.0
	氰化物（毫克/升）≤	0.2（0.05）
	总砷（毫克/升）≤	0.2
	总汞（毫克/升）≤	0.01（0.001）
	铅（毫克/升）≤	0.1
	铬（六价，毫克/升）≤	0.1（0.05）
	镉（毫克/升）≤	0.05（0.01）
	硝酸盐（N计，毫克/升）≤	30

牛生产过程中，用水量很大，如牛的饮水、粪尿的冲刷、用具及设施的消毒和洗涤，以及生活用水等。不仅在选择牛场场址时，应将水源作为重要因素考虑，而且牛场建好后还要注意水源的防护，其措施如下。

1. 水源位置适当　水源位置要选择远离生产区的管理区内，远离其他污染源，并且建在地势高燥处。牛场可以自建深水井和水塔，深层地下水经过地层的过滤作用，为封闭性水源，水质水量稳定，被污染的机会很小。

2. 加强水源保护　水源周围没有工业、化学以及生活污染（不得建厕所、粪池、垃圾场和污水池）等，并在水源周围划定保护区，保护区内禁止一切破坏水环境生态平衡的活动以及破坏水源林、护岸林、与水源保护相关植被的活动；严禁向保护区内倾倒工业废渣、城市垃圾、粪便及其他废弃物；运输有毒有害物质、油类、粪便的船舶和车辆一般不准进入保护区；保护区内禁止使用剧毒和高残留农药，不得滥用化肥，不得使用炸药、毒品捕杀鱼类；避免污水流入水源。

3. 搞好饮水卫生　定期清洗和消毒饮水用具与饮水系统，保持饮水用具的清洁卫生，保证饮水的新鲜。

4. 注意饮水的检测和处理 定期检测水源的水质，污染时要查找原因，及时解决；当水源水质较差时要进行净化和消毒处理。

（四）污水处理

牛场必须专设排水设施，以便及时排除雨、雪及生产污水。全场排水网分主干和支干。主干主要是配合道路网设置的路旁排水沟，将全场地面径流或污水汇集到几条主干道内排出；支干主要是各运动场的排水沟，设于运动场边缘，利用场地倾斜度，使水流入沟中排走。排水沟的宽度和深度可根据地势和排水量而定，沟底、沟壁应夯实，暗沟可用水管或砖砌，如暗沟过长（超过 200 米），应增设沉淀井，以免污物淤塞，影响排水。但应注意的是，沉淀井距供水水源应在 200 米以上，以免造成污染。污水经过处理达标后再排放；被病原体污染的污水，要进行消毒处理。

【提示】比较实用的方法是化学药品消毒法：先将污水处理池的出水管用一木闸门关闭，将污水引入污水池后，加入化学药品（如漂白粉或生石灰）进行消毒。消毒药的用量视污水量而定（一般 1 升污水用 2~5 克漂白粉）。消毒后，将闸门打开，使污水流出。

（五）灭鼠

鼠是人畜多种传染病的传播媒介，鼠还盗食饲料，咬坏物品，污染饲料和饮水，危害极大，牛场必须加强灭鼠。

化学灭鼠效率高、使用方便、成本低、见效快，缺点是会引起人畜中毒，有些鼠对药剂有选择性、拒食性和耐药性。所以，使用时须选好药剂和注意使用方法，以确保安全有效。灭鼠药剂种类很多，主要有灭鼠剂、熏蒸剂、烟剂、化学绝育剂等。化学灭鼠应当使用慢性长效灭鼠药，如溴敌隆、敌鼠钠盐等。

牛场化学灭鼠要注意定期和长期结合。定期灭鼠有三个时

机：一是在牛群淘汰后，切断水源，清走饲料，投放毒饵，此时效果最好；二是在春季鼠类繁殖高峰时，此时的杀灭效果也较高；三是秋季天气渐冷，外部的老鼠迁入舍内之际。在这三种情况下，灭鼠能达到事半功倍的效果。长期灭鼠的方法是在室内外老鼠活动的地方放置一些毒饵盒。毒饵盒要让老鼠容易进入和通过而其他动物不能接触毒饵。要经常更换毒饵。

牛场的鼠类以饲料库、牛舍最多，是灭鼠的重点场所。饲料库可用熏蒸剂毒杀。

【注意】投放毒饵时，要防止毒饵混入饲料中。鼠尸应及时清理，以防被人畜误食而发生二次中毒。选用鼠长期吃惯了的食物作饵料，突然投放，饵料充足，分布广泛，以保证灭鼠的效果。

（六）杀昆虫

蚊、蝇、蚤、蜱等吸血昆虫会侵袭牛并传播疫病，因此，在肉牛生产中，要采取有效的措施防止和消灭这些昆虫。

1. 环境卫生　保持牛场环境清洁卫生、干燥，是杀灭蚊蝇的基本措施。蚊虫需在水中产卵、孵化和发育，蝇蛆也需在潮湿的环境及粪便等废弃物中生长。因此，填平无用的污水池、土坑、水沟和洼地。保持排水系统畅通，对阴沟、沟渠等定期疏通，勿使污水储积。对储水池等容器加盖，以防蚊蝇飞入产卵。对不能清除或加盖的防火储水器，在蚊蝇滋生季节，应定期换水。永久性水体（如鱼塘、池塘等），蚊虫多滋生在水浅而有植被的边缘区域，修整边岸，加大坡度和填充浅湾，能有效地防止蚊虫滋生。牛舍内的粪便应定时清除，并及时处理，储粪池应加盖并保持四周环境的清洁。

2. 生物杀灭　利用天敌杀灭害虫，如在池塘养鱼即可达到鱼类治蚊的目的。此外，应用细菌制剂——内菌素杀灭吸血蚊的幼虫，效果良好。

3. 化学杀灭 化学杀灭是使用天然或合成的毒物，以不同的剂型（粉剂、乳剂、油剂、水悬剂、颗粒剂、缓释剂等），通过不同途径（胃毒、触杀、熏杀、内吸等），毒杀或驱逐蚊蝇。化学杀灭具有使用方便、见效快等优点，是当前杀灭蚊蝇的较好方法。常用的药物是慢性灭鼠药物，如敌鼠钠盐等。

（七）粪便处理

用作肥料 牛粪尿中的尿素、氨以及钾、磷等，均可被植物吸收。但粪中的蛋白质等未消化的有机物，要经过腐熟分解成氨或铵盐，才能被植物吸收。所以，牛粪尿可做基肥。为提高肥效，减少肉牛粪中的有害微生物和寄生虫卵的传播与危害，肉牛粪在利用之前最好先经过发酵处理。

（1）处理方法：将牛粪尿连同其垫草等污物堆放在一起，最好在上面覆盖一层泥土，让其增温、腐熟。或将牛粪、杂物倒在固定的粪坑内（坑内不能积水），待粪坑堆满后，用泥土覆盖严密，使其发酵、腐熟，经 15~20 天便可开封使用。经过生物热处理过的肉牛粪肥，既能减少有害微生物、寄生虫的危害，又能提高肥效，减少氨的挥发。肉牛粪中残存的粗纤维虽养分低，但对土壤具有疏松的作用，可改良土壤结构。

（2）利用方法：直接将处理后的牛粪用作各类旱作物、瓜果等经济作物的基肥。其肥效高，肥力持续时间长；或将处理后的牛粪尿加水制成粪尿液，用作基追肥喷施植物，不仅用量省、肥效快，增产效果也较显著。粪液的制作方法是将牛粪存于缸内（或池内），加水密封 10~15 天，经自然发酵后，滤出残余固形物，即可喷施农作物。尚未用完或缓用的粪液，应继续存放于缸中封闭保存，以减少氨的挥发。

（3）生产沼气：固态或液态粪污均可用于生产沼气。沼气是厌气微生物（主要是甲烷细菌）分解粪污中含碳有机物而产生的一种混合气体，其中甲烷占 60%~75%，二氧化碳占 25%~40%，

还有少量氧气、氢气、一氧化碳、硫化氢等气体。将牛粪、牛尿、垫料、污染的草料等投入沼气池内封闭发酵生产的沼气，可用于照明、作燃料或发电等。沼气池在厌氧发酵过程中可杀死病原微生物和寄生虫，发酵粪便产气后的沼渣还可再用作肥料。

二、牛舍的环境控制

影响牛群生活和生产的主要环境因素有温度、湿度、气流、光照、有害气体、微粒、微生物、噪声等。在科学合理的设计和建筑牛舍、配备必需设备设施以及保证良好场区环境的基础上，加强对牛舍环境的控制，保证牛舍良好的小气候，为牛群的健康和生产性能提高创造条件。

（一）舍内温度的控制

1. 舍内温度要求　肉牛增重的适宜温度为5~21℃，奶牛产乳的适宜温度是3.4~23℃，产乳量最高的温度为18.5℃。不同牛舍的适宜温度见表3-6。

表3-6　牛舍的适宜温度

类型	最适温度/℃	最低温度/℃	最高温度/℃
奶牛舍	16~20	-4	24
肉牛舍	10~15	2~6	25~27
哺乳犊牛舍	12~15	3~6	25~27
断乳牛舍	6~8	4	25~27
产房	15	10~12	25~27

2. 舍内温度的控制

（1）牛舍的防寒保暖：牛的抗寒能力较强，冬季外界气温过低时也会影响牛的增重、产乳和犊牛的成活率。所以，必须做好牛舍的防寒保暖工作：一是加强牛舍保温设计。牛舍保温隔热设计是维持牛舍适宜温度的最经济最有效的措施。根据不同类型牛舍对温度的要求设计牛舍的屋顶和墙体，使其达到保温要求。二是减少舍内热量散失。如关闭门窗、挂草帘、堵缝洞等措施，减少牛舍热量外散和冷空气进入。三是增加外源热量。在牛舍的阳面或整个室外牛舍扣上塑料大棚。利用塑料薄膜的透光性，白天接受太阳能，夜间可在棚上面覆盖草帘以减少热能散失。犊牛舍必要时可以采暖。四是防止冷风吹袭牛体。舍内冷风可以来自墙、门、窗等缝隙和进出气口、粪沟的出粪口，局部风速可达4~5米/秒，使局部温度下降，影响牛的生产性能。冷风直吹牛体时，会增加机体散热，甚至引起伤风感冒。冬季到来前要检修好牛舍，堵塞缝隙，进出气口加设挡板，出粪口安装插板，防止冷风对牛体的侵袭。

（2）牛舍的防暑降温：夏季，环境温度高，牛舍温度会更高，使牛产生严重的热应激，轻者影响生长和生产，重者导致发病和死亡。因此，必须做好夏季防暑降温工作：一是加强牛舍的隔热设计。加强牛舍外维护结构的隔热设计，特别是屋顶的隔热设计，可以有效地降低舍内温度。二是环境绿化遮阳。在牛舍或运动场的南面和西面一定距离栽种高大的树木（如树冠较大的梧桐），或丝瓜、扁豆、葡萄、爬山虎等藤蔓植物，以遮挡阳光，减少牛舍的直接受热；在牛舍顶部、窗户的外面或运动场上拉遮阳网，实践证明是有效的降温方法，其折光率可达70%，而且使用寿命达4~5年。三是墙面刷白。不同颜色对光的吸收率和反射率不同。黑色吸光率最高，而白色反光率很高，可将牛舍的顶部及南面、西面墙面等受到阳光直射的地方刷成白色，以减少牛舍的受热度，增强光反射。可在牛舍的顶部铺设反光膜，能降低舍温2℃左右。四是蒸发降温。牛舍内的温度来自太阳辐射，舍顶是主要的受热部位。降低牛舍顶部热能的传递是降低舍温的有效措施，在牛舍的顶部安装水管和喷淋系统；舍内温度过高时可以使用凉水在舍内进行喷洒、喷雾等，同时加强通风。五是加强

通风。密闭舍加强通风可以增加对流散热。必要时可以安装风机进行机械通风。

（二）舍内湿度的控制

湿度是指空气的潮湿程度，生产中常用相对湿度表示。相对湿度是指空气中实际水汽压与饱和水汽压的百分比。牛体排泄和舍内水分的蒸发都可以产生水汽而增加舍内湿度。

【小常识】舍内上下湿度大，中间湿度小（封闭舍）。如果夏季门窗大开，通风良好，差异不大。保温隔热效果不良的畜舍，空气潮湿，当气温变化大时，气温下降时容易达到露点，凝聚为雾。虽然舍内温度未达露点，但由于墙壁、地面和天棚的导热性强，温度达到露点，即在畜舍内表面凝聚为液体或固体，甚至由水变成冰。水渗入围护结构的内部，气温升高时，水又蒸发出来，常常使舍内的湿度很高。潮湿的外围护结构保温隔热性能下降，常见天棚、墙壁生长绿霉、灰泥脱落等。

1. 舍内湿度要求　封闭式牛舍空气的相对湿度以60%~70%为宜，最高不超过75%。

2. 舍内湿度调节措施

（1）湿度低时：舍内相对湿度低时，可在舍内地面散水或用喷雾器在地面和墙壁上喷水，水的蒸发可以提高舍内湿度。

（2）湿度高时：当舍内相对湿度过高时，可以采取如下措施：一是加大换气量。通过通风换气，驱除舍内多余的水汽，换进较为干燥的新鲜空气。舍内湿度低时，要适当提高舍内温度，避免通风换气引起舍内湿度下降。二是提高舍内温度。舍内空气水汽含量不变，提高舍内温度可以增大饱和水气压，降低舍内相对湿度。特别是冬季或犊牛舍，加大通风换气量对舍内湿度影响大。

（3）防潮措施：保证牛舍干燥需要做好牛舍防潮措施，除了选择地势高燥、排水好的场地外，可采取如下措施：一是在牛舍墙基设置防潮层，新建牛舍待干燥后使用。二是舍内排水系统畅通，及时清理粪尿、污水。三是尽量减少舍内用水。舍内用水量大，舍内湿度容易升高。防止饮水设备漏水，能够在舍外洗刷的用具尽量在舍外洗刷或洗刷后的污水立即排到舍外，不要在舍内随处泼洒。四是保持舍内较高的温度，使舍内温度经常处于露点以上。五是使用垫草或防潮剂（如撒生石灰、草木灰），及时更换污浊潮湿的垫草。

（三）光照的控制

光照不仅显著影响牛繁殖，而且对牛有促进新陈代谢、加速骨骼生长以及活化和增强免疫机能的作用。在舍饲和集约化生产条件下，采用16小时光照8小时黑暗的制度，肥育牛采食量增加，日增重得到明显改善。一般要求肉牛舍的采光系数为1∶16，犊牛舍的采光系数为1∶（10~14），奶牛舍的采光系数为1∶（10~12）。

（四）有害气体

牛舍中的有害气体除少量由舍外空气带来外，绝大部分由牛的呼吸、排泄物和生产过程中有机物的分解而产生，因而有害气体成分要比舍外空气成分复杂且含量高。密闭牛舍内中，有害气体含量容易超标，可以直接或间接引起牛群发病或导致生产性能下降，影响牛群安全和产品安全。有害气体的消除措施：一是加强场址选择和合理布局，避免工业废气污染。合理设计肉牛场和肉牛舍的排水系统，粪尿、污水处理设施。二是加强防潮管理，保持舍内干燥。有害气体易溶于水，湿度大时易吸附于材料中，舍内温度升高时又挥发出来。三是适量通风。干燥是减少有害气体产生的主要措施，通风是消除有害气体的重要方法。当严寒季节保温与通风发生矛盾时，可向牛舍内定时喷雾过氧化物类的消毒剂，其释放出的氧能氧化空气中的硫化氢和氨，起到杀菌、除臭、降尘、净化空气的作用。四是加强牛舍管理：①在舍内地面、畜床上铺设麦秸、稻草、干草等垫料，可以吸附空气中有害气体，并保持垫料清洁卫生。②做好卫生工作。及时清理污物和

杂物，排出舍内的污水，加强环境消毒等。五是加强环境绿化。绿色植物的光合作用可以吸收二氧化碳，生产氧气。六是采用化学物质消除。使用过磷酸钙、丝兰属植物提取物、沸石以及木炭、活性炭、生石灰等具有吸附作用的物质吸附空气中的臭气。

（五）舍内微粒的控制

微粒是以固体或液体微小颗粒的形式存在于空气中的分散胶体。牛舍中的微粒来源于牛的活动、采食、鸣叫，饲养管理过程中如清扫地面、分发饲料、饲喂及通风除臭等机械设备运行。微粒可以影响牛的被毛质量，引发呼吸道病和其他传染性疾病等。舍内微粒的消除措施：一是改善畜舍和牧场周围地面状况，实行全面的绿化，如种树、种草和种植农作物等。植物表面粗糙不平，多茸毛，有些植物还能分泌油脂或黏液，能阻留和吸附空气中的大量微粒。含微粒的大气流通过林带，风速降低，大径微粒下沉，小的被吸附。夏季可吸附35.2%~66.5%的微粒。二是维持牛舍清洁。牛舍远离饲料加工场，分发饲料和饲喂动作要轻；保持牛舍地面干净，禁止干扫；更换和翻动垫草动作要轻；保持舍内通风换气，必要时安装过滤设备。三是保持适宜的湿度。适宜的湿度有利于尘埃沉降。

（六）舍内噪声的控制

物体呈不规则、无周期性振动所发出的声音叫噪声。噪声分为外界产生的，如飞机、汽车、拖拉机、雷鸣等；舍内机械产生的，如风机、除粪机、喂料机等；牛本身产生的，如鸣叫、走动、采食、争斗等。噪声可以引起牛的应激，影响采食、生长和繁殖。一般要求牛舍的噪声不超过75分贝。降低噪声的措施：一是选择场地。牛场选在安静的地方，远离噪声大的地方，如交通干道、工矿企业和村庄等。二是选择设备。选择噪声小的设备。三是搞好绿化。场区周围种植林带，可以有效地隔音。四是科学管理。生产过程的操作要轻、稳，尽量保持牛舍的安静。

第四章　肉牛生态养殖的饲料及配制

【提示】饲料营养是肉牛生产性能和经济效益的重要决定因素之一。牛的生存、生长和繁殖等生命活动，离不开营养物质，而营养物质来源于饲料。不同类型、不同生长阶段、不同生产性能的肉牛，营养需要不同。必须根据肉牛的生理特点和营养需要，科学选择饲料原料，合理配制，生产出优质的配合饲料，以满足其营养需求。

第一节　肉牛的营养需要

一、需要的营养物质

（一）水

水是动物必需的养分。动物的饮水量比采食干物质量多3~8倍，动物因缺水而死亡的速度比因缺食物死亡的速度快得多。水除作为养分外，还具有多种重要的用途，如水参与动物体内许多生物化学反应，具有运输其他养分的作用。体温调节、营养物质的消化代谢、有机物质的水解、废物的排泄、内环境的稳定、神经系统的缓冲、关节的润滑等都需要水的参与。

肉牛对水的需要量与肉牛的品种、年龄、体重、饲料干物质采食量和季节、气温等多种因素有关。气温为-5~15℃时，肉牛

每采食1千克饲料干物质，需要饮水2~4千克；气温为15~25℃时，每采食1千克饲料干物质，需要饮水3~5千克；气温为25~35℃时，每采食1千克饲料干物质，需要饮水4~10千克；当气温高于35℃时，则每采食1千克饲料干物质，需要饮水8~15千克。

生产实践中，最好的方法是给肉牛提供充足的饮水。应根据牛群的大小，设立足够的饮水槽或饮水器，使所有的牛都能够有机会自由饮水。尤其在炎热的夏天，饮水不足还可导致肉牛不能及时散发体热、有效调节体温。因此，给肉牛提供充足的饮水是非常重要的。

【注意】在为肉牛提供充足的饮水的同时还要注意饮水的质量，当水中食盐含量超过1%时，就会引起食盐中毒，含过量的亚硝酸盐和碱的水对肉牛也非常有害。

（二）干物质

肉牛干物质进食量（DMI）受体重、增重速度、饲料能量浓度、日粮类型、饲料加工、饲养方式和气候因素的影响。

根据国内各方面试验和测定资料汇总得出，日粮代谢能浓度为8.4~10.5兆焦/千克干物质时，生长肥育牛的干物质需要量计算公式为

$$DMI（千克）=0.062W^{0.75}+(1.5296+0.00371\times W)\times G$$

式中：$W^{0.75}$为代谢体重（千克），即体重的0.75次方；W为体重（千克）；G为日增重（千克）。

妊娠后半期母牛供参考的干物质进食量为

$$DMI（千克）=0.062W^{0.75}+(0.790+0.005587\times t)$$

式中：$W^{0.75}$为代谢体重（千克），即体重的0.75次方；W为体重（千克）；t为妊娠天数（天）。

哺乳母牛供参考的干物质进食量为

$$DMI（千克）=0.062W^{0.75}+0.45FCM$$

式中：$W^{0.75}$为代谢体重（千克），即体重的0.75次方；W为体重（千克）；FCM为4%乳脂标准乳预计量（千克）。

（三）能量

能量是肉牛营养的重要基础，它是构成体组织、维持生理功能和增加体重的主要原料。牛所需的能量除用于维持身体基本需要外，多余的能量用于生长和繁殖。肉牛所需要的能量来源于饲料中的糖类、脂肪和蛋白质。最重要的能源是从饲料中的糖类（粗纤维、淀粉等）在瘤胃的发酵产物——挥发性脂肪酸中取得的。脂肪的能量虽然比其他养分高2倍以上，但作为饲料中的能源并不占主要地位。蛋白质也可以产生能量，但从资源的合理利用及经济效益考虑，用蛋白质供能是不适宜的，在配制日粮时尽可能以糖类提供能量。

当能量水平不能满足肉牛需要时，则肉牛生产力下降，健康状况恶化，饲料能量的利用率降低。生长期肉牛能量不足，则生长停滞。肉牛能量营养水平过高对生产和健康同样不利。能量营养过剩，可造成机体能量大量沉积（过肥），繁殖力下降。由此不难看出，合理的能量营养水平对提高肉牛能量利用效率，保证肉牛的健康，提高生产力具有重要的实践意义。

（四）蛋白质

蛋白质是生命的重要物质基础。它主要由碳、氢、氧、氮四种元素组成，有些蛋白质还含有少量的硫、磷、铁、锌等。蛋白质是三大营养物质中唯一能提供牛体氮素的物质。因此，它的作用是脂肪和糖类所不能代替的。常规饲料分析测得的蛋白质包括真蛋白质和氨化物，通常称为粗蛋白质，其数值等于样品总含氮量乘以6.25。

蛋白质是构成体组织、体细胞的基本原料，牛的肌肉神经、结缔组织、皮肤、血液等，均以蛋白质为其基本成分；牛体表的各种保护组织如毛、蹄、角等，均由角质蛋白质与胶质蛋白质构

成；蛋白质还是体内多种生物活性物质的组成部分，如牛体内的酶、激素、抗体等都是以蛋白质为原料合成的；蛋白质是形成牛产品的重要物质，肉、乳、茸毛等产品的主要成分都是蛋白质。

当日粮中缺乏蛋白质时，牛体内蛋白质代谢变为负平衡，幼龄牛生长缓慢或停止，体重减轻，成年牛体重下降。长期缺乏蛋白质，还会发生血红蛋白减少的贫血症；当血液中免疫球蛋白数量不足时，则牛抗病力减弱，发病率增加。蛋白质缺乏的牛，食欲减退，消化力下降，生产性能降低；日粮蛋白质不足还会影响牛的繁殖功能，如母牛发情不明显，不排卵，受胎率降低，胎儿发育不良，公牛精液品质下降。反之，过多地供给蛋白质，不仅造成浪费，而且还可能对牛健康有害。蛋白质过多时，其代谢产物的排泄加重了肝、肾的负担，来不及排出的代谢产物可导致中毒。蛋白质水平过高，对繁殖也有不利影响，公牛表现为精子发育不正常，精子的活力及受精能力降低，母牛则表现为不易形成受精卵或胚胎的活力下降。

(五) 矿物质

饲料经过充分燃烧，剩余的部分就称其为矿物质或灰分。矿物质的种类很多，一般根据其占畜体体重的比例大小可分为常量元素（0.01%以上）和微量元素（0.01%以下）。常量元素有钙、磷、钠、氯、硫、镁、钾等；微量元素有铁、铜、锰、锌、硅、硒、钴、碘、铬、氟、钼等，虽然其在牛体内含量虽少，但具有重要作用。

1. 钙、磷　参与机体的代谢活动，是骨骼的重要组成成分。血液中的钙有抑制神经和肌肉兴奋，促进血凝和保持细胞膜完整性等作用；磷参与糖代谢和保持血液 pH 值正常。缺钙、磷或由于钙、磷的比例不当和维生素 D 的供应不足，幼肉牛可能会出现佝偻病，成年肉牛会发生骨软症和骨质疏松。理想的钙磷比例为（1~2）∶1。

2. 钾、钠、氯 主要分布在肉牛的体液及软组织中，在维持体液的酸碱平衡和渗透压方面起着重要的作用，并能调节体内水的平衡。缺乏时可导致消化不良、食欲减退、采食量减少、异食癖、利用饲料营养物质的能力下降、发育障碍、生长迟缓、体重减轻、生殖功能减弱、生产力下降等现象。所以在饲料中必须补充食盐，食盐给量占日粮干物质的 0. 3%。但喂量过多则引起食盐中毒。钾主要存在于细胞内液中，影响机体的渗透压和酸碱平衡，对一些酶的活性有促进作用。缺乏钾，则采食量下降，精神不振和痉挛。夏季给牛补钾，可以缓解热应激。钾需要量占日粮的0. 65%。

3. 硫 是保证瘤胃微生物最佳生长的重要养分，在瘤胃微生物消化过程中，硫对含硫氨基酸（蛋氨酸和胱氨酸)、维生素 B_{12} 的合成有作用。硫是构成蛋白质、某些维生素、酶、激素和谷胱甘肽辅酶 A 的必需成分，也是机体中间代谢和去毒过程中不可缺少的物质。缺硫时，可发生流涎过多、虚弱、食欲减退、异食癖、消瘦等现象。与蛋白质缺乏症状相似，表现为增重减少，毛的生长速度降低。肉牛硫的需要量占日粮的 0. 16%。一般不会缺硫，但添加尿素容易缺硫。尿素作为补充料时，添加 100 克尿素需要添加 3 克硫酸钠。

4. 碘 是形成甲状腺素不可缺少的元素，参与物质的代谢过程。缺碘时，新生的犊牛甲状腺肿大，无毛、死亡或生存亦很衰弱，发育缓慢。母牛缺碘时受胎率低，导致胚胎发育受阻，早期胚胎死亡，流产，胎衣不下。碘的需要量为 0. 25 毫克/千克日粮干物质。

5. 铁 参与形成血红素和肌红蛋白，保证机体组织氧的运输。铁还是细胞色素酶类和多种氧化酶中的成分，与细胞内生物氧化过程密切相关。缺乏铁的症状是生长缓慢，嗜眠，贫血，呼吸频率增加。铁过量也会发生中毒。肉牛铁的需要量为 50 毫克/

千克日粮干物质。

6. 钴　是牛瘤胃微生物合成维生素 B_{12} 的原料。牛缺钴时表现为食欲减退、流泪、毛被粗硬、精神不振、逐渐消瘦、贫血、发情次数减少、受胎率显著下降、易流产、泌乳量降低。饲料中钴含量过多对牛也有害，肉牛钴的需要量为 0.1 毫克/千克日粮干物质。日粮中补充钴，发情母牛数增加，公牛精子数增加。

7. 硒　是谷胱苷肽过氧化物酶的主要成分，具有抗氧化作用。缺硒时，对犊牛的发育有严重影响，主要表现为犊牛生长慢，易引发白肌病导致死亡。母牛繁殖功能紊乱，多空怀和死胎。对缺硒的犊牛可补饲亚硒酸钠。但硒过量则会发生慢性积累性中毒，表现为脱毛、蹄发炎或溃烂，繁殖力下降。肉牛硒的需要量为 0.3 毫克/千克日粮干物质。

8. 铜　可促进铁在小肠的吸收，铜是形成血红蛋白的催化剂。铜是许多酶的组成成分或激活剂，参与细胞内氧化磷酸化的能量转化过程。铜还可促进骨和胶原蛋白的生成及磷脂的合成，参与被毛和皮肤色素的代谢，与肉牛的繁殖有关。牛对铜的最大耐受量为 70～100 毫克/千克日粮，长期用高铜日粮喂牛对健康和生产性能不利，甚至引起中毒。

9. 锰　对于骨骼发育和繁殖都有作用。牛的骨骼发育中要有锰。缺锰时，母牛受胎率低、流产，犊牛的初生体重减轻。肉牛锰的需要量为 40 毫克/千克日粮干物质。

10. 锌　是牛体内多种酶的组成成分，直接参与牛体蛋白质、核酸、糖类的代谢。锌还是一些激素的必需成分或激活剂。日粮中缺锌时，牛食欲减退，消化功能紊乱，异食癖，角化不全，创伤难愈合，发生皮炎（特别是牛颈、头及腿部），皮肤增厚，有痂皮和皲裂。公母牛繁殖力下降。肉牛锌的需要量为 40 毫克/千克日粮干物质。

（六）维生素

维生素就是维持生命的要素。属于低分子有机化合物，其功能在于启动和调节有机体的物质代谢。在饲料中虽然含量甚微，但所起作用极大。维生素种类很多，目前已知20多种，分为脂溶性（维生素A、维生素D、维生素E、维生素K）和水溶性维生素（B族维生素和维生素C）两大类。B族维生素包括硫胺素（维生素B_1）、核黄素（维生素B_2）、烟酸（维生素B_3）、吡哆醇（维生素B_6）、泛酸（维生素B_5）、叶酸、生物素（维生素B_4）、胆碱和维生素B_{12}。牛对维生素的需要量虽然极少，但缺乏就会引起许多疾病。维生素不足会引起机体代谢紊乱。犊牛表现为生长停滞，抗病力弱。成年牛则出现生产性能下降和繁殖功能紊乱。牛体所需的维生素，除从饲料中获取外，还可由消化道微生物合成。养牛业中一般对维生素A、维生素D、维生素E、维生素B和维生素K比较重视。

1. 维生素A　维生素A是一种环状不饱和一元醇，具有多种生理作用，不足时会出现多种症状。如缺乏维生素A时，会出现生长停滞、夜盲、流眼泪、咳嗽、流鼻液、肺炎、步伐不协调、上皮细胞角质化、食欲减退、消瘦、被毛粗乱、骨骼畸形、繁殖器官退化、流产死胎等。青草、胡萝卜、黄玉米、鲜树叶、青干草内含有丰富的胡萝卜素，牛的小肠能把胡萝卜素转化为维生素A。

2. 维生素D　维生素D为类固醇的衍生物，功能为促进钙磷吸收、代谢和成骨作用。缺乏维生素D会影响对钙磷的吸收和代谢障碍，幼牛出现佝偻病，成年牛出现骨骼组织疏松症。从而引起佝偻病。牛还可以借助太阳光的照射作用，把皮肤中含有的7-脱氢胆固醇转化为维生素D。

3. 维生素E　维生素E被称为抗不育维生素，是化学结构类似酚类的化合物，极易被氧化，具有生物学活性。其主要功能

是作为机体的生物催化剂。缺乏维生素E，会发生肌肉营养不良的退化性疾病。如白肌病和公牛睾丸萎缩症，这些疾病均影响生育。青草中维生素E的含量足够牛的需要，所以只要注意牛的优质青干草的供给就不会出现维生素E的缺乏。日粮中适宜水平的硒和维生素E可以防治子宫炎和胎衣不下。犊牛日粮中需要量为每千克干物质含25单位，成年牛为15~16单位。

4. 维生素B　B族维生素主要作为细胞酶的辅酶，催化糖类、脂肪和蛋白质代谢中的各种反应。牛瘤胃功能正常时，能由微生物合成维生素B满足牛体需要。但是犊牛在瘤胃发育正常之前，瘤胃微生物区系尚未建立，日粮中需要添加维生素B。B族维生素对牛维持正常生理代谢也非常重要。牛瘤胃中的微生物可以合成维生素B，所以不易缺乏。若牛患某种疾病或得不到完全营养，或有机体合成维生素B的功能遭到破坏时，应补给维生素B。

5. 维生素K　维生素K分为维生素K_1、维生素K_2和维生素K_3三种，维生素K_1称为叶绿醌，在植物中形成。维生素K_2由胃肠道微生物合成。维生素K_3为人工合成。维生素K的主要作用是催化肝脏中对凝血酶原和组织凝血因子的合成。经组织凝血因子的作用，凝血酶原转变为凝血酶。凝血酶能使可溶性的血纤维蛋白原变为不溶性的血纤维蛋白而使血液凝固。当维生素K不足时，因限制了凝血酶的合成而使凝血功能差。青饲料富含维生素K_1，瘤胃微生物可大量合成维生素K_2，一般不会缺乏。但在生产中，由于饲料间的拮抗作用，如草木樨和一些杂类草中含有与维生素K化学结构相似的双香豆素，能妨碍维生素K的作用；霉变饲料中的真菌霉素有制约维生素K的作用，需要适当增加维生素K的喂量。

（七）粗纤维

为了保证肉牛的日增重和瘤胃的正常发酵功能，日粮中粗饲料应占40%~60%，含有15%~17%的粗纤维（CF），19%~21%的酸性洗涤纤维（ADF），25%~28%的中性洗涤纤维（NDF），并且日粮中中性洗涤纤维总量的75%必须由粗饲料来提供。

二、肉牛饲养标准

饲养标准是大量饲养试验结果和动物生产实践的经验总结，对各种特定动物所需要的营养物质的定额做出的规定，这种系统的营养定额及有关资料统称为饲养标准。简言之，即特定动物系统成套的营养定额就是饲养标准，简称“标准”。现行饲养标准则更为确切和系统地表述了经试验研究确定的特定动物（不同种类、性别、年龄、体重、生理状态、生产性能、不同环境条件等）能量和各种营养物质的定额数值（表4-1~表4-7）。

表4-1　生长肥育牛的每日营养需要（中国肉牛的饲养标准 NY/T 815—2004）

活体重/千克	平均日增重/千克	干物质采食量/千克	维持净能/兆焦	生产净能/兆焦	粗蛋白质/克	钙/克	磷/克
150	0	2.66	13.80	0.00	236	5	5
	0.3	3.29	13.80	1.24	377	14	8
	0.4	3.49	13.80	1.71	421	17	9
	0.5	3.70	13.80	2.22	465	19	10
	0.6	3.91	13.80	2.76	507	22	11
	0.7	4.12	13.80	3.34	548	25	12
	0.8	4.33	13.80	3.97	589	28	13
	0.9	4.54	13.80	4.64	627	31	14
	1.0	4.75	13.80	5.38	665	34	15
	1.1	4.95	13.80	6.18	704	37	16
	1.2	5.16	13.80	7.06	739	40	16

续表

活体重/千克	平均日增重/千克	干物质采食量/千克	维持净能/兆焦	生产净能/兆焦	粗蛋白质/克	钙/克	磷/克
175	0	2.98	15.49	0.00	265	6	6
	0.3	3.63	15.49	1.45	403	14	9
	0.4	3.85	15.49	2.00	447	17	9
	0.5	4.07	15.49	2.59	489	20	10
	0.6	4.29	15.49	3.22	530	23	11
	0.7	4.51	15.49	3.89	571	26	12
	0.8	4.72	15.49	4.63	609	28	13
	0.9	4.94	15.49	5.42	650	31	14
	1.0	5.16	15.49	6.28	686	34	15
	1.1	5.38	15.49	7.22	724	37	16
	1.2	5.59	15.49	8.24	759	40	17
200	0	3.30	17.12	0.00	293	7	7
	0.3	3.98	17.12	1.66	428	15	9
	0.4	4.21	17.12	2.28	472	17	10
	0.5	4.44	17.12	2.95	514	20	11
	0.6	4.66	17.12	3.67	555	23	12
	0.7	4.89	17.12	4.45	593	26	13
	0.8	5.12	17.12	5.29	631	29	14
	0.9	5.34	17.12	6.19	669	31	15
	1.0	5.57	17.12	7.17	708	34	16
	1.1	5.80	17.12	8.25	743	37	17
	1.2	6.03	17.12	9.42	778	40	17
225	0	3.6	18.71	0.00	320	7	7
	0.3	4.31	18.71	1.86	452	15	10
	0.4	4.55	18.71	2.57	494	18	11
	0.5	4.78	18.71	3.32	535	20	12
	0.6	5.02	18.71	4.13	576	23	13
	0.7	5.26	18.71	5.01	614	26	14

续表

活体重/千克	平均日增重/千克	干物质采食量/千克	维持净能/兆焦	生产净能/兆焦	粗蛋白质/克	钙/克	磷/克
225	0.8	5.49	18.71	5.95	652	29	14
	0.9	5.73	18.71	6.97	691	31	15
	1.0	5.96	18.71	8.07	726	34	16
	1.1	6.20	18.71	9.28	761	37	17
	1.2	6.44	18.71	10.59	796	39	18
250	0	3.90	20.24	0.00	346	8	8
	0.3	4.64	20.24	2.07	475	16	11
	0.4	4.88	20.24	2.85	517	18	12
	0.5	5.13	20.24	3.69	558	21	12
	0.6	5.37	20.24	4.59	599	23	13
	0.7	5.62	20.24	5.56	637	26	14
	0.8	5.87	20.24	6.61	672	29	15
	0.9	6.11	20.24	7.74	711	31	16
	1.0	6.36	20.24	8.97	746	34	17
	1.1	6.60	20.24	10.31	781	36	18
	1.2	6.85	20.24	11.77	814	39	18
275	0	4.19	21.74	0.00	372	9	9
	0.3	4.96	21.74	2.28	501	16	12
	0.4	5.21	21.74	3.14	543	19	12
	0.5	5.47	21.74	4.06	581	21	13
	0.6	5.72	21.74	5.05	619	24	14
	0.7	5.98	21.74	6.12	657	26	15
	0.8	6.23	21.74	7.27	696	29	16
	0.9	6.49	21.74	8.51	731	31	16
	1.0	6.74	21.74	9.86	766	34	17
	1.1	7.00	21.74	11.34	798	36	18
	1.2	7.25	21.74	12.95	834	39	19

续表

活体重/千克	平均日增重/千克	干物质采食量/千克	维持净能/兆焦	生产净能/兆焦	粗蛋白质/克	钙/克	磷/克
300	0	4.46	23.21	0.00	397	10	10
	0.3	5.26	23.21	2.48	523	17	12
	0.4	5.53	23.21	3.42	565	19	13
	0.5	5.79	23.21	4.43	603	21	14
	0.6	6.06	23.21	5.51	641	24	15
	0.7	6.32	23.21	6.67	679	26	15
	0.8	6.58	23.21	7.93	715	29	16
	0.9	6.85	23.21	9.29	750	31	17
	1.0	7.11	23.21	10.76	785	34	18
	1.1	7.38	23.21	12.37	818	36	19
	1.2	7.64	23.21	14.21	850	38	19
325	0	4.75	24.65	0.00	421	11	11
	0.3	5.57	24.65	2.69	547	17	13
	0.4	5.84	24.65	3.71	586	19	14
	0.5	6.12	24.65	4.80	624	22	14
	0.6	6.39	24.65	5.97	662	24	15
	0.7	6.66	24.65	7.23	700	26	16
	0.8	6.94	24.65	8.59	736	29	17
	0.9	7.21	24.65	10.06	771	31	18
	1.0	7.49	24.65	11.66	803	33	18
	1.1	7.76	24.65	13.40	839	36	19
	1.2	8.03	24.65	15.30	868	38	20
350	0	5.02	26.06	0.00	445	12	12
	0.3	5.87	26.06	2.90	569	18	14
	0.4	6.15	26.06	3.99	607	20	14
	0.5	6.43	26.06	5.17	645	22	15
	0.6	6.72	26.06	6.43	683	24	16
	0.7	7.00	26.06	7.79	719	27	17

续表

活体重/千克	平均日增重/千克	干物质采食量/千克	维持净能/兆焦	生产净能/兆焦	粗蛋白质/克	钙/克	磷/克
350	0.8	7.28	26.06	9.25	757	29	17
	0.9	7.57	26.06	10.83	789	31	18
	1.0	7.85	26.06	12.55	824	33	19
	1.1	8.13	26.06	14.43	857	36	20
	1.2	8.41	26.06	16.48	889	38	20
375	0	5.28	27.44	0.00	469	12	12
	0.3	6.16	27.44	3.10	593	18	14
	0.4	6.45	27.44	4.28	631	20	15
	0.5	6.74	27.44	5.54	669	22	16
	0.6	7.03	27.44	6.89	704	25	17
	0.7	7.32	27.44	8.43	743	27	17
	0.8	7.62	27.44	9.91	778	29	18
	0.9	7.91	27.44	11.60	810	31	19
	1.0	8.20	27.44	13.45	845	33	19
	1.1	8.49	27.44	15.46	878	35	20
	1.2	8.79	27.44	17.65	907	38	20
400	0	5.55	28.80	0.00	492	13	13
	0.3	6.45	28.80	3.31	613	19	15
	0.4	6.76	28.80	4.56	651	21	16
	0.5	7.06	28.80	5.91	689	23	17
	0.6	7.36	28.80	7.35	727	25	17
	0.7	7.66	28.80	8.90	763	27	18
	0.8	7.96	28.80	10.57	798	29	19
	0.9	8.26	28.80	12.38	830	31	19
	1.0	8.56	28.80	14.35	866	33	20
	1.1	8.87	28.80	16.49	895	35	21
	1.2	9.17	28.80	18.83	927	37	21

续表

活体重/千克	平均日增重/千克	干物质采食量/千克	维持净能/兆焦	生产净能/兆焦	粗蛋白质/克	钙/克	磷/克
425	0	5.80	30.14	0.00	515	14	14
	0.3	6.73	30.14	3.52	636	19	16
	0.4	7.04	30.14	4.85	674	21	17
	0.5	7.35	30.14	6.28	712	23	17
	0.6	7.66	30.14	7.81	747	25	18
	0.7	7.97	30.14	9.45	783	27	18
	0.8	8.29	30.14	11.23	818	29	19
	0.9	8.60	30.14	13.15	850	31	20
	1.0	8.91	30.14	15.24	886	33	20
	1.1	9.22	30.14	17.52	918	35	21
	1.2	9.53	30.14	20.01	947	37	22
450	0	6.06	31.46	0.00	538	15	15
	0.3	7.02	31.46	3.72	659	20	17
	0.4	7.34	31.46	5.14	697	21	17
	0.5	7.66	31.46	6.65	732	23	18
	0.6	7.98	31.46	8.27	770	25	19
	0.7	8.30	31.46	10.01	806	27	19
	0.8	8.62	31.46	11.89	841	29	20
	0.9	8.94	31.46	13.93	873	31	20
	1.0	9.26	31.46	16.14	906	33	21
	1.1	9.58	31.46	18.55	939	35	22
	1.2	9.90	31.46	21.18	967	37	22
475	0	6.31	32.76	0.00	560	16	16
	0.3	7.30	32.76	3.93	681	20	17
	0.4	7.63	32.76	5.42	719	22	18
	0.5	7.96	32.76	7.01	754	24	19
	0.6	8.29	32.76	8.73	789	25	19
	0.7	8.61	32.76	10.57	825	27	20

续表

活体重/千克	平均日增重/千克	干物质采食量/千克	维持净能/兆焦	生产净能/兆焦	粗蛋白质/克	钙/克	磷/克
475	0.8	8.94	32.76	12.55	860	29	20
	0.9	9.27	32.76	14.70	892	31	21
	1.0	9.60	32.76	17.04	928	33	21
	1.1	9.93	32.76	19.58	957	35	22
	1.2	10.26	32.76	22.36	989	36	23
500	0	6.56	34.05	0.00	582	16	16
	0.3	7.58	34.05	4.14	700	21	18
	0.4	7.91	34.05	5.71	738	22	19
	0.5	8.25	34.05	7.38	776	24	19
	0.6	8.59	34.05	9.18	811	26	20
	0.7	8.93	34.05	11.12	847	27	20
	0.8	9.27	34.05	13.21	882	29	21
	0.9	9.61	34.05	15.48	912	31	21
	1.0	9.94	34.05	17.93	947	33	22
	1.1	10.28	34.05	20.61	979	34	23
	1.2	10.62	34.05	23.54	1011	36	23

表 4-2　生长母牛的每日营养需要量

活体重/千克	平均日增重/千克	干物质采食量/千克	维持净能/兆焦	生产净能/兆焦	粗蛋白质/克	钙/克	磷/克
150	0	2.66	13.80	0.00	236	5	5
	0.3	3.29	13.80	1.37	377	13	8
	0.4	3.49	13.80	1.88	421	16	9
	0.5	3.70	13.80	2.44	465	19	10
	0.6	3.91	13.80	3.03	507	22	11
	0.7	4.12	13.80	3.67	548	25	11
	0.8	4.33	13.80	4.36	589	28	12
	0.9	4.54	13.80	5.11	627	31	13
	1.0	4.75	13.80	5.92	665	34	14

续表

活体重/千克	平均日增重/千克	干物质采食量/千克	维持净能/兆焦	生产净能/兆焦	粗蛋白质/克	钙/克	磷/克
175	0	2. 98	15. 49	0. 00	265	6	6
	0. 3	3. 63	15. 49	1. 59	403	14	8
	0. 4	3. 85	15. 49	2. 20	447	17	9
	0. 5	4. 07	15. 49	2. 84	489	19	10
	0. 6	4. 29	15. 49	3. 54	530	22	11
	0. 7	4. 51	15. 49	4. 28	571	25	12
	0. 8	4. 72	15. 49	5. 09	609	28	13
	0. 9	4. 94	15. 49	5. 96	650	30	14
	1. 0	5. 16	15. 49	6. 91	686	33	15
200	0	3. 30	17. 12	0. 00	293	7	7
	0. 3	3. 98	17. 12	1. 82	428	14	9
	0. 4	4. 21	17. 12	2. 51	472	17	10
	0. 5	4. 44	17. 12	3. 25	514	19	11
	0. 6	4. 66	17. 12	4. 04	555	22	12
	0. 7	4. 89	17. 12	4. 89	593	25	13
	0. 8	5. 12	17. 12	5. 82	631	28	14
	0. 9	5. 34	17. 12	6. 81	669	30	14
	1. 0	5. 57	17. 12	7. 89	708	33	15
225	0	3. 60	18. 71	0. 00	320	7	7
	0. 3	4. 31	18. 71	2. 05	452	15	10
	0. 4	4. 55	18. 71	2. 82	494	17	11
	0. 5	4. 78	18. 71	3. 66	535	20	12
	0. 6	5. 02	18. 71	4. 55	576	23	12
	0. 7	5. 26	18. 71	5. 51	614	25	13
	0. 8	5. 49	18. 71	6. 54	652	28	14
	0. 9	5. 73	18. 71	7. 66	691	30	15
	1. 0	5. 96	18. 71	8. 88	726	33	16

续表

活体重/千克	平均日增重/千克	干物质采食量/千克	维持净能/兆焦	生产净能/兆焦	粗蛋白质/克	钙/克	磷/克
250	0	3.90	20.24	0.00	346	8	8
	0.3	4.64	20.24	2.28	475	15	11
	0.4	4.88	20.24	3.14	517	18	11
	0.5	5.13	20.24	4.06	558	20	12
	0.6	4.37	20.24	5.05	599	23	13
	0.7	5.62	20.24	6.12	637	25	14
	0.8	5.87	20.24	7.27	672	28	15
	0.9	6.11	20.24	8.51	711	30	15
	1.0	6.36	20.24	9.86	746	33	17
275	0	4.19	21.74	0.00	372	9	9
	0.3	4.96	21.74	2.50	501	16	11
	0.4	5.21	21.74	3.45	543	18	12
	0.5	5.47	21.74	4.47	581	20	13
	0.6	5.72	21.74	5.56	619	23	14
	0.7	5.98	21.74	6.73	657	25	14
	0.8	6.23	21.74	7.99	696	28	15
	0.9	6.49	21.74	9.36	731	30	16
	1.0	6.74	21.74	10.85	766	32	17
300	0	4.46	23.21	0.00	397	10	10
	0.3	5.26	23.21	2.73	523	16	12
	0.4	5.53	23.21	3.77	565	18	13
	0.5	5.79	23.21	4.87	603	21	14
	0.6	6.06	23.21	6.06	641	23	14
	0.7	6.32	23.21	7.34	679	25	15
	0.8	6.58	23.21	8.72	715	28	16
	0.9	6.85	23.21	10.21	750	30	17
	1.0	7.11	23.21	11.84	785	32	17

续表

活体重/千克	平均日增重/千克	干物质采食量/千克	维持净能/兆焦	生产净能/兆焦	粗蛋白质/克	钙/克	磷/克
325	0	4.75	24.65	0.00	421	11	11
	0.3	5.57	24.65	2.96	547	17	13
	0.4	5.84	24.65	4.08	586	19	14
	0.5	6.12	24.65	5.28	624	21	14
	0.6	6.39	24.65	6.57	662	23	15
	0.7	6.66	24.65	7.95	700	25	16
	0.8	6.94	24.65	9.45	736	28	16
	0.9	7.21	24.65	11.07	771	30	17
	1.0	7.49	24.65	12.82	803	32	18
350	0	5.02	26.06	0.00	445	12	12
	0.3	5.87	26.06	3.19	569	17	14
	0.4	6.15	26.06	4.39	607	19	14
	0.5	6.43	26.06	5. 69	645	21	15
	0.6	6.72	26.06	7.07	683	23	16
	0.7	7.00	26.06	8.56	719	25	16
	0.8	7.28	26.06	10.17	757	28	17
	0.9	7.57	26.06	11.92	789	30	18
	1.0	7.85	26.06	13.81	824	32	18
375	0	5.28	27.44	0.00	469	12	12
	0.3	6.16	27.44	3.41	593	18	147
	0.4	6.45	27.44	4.71	631	20	15
	0.5	6.74	27.44	6.09	669	22	16
	0.6	7.03	27.44	7.58	704	24	17
	0.7	7.32	27.44	9.18	743	26	17
	0.8	7.62	27.44	10.90	778	28	18
	0.9	7.91	27.44	12.77	810	30	19
	1.0	8.20	27.44	14.79	845	32	19

续表

活体重/千克	平均日增重/千克	干物质采食量/千克	维持净能/兆焦	生产净能/兆焦	粗蛋白质/克	钙/克	磷/克
400	0	5.55	28.80	0.00	492	13	13
	0.3	6.45	28.80	3.64	613	18	15
	0.4	6.76	28.80	5.02	651	20	16
	0.5	7.06	28.80	6.50	689	22	16
	0.6	7.36	28.80	8.08	727	24	17
	0.7	7.66	28.80	9.79	763	26	17
	0.8	7.96	28.80	11.63	798	28	18
	0.9	8.26	28.80	13.62	830	29	19
	1.0	8.56	28.80	15.78	866	31	19
450	0	6.06	31.46	0.00	537	12	12
	0.3	7.02	31.46	4.10	625	18	14
	0.4	7.34	31.46	5.65	653	20	15
	0.5	7.65	31.46	7.31	681	22	16
	0.6	7.97	31.46	9.069	708	24	17
	0.7	8.29	31.46	11.01	734	26	17
	0.8	8.61	31.46	13.08	759	28	18
	0.9	8.93	31.46	15.32	784	30	19
	1.0	9.25	31.46	17.75	808	32	19
500	0	6.56	34.05	0.00	582	13	13
	0.3	7.57	34.05	4.55	662	18	15
	0.4	7.91	34.05	6.28	687	20	16
	0.5	8.25	34.05	8.12	712	22	16
	0.6	8.58	34.05	10.10	736	24	17

续表

活体重/千克	平均日增重/千克	干物质采食量/千克	维持净能/兆焦	生产净能/兆焦	粗蛋白质/克	钙/克	磷/克
500	0.7	8.92	34.05	12.23	760	26	17
	0.8	9.26	34.05	14.53	783	28	18
	0.9	9.60	34.05	17.02	805	29	19
	1.0	9.93	34.05	19.72	827	31	19

表 4-3　妊娠母牛的每日营养需要量

活体重/千克	妊娠月份	干物质采食量/千克	维持净能/兆焦	生产净能/兆焦	粗蛋白质/克	钙/克	磷/克
300	6	6.32	23.21	4.32	409	14	12
	7	6.43	23.21	7.36	477	16	12
	8	6.60	23.21	11.17	587	18	13
	9	6.77	23.21	15.77	735	20	13
350	6	6.86	26.06	4.63	499	16	13
	7	6.98	26.06	7.88	517	18	14
	8	7.15	26.06	11.97	627	20	15
	9	7.32	26.06	16.89	775	22	15
400	6	7.39	28.80	4.94	488	18	15
	7	7.51	28.80	8.40	556	20	16
	8	7.68	28.80	12.76	666	22	16
	9	7.84	28.80	18.01	814	24	17
450	6	7.90	31.46	5.24	526	20	17
	7	8.02	31.46	8.92	594	22	18
	8	8.19	31.46	13.55	704	24	18
	9	8.36	31.46	19.13	852	27	19

续表

活体重/千克	妊娠月份	干物质采食量/千克	维持净能/兆焦	生产净能/兆焦	粗蛋白质/克	钙/克	磷/克
500	6	8.40	34.05	5.55	563	22	19
	7	8.52	34.05	9.45	631	24	19
	8	8.69	34.05	14.35	741	26	20
	9	8.86	34.05	20.25	889	29	21
550	6	8.89	36.57	5.86	599	24	20
	7	9.00	36.57	9.97	667	26	21
	8	9.17	36.57	15.14	777	29	22
	9	9.34	36.57	21.37	925	31	23

表 4-4　哺乳母牛的每日营养需要量

活体重/千克	干物质采食量/千克	4%乳脂率标准乳/千克	维持净能/兆焦	生产净能/兆焦	粗蛋白质/克	钙/克	磷/克
300	4.47	0	23.21	0.00	332	10	10
	5.82	3	23.21	9.41	587	24	14
	6.27	4	23.21	12.55	672	29	15
	6.72	5	23.21	15.69	757	34	17
	7.17	6	23.21	18.83	842	39	18
	7.62	7	23.21	21.97	927	44	19
	8.07	8	23.21	25.10	1 012	48	21
	8.52	9	23.21	28.24	1 097	53	22
	8.97	10	23.21	31.38	1 182	58	23
350	5.02	0	26.06	0.00	372	12	12
	6.37	3	26.06	9.41	627	24	16
	6.82	4	26.06	12.55	712	32	17
	7.27	5	26.06	15.69	797	37	19

续表

活体重/千克	干物质采食量/千克	4%乳脂率标准乳/千克	维持净能/兆焦	生产净能/兆焦	粗蛋白质/克	钙/克	磷/克
350	7.72	6	26.06	18.83	882	42	20
	8.17	7	26.06	21.97	967	46	21
	8.62	8	26.06	25.10	1 052	51	23
	9.07	9	26.06	18.24	1 137	56	24
	9.52	10	26.06	31.38	1 222	61	25
400	5.55	0	28.80	0.00	411	13	13
	6.90	3	28.80	9.41	666	28	17
	7.35	4	28.80	12.55	751	33	18
	7.80	5	28.80	15.69	836	38	20
	8.25	6	28.80	18.83	921	43	21
	8.70	7	28.80	21.97	1 006	47	22
	9.15	8	28.80	25.10	1 091	52	24
	9.60	9	28.80	28.24	1 176	57	25
	10.05	10	28.80	31.38	1261	62	26
450	6.06	0	31.46	0.00	449	15	15
	7.41	3	31.46	9.41	704	30	19
	7.86	4	31.46	12.55	789	35	20
	8.31	5	31.46	15.69	874	40	22
	8.76	6	31.46	18.83	959	45	23
	9.21	7	31.46	21.97	1 044	49	24
	9.66	8	31.46	25.10	1 129	54	26
	10.11	9	31.46	28.24	1 214	59	27
	10.56	10	31.46	31.38	1 299	64	28

续表

活体重/千克	干物质采食量/千克	4%乳脂率标准乳/千克	维持净能/兆焦	生产净能/兆焦	粗蛋白质/克	钙/克	磷/克
500	6.56	0	34.05	0.00	486	16	16
	7.91	3	34.05	9.41	741	31	20
	8.36	4	34.05	12.55	826	36	21
	8.81	5	34.05	15.69	911	41	23
	9.26	6	34.05	18.83	996	46	24
	9.71	7	34.05	21.97	1 081	50	25
	10.16	8	34.05	25.10	1 166	55	27
	10.61	9	34.05	28.24	1 251	60	28
	11.06	10	34.05	31.38	1 336	65	29
550	7.04	0	36.57	0.00	522	18	18
	8.39	3	36.57	9.41	777	32	22
	8.84	4	36.57	12.55	862	37	23
	9.29	5	36.57	15.69	947	42	25
	9.74	6	36.57	18.83	1 032	47	26
	10.19	7	36.57	21.97	1 117	52	27
	10.64	8	36.57	25.10	1 202	56	29
	11.09	9	36.57	28.24	1 287	61	30
	11.54	10	36.57	31.38	1 372	66	31

表 4-5 哺乳母牛每千克 4%标准乳中营养含量

干物质/克	肉牛能量单位/RND	综合净能/兆焦	脂肪/克	粗蛋白质/克	钙/克	磷/克
450	0.32	2.57	40	85	2.46	1.12

表 4-6 肉牛对日粮微量矿物元素的需要量

微量元素	需要量（以日粮干物质计）/（毫克/千克）			最大耐受浓度
	生长和肥育牛	妊娠母牛	泌乳早期母牛	
钴（Co）	0.10	0.10	0.10	10
铜（Cu）	10.00	10.00	10.00	100
碘（I）	0.50	0.50	0.50	50
铁（Fe）	50.00	50.00	50.00	1 000
锰（Mn）	20.00	40.00	40.00	1 000
硒（Se）	0.10	0.10	0.10	2
锌（Zn）	30.00	30.00	30.00	500

表 4-7 肉牛对日粮维生素的需要量

种类	需要量（以日粮干物质计）/（国际单位/千克）				最大耐受浓度
	生长和肥育牛	生长母牛	妊娠母牛	泌乳早期母牛	
维生素 A	2 200	2 400	2 800	3 900	30 000
维生素 D	275	275	275	275	4 500
维生素 E	15	15	15	15	900

第二节 肉牛常用饲料原料

饲料原料又称单一饲料，是指以一种动物、植物、微生物或矿物质为来源的饲料。肉牛饲料由粗饲料、青绿饲料、青贮饲料、能量饲料、蛋白质饲料、矿物质饲料、维生素和添加剂等组成。

一、粗饲料

粗饲料是指天然水分含量小于45%，干物质中粗纤维含量大于或等于18%，并以风干物质为饲喂形式的饲料，包括干草与农副产品秸秆、秕壳及藤蔓、荚壳、树叶、糟渣类等。粗饲料的特点是粗纤维含量高，可达25%～45%，可消化营养成分含量较低，有机物消化率在70%以下，质地较粗硬，适口性差。不同类型的粗饲料，粗纤维的组成不一，但大多数是由纤维素、半纤维素、木质素、果胶、多糖醛和硅酸盐等组成，其组成比例又常因植物生长阶段不同而不同。

粗饲料是肉牛主要的饲料来源。虽然粗饲料消化率低，但它具有来源广、数量大、成本低的优点，在肉牛日粮中占有较大比重。它们不仅提供养分，而且可以促进肌肉生长，满足肉牛反刍及正常消化等生理功能的需求，还具有填充胃肠道，使肉牛有饱感的作用。因此，粗饲料是肉牛饲粮中不可缺少的部分，对肉牛极为重要。

粗饲料主要来源是农作物秸秆、秕壳，总量是粮食产量的1～4倍之多。据不完全统计，目前全世界每年农作物秸秆产量达20多亿吨，我国每年产5.7亿吨。野生的禾本科草本植物量更大。

（一）秸秆饲料

秸秆通常指农作物在籽实成熟并收获后剩余的植株。由茎秆和枯叶组成，包括禾本科秸秆和豆科秸秆两大类。这类饲料最大的营养特点是质地坚硬，适口性差，不易消化，采食量低；粗纤维含量高，一般都在30%以上，其中木质素的比例大；粗蛋白质含量很低，仅3%～8%；粗灰分含量高，含有大量的硅酸盐，除豆科、薯秧外，大多数钙、磷含量低；维生素中，除维生素D外，其余均较缺乏；有机物的消化率一般不超过60%；但有机物总量高达80%以上，总能值大抵与玉米、淀粉相当。

我国秸秆饲料主要有稻草、玉米秸、麦秸、豆秸和谷草等。不同农作物秸秆、同一作物不同生长阶段、同一种秸秆的不同部

位，其营养成分和消化率均有一定差异，甚至差别很大。

1. 稻草　稻草是水稻收获后剩下的茎叶，是我国南方农区的主要粗饲料，其营养价值很低，但数量非常大。据统计，我国稻草产量为1.88亿吨，因此应引起注意。研究表明，牛、羊对其消化率为50%左右，猪一般在20%以下。

稻草的粗蛋白质含量为3%~5%，粗脂肪为1%左右，粗纤维为35%；粗灰分含量较高，约为17%，但硅酸盐所占比例大；钙、磷含量低，分别为0.29%和0.07%，远低于家畜的生长和繁殖需要。据测定，稻草的产奶净能为3.39~4.43兆焦/千克，增重净能为0.21~7.32兆焦/千克，消化能为8.33兆焦/千克。为了提高稻草的饲用价值，除了添加矿物质和能量饲料外，还应对稻草做氨化、碱化处理。经氨化处理后，稻草的含氮量可增加1倍，且其中氮的消化率可提高20%~40%。

【注意】为提高稻草的饲用价值，除了添加矿物质和能量饲料外，还应对稻草做氨化、碱化处理。

2. 玉米秸　玉米秸外皮光滑，质地坚硬，一般作为反刍家畜的饲料，若用来喂猪，则难于消化。肉牛对玉米秸粗纤维的消化率在65%左右，对无氮浸出物的消化率在60%左右。玉米秸青绿时，胡萝卜素含量较高，为3~7毫克/千克。

生长期短的夏播玉米秸，比生长期长的春播玉米秸粗纤维少，易消化。同一株玉米秸，上部比下部的营养价值高，叶片又比茎秆的营养价值高，肉牛较为喜食。玉米秸的营养价值优于玉米芯，而和玉米苞叶的营养价值相似。玉米秸的饲用价值低于稻草。

【注意】为提高玉米秸的饲用价值，一方面，在果穗收获前，在植株的果穗上方留下一片叶后，削去上梢饲用，或制成干草、青贮料。因为割去青梢改善了通风和光照条件，所以并不影响籽实产量。另一方面，收获后立即将全株分成上半株或上2/3

株切碎直接饲喂或调制成青贮饲料。

3. 麦秸　麦秸的营养价值因品种、生长期的不同而有所不同。常用作肉牛饲料的有小麦秸、大麦秸和燕麦秸。

小麦秸粗纤维含量高，并含有硅酸盐和蜡质，适口性差，营养价值低，但经氨化或碱化处理后效果较好。大麦秸的产量比小麦秸要低得多，但适口性和粗蛋白质含量均高于小麦秸。在麦类秸秆中，燕麦秸是饲用价值最好的一种，肉牛对其的消化率达9.17 兆焦/千克。

4. 豆秸　豆秸有大豆秸、豌豆秸和蚕豆秸等。由于豆科作物成熟后叶子大部分凋落，因此豆秸主要以茎秆为主，茎已木质化，质地坚硬，维生素与蛋白质也减少，但与禾本科秸秆相比，其粗蛋白质含量和消化率都较高。

大豆秸适于喂肉牛，风干大豆茎含有的消化能为6.82 兆焦/千克。在各类豆秸中，豌豆秸的营养价值最高，但是新豌豆秸水分较多，容易腐败变黑，使部分蛋白质分解，营养价值降低，因此刈割后要及时晾晒，干燥后再储存。

【提示】利用豆秸类饲料时，要很好地加工调制，搭配其他精粗饲料混合饲喂。

5. 谷草　谷草即粟的秸秆，其质地柔软厚实，适口性好，营养价值高。在各类禾本科秸秆中，以谷草的品质最好，可铡碎与野干草混喂，效果较好。

（二）秕壳饲料

农作物收获脱粒时，除分离出秸秆外，还分离出许多包被籽实的颖壳、荚皮与外皮等，这些物质统称为秕壳。由于脱粒时常沾染很多尘土异物，也混入一部分瘪的籽实和碎茎叶，导致其成分与营养价值往往有很大的差异。总的看来，除稻壳、花生壳外，一般秕壳的营养价值略高于同一作物的秸秆。

1. 豆荚类　如大豆荚、豌豆荚、蚕豆荚等，无氮浸出物含

量为 42%~50%，粗纤维为 33%~40%，粗蛋白为 5%~10%，牛和绵羊消化能分别为 7.0~11.0 兆焦/千克、7.0~7.7 兆焦/千克，饲用价值较好，尤其适于饲喂反刍家畜。

2. 谷类皮壳　如稻壳、小麦壳、大麦壳、荞麦壳和高粱壳等。这类饲料的营养价值仅次于豆荚，但数量大，来源广，值得重视。其中稻壳的营养价值很差，牛的消化能低，适口性也差，仅能勉强用作反刍家畜的饲料。稻壳经过适当的处理，如氨化、碱化、高压蒸煮或膨化可提高其营养价值。另外，大麦秕壳带有芒刺，易损伤口腔黏膜引起口腔炎，应当注意。

3. 其他秕壳　一些经济作物副产品如花生壳、油菜壳、棉籽壳、玉米芯和玉米苞叶等也常用作饲料。这类饲料营养价值很低，须经粉碎与精料、青绿多汁饲料搭配使用，主要用于饲喂牛、羊等反刍家畜。棉籽壳含少量棉酚（约 0.068%），饲喂时要小心，以防引起中毒。

（三）干草

干草又称青干草，是将牧草及禾谷类作物在尚未成熟之前刈割，经自然或人工干燥调制成长期保存的饲草。因仍保留有一定的青绿色，故称“青干草”。

青干草可常年供家畜饲用。优质的青干草，颜色青绿，气味芳香，质地柔松，适口性好，叶片不脱落或很少脱落，绝大部分的蛋白质和脂肪、矿物质、维生素被保存下来，是肉牛冬季和早春必备的优质粗饲料，是秸秆等不可替代的饲料种类。

我国的牧草资源比较丰富，特别是南方的草山草坡有很大的开发潜力，为制作青干草提供了充足的原料。

1. 青干草的饲养价值　青干草的营养价值与原料种类、生长阶段、调制方法有关。多数青干草消化能值在 8~10 兆焦/千克，少数优质干草消化能值可达到 12.5 兆焦/千克。还有部分干草，消化能值低于 8 兆焦/千克。干草粗蛋白含量变化较大，平均在7%~17%，个别豆科牧草可以高达20%以上。粗纤维含量高，为20%~35%，但其中纤维的消化率较高。此外，干草中矿物元素含量丰富，一些豆科牧草中的钙含量超过1%，足以满足一般家畜需要，禾本科牧草中的钙也比谷类籽实高。维生素D含量可达到16~150毫克/千克，胡萝卜素含量为5~40毫克/千克。营养价值高低还与干草的利用情况有关，这涉及干草营养物质利用的效率和利用干草的经济效益。利用不好，可使损失超过15%。

干草饲喂前要加工调制，常用加工方法有铡短、粉碎、压块和制粒。铡短是较常用的方法，对优质干草，更应该铡短后饲喂，这样可以避免牛挑食和浪费。有条件的情况下，将干草制成颗粒饲用，可明显提高干草利用率。干草可以单喂，饲喂时最好将高、低质量干草搭配饲喂，放入饲槽让其随意采食；干草也可以与精料混合饲喂，混合饲喂的好处是避免牛挑食和剩料，增加干草的适口性和采食量；粗蛋白含量低的干草可配合尿素使用，有利于弥补肉牛粗蛋白摄入不足。

2. 青干草的优缺点　青干草是牧草长期储藏的最好方式，可以保证饲料的均衡供应，是某些维生素和矿物质的来源。用干草饲喂肉牛还可以促进消化道蠕动，增加瘤胃微生物的活力，干草打捆后容易运输和饲喂，可以降低饲料成本；青干草收割时需要大量劳力和昂贵的机器设备，收割过程中营养损失大，尤其是叶的损失多。由于来源不同，收割时间不同，利用方法不同及天气的影响，使干草的营养价值和适口性差别很大，如果干草晒制的时间不够，水分含量高，在储存过程中容易产热，发生自燃。干草不能满足高产肉牛的营养需要。

（四）树叶和其他饲用林产品

林业副产品主要包括树叶、树籽、嫩枝和木材加工下脚料。新采摘的槐树叶、榆树叶、松树针等蛋白质含量一般占干物质的

25%～29%，是很好的蛋白质补充料；同时，还含有大量的维生素和生物激素。树叶可直接饲喂畜禽，而嫩枝、木材加工下脚料可通过青贮、发酵、糖化、膨化、水解等处理方式加以利用。我国现有森林面积 1.3 亿多公顷，树叶产量占全树生物量的 5%。每年各类乔木的嫩枝叶有 5 亿多吨，薪炭林及灌木林的嫩枝叶数量也相当巨大，如果能合理利用这一宝贵资源，对我国饲养业的发展，将会起到重要作用。

研究表明，大多数树叶（包括青叶和秋后落叶）及其嫩枝和果实，可用作肉牛饲料。有些优质青树叶还是肉牛很好的蛋白质和维生素饲料来源，如紫穗槐、洋槐和银合欢等树叶，这些树叶外观虽硬，但养分丰富（表 4-8）。青嫩鲜叶很容易消化，不仅可作肉牛的维持饲料，而且可以用来生产配合饲料。树叶虽是粗饲料，但营养价值远高于秸秆类。

树叶的营养成分随产地、品种、季节、部位和调制方法不同而异，一般鲜叶嫩叶营养价值最高，其次为青干叶粉，青落叶、枯黄干叶营养价值最低。树叶中维生素含量也很丰富。据分析，柳、桦、赤杨等青树叶中胡萝卜素含量为 110～130 毫克/千克，紫穗槐青干叶中胡萝卜素含量可达到 270 毫克/千克。核桃树叶中含有丰富的维生素 C，松柏叶中也含有大量胡萝卜素和维生素 C、维生素 E、维生素 D、维生素 B_{12}和维生素 K 等，并含有铁、钴、锰等多种微量元素。

表 4-8　几种树叶的营养成分（以干物质为基础）

类别	粗蛋白质/%	粗脂肪/%	粗纤维/%	无氮浸出物/%	粗灰分/%	钙/%	磷/%
槐树叶	22.4	2.5	17.3	48.5	7.6	0.97	0.17
榆树叶	23.2	6.2	9.8	44.8	16.0	2.49	0.23
柳树叶	15.6	6.0	12.9	55.5	9.6	—	0.21

续表

类别	粗蛋白质/%	粗脂肪/%	粗纤维/%	无氮浸出物/%	粗灰分/%	钙/%	磷/%
白杨叶	17.5	5.2	19.0	52.2	5.8	1.32	0.25
紫穗槐叶	21.5	10.1	12.7	48.9	6.6	0.18	0.94
洋槐叶	29.9	5.6	8.6	48.9	7.8	1.25	0.12
松针	8.0	11.0	27.1	50.7	3.0	1.10	0.19
枣树叶	14.4	5.6	10.9	57.0	12.1	—	—
桑叶	14.1	13.0	22.9	32.8	16.9	2.29	3.00

除树叶以外，许多树木的籽实（如橡子、槐豆等），果园的残果、落果也是肉牛的良好的多汁饲料。

【注意】有些树叶中含有单宁，有涩味，肉牛不喜采食，必须加工调制（发酵或青贮）后再喂。有的树木有剧毒，如夹竹桃等，要严禁饲喂。

二、青绿饲料

青绿饲料是指天然水分含量等于或大于60%的青绿多汁饲料。主要包括天然牧草、人工栽培牧草、田间杂草、青饲作物、叶菜类、非淀粉质根茎瓜类、水生植物及树叶类等。

这类饲料种类多、来源广、产量高、营养丰富，具有良好的适口性，能促进肉牛消化液分泌，增进食欲，是维生素的良好来源，以抽穗或开花前的营养价值较高，被人们誉为“绿色能源”。

青绿饲料是一类营养相对平衡的饲料，是肉牛不可缺少的优良饲料，但其干物质少，能量相对较低。在肉牛生长期可用优良青绿饲料作为唯一的饲料来源，但若要在肥育后期加快肥育则需要补充谷物、饼粕等能量饲料和蛋白质饲料。

（一）青绿饲料的营养特性

1. 水分含量高　陆生植物的水分含量为60%~90%，而水生植物可高达90%~95%。因此，青绿饲料中干物质含量一般较低，能值较低。陆生植物每千克鲜重的消化能在1.20~2.50兆焦之间。

2. 粗蛋白质含量丰富、消化率高、品质优良、生物学价值高　一般禾本科牧草和叶菜类饲料的粗蛋白质含量在1.5%~3.0%之间，豆科牧草在3.2%~4.4%之间。若按干物质计算，前者粗蛋白质含量达13%~15%，后者可高达18%~24%。叶片中含量较茎秆中多，豆科比禾本科多。青绿饲料的粗蛋白质品质较好，必需氨基酸全面，尤其以赖氨酸、色氨酸含量较高，故消化率高，蛋白质生物学价值较高，一般可达70%以上。

3. 粗纤维含量较低　幼嫩的青绿饲料含粗纤维较少，木质素低，无氮浸出物较高。若以干物质为基础，则含粗纤维15%~30%，无氮浸出物40%~50%。粗纤维的含量随着植物生长期的延长而增加，木质素的含量也显著增加。一般来说，植物开花或抽穗之前，粗纤维含量较低。

4. 钙、磷比例适宜　各种青绿饲料的钙、磷含量差异较大，按干物质计，钙含量为0.25%~0.5%，磷为0.20%~0.35%，比例较为适宜，特别是豆科牧草钙的含量较高。青绿饲料中矿物质含量因植物种类、土壤与施肥情况而异。青绿饲料中钙、磷多集中在叶片内，它们占干物质的百分比随着植物的成熟程度而下降。此外，青绿饲料中含有丰富的铁、锰、锌、铜等微量元素。但牧草中钠和氯一般含量不足，所以放牧肉牛需要补给食盐。

5. 维生素含量丰富　青绿饲料是供应家畜维生素营养的良好来源，特别是含有大量的胡萝卜素，每千克饲料含50~80毫克之多，高于任何其他饲料；在正常采食情况下，放牧肉牛所摄入的胡萝卜素要超过其本身需要量的100倍。此外，青绿饲料中

B族维生素、维生素E、维生素C和维生素K的含量也较丰富，如青苜蓿中含硫胺素1.5毫克/千克、核黄素4.6毫克/千克、烟酸18毫克/千克，但缺乏维生素D，维生素B_6（吡哆醇）的含量也很低。豆科青草中的胡萝卜素、B族维生素等含量高于禾本科，春草的维生素含量高于秋草。

另外，青绿饲料幼嫩、柔软和多汁，适口性好，还含有各种酶、激素和有机酸，易于消化。肉牛对青绿饲料中有机物质的消化率为75%~85%。

（二）我国主要的青绿饲料

1. 天然牧草 我国天然草地上生长的牧草种类繁多，主要有禾本科、豆科、菊科和莎草科四大类。这四类牧草干物质中无氮浸出物含量均在40%~50%之间；粗蛋白质含量稍有差异，豆科牧草的蛋白质含量偏高，在15%~20%之间，莎草科为13%~20%，菊科与禾本科多在10%~15%之间，少数可达20%；粗纤维含量以禾本科牧草较高，约为30%，其他三类牧草约为25%，个别低于20%；粗脂肪含量以菊科含量最高，平均达5%左右，其他类在2%~4%之间；矿物质中一般都是钙高于磷，比例恰当。

豆科牧草的营养价值较高；禾本科牧草粗纤维含量较高，但其适口性较好，特别是在生长早期，幼嫩可口，采食量高，禾本科牧草的匍匐茎或地下茎再生力很强，比较耐牧，对其他牧草起到保护作用；菊科牧草往往有特殊的气味，肉牛不喜欢采食。

2. 栽培牧草 是指人工播种栽培的各种牧草，其种类很多，但以产量高、营养好的豆科（如紫花苜蓿、草木樨、紫云英、苕子等）和禾本科牧草（如黑麦草、无芒雀麦、羊草、苏丹草、鸭茅、象草等）占主要地位。栽培牧草是解决青绿饲料来源问题的重要途径，可常年为肉牛提供丰富而均衡的青绿饲料。

（1）紫花苜蓿：也叫紫苜蓿、苜蓿。其特点是产量高、品

质好、适应性强，被称为“牧草之王”。紫花苜蓿的营养价值很高，在初花期刈割的干物质中粗蛋白质含量为20%～22%，而且必需氨基酸组成较为合理，赖氨酸含量可高达1.34%，钙含量可达3.0%。此外，还含有丰富的维生素与微量元素，如胡萝卜素含量可达161.7毫克/千克。紫花苜蓿的营养价值与刈割时期关系很大，幼嫩时含水多，粗纤维少。刈割过迟，茎的比重增加而叶的比重下降，饲用价值降低。

【提示】紫花苜蓿最适刈割期是在第1朵花出现至1/10开花，根茎上又长出大量新芽的阶段。此时营养物质含量高，根部养分蓄积多，再生良好。蕾前或现蕾时刈割，蛋白质含量高，饲用价值高，但产量较低，且根部养分蓄积少，影响再生能力。刈割时期还要视饲喂要求来定，青饲宜早，调制干草可在初花期刈割。苜蓿为多年生牧草，管理良好时可利用5年以上，以第2～4年产草量最高。

苜蓿的利用方式有多种，可青饲、放牧、调制干草或青贮。紫花苜蓿茎叶中含有皂角素，有抑制酶的作用，肉牛大量采食鲜嫩苜蓿后，可在瘤胃内形成大量泡沫样物质，引起鼓胀病，甚至死亡。故饲喂鲜草时应控制喂量，放牧地最好采取豆禾草混播。

（2）三叶草：目前栽培较多的为红三叶和白三叶。红三叶又名红车轴草、红菽草、红荷兰翘摇等，是江淮流域和灌溉条件良好的地区重要的豆科牧草之一。新鲜的红三叶含干物质13.9%，粗蛋白质2.2%。以干物质计，其所含可消化粗蛋白质低于苜蓿，但其所含的净能值则较苜蓿略高。红三叶草质柔软，适口性好。既可以放牧，也可以制成干草、青贮利用，放牧时发生鼓胀病的机会也较苜蓿少，但仍应注意预防。

白三叶也叫白车轴草、荷兰翘摇，是华南、华北地区的优良牧草。由于草丛低矮、耐践踏、再生性好，最适于放牧利用。白三叶适口性好，营养价值高，鲜草中粗蛋白质含量较红三叶高，而粗纤维含量较红三叶低。

（3）苕子：苕子是一年生或越年生豆科植物，我国栽培的主要有普通苕子和毛苕子两种。普通苕子又称春苕子、普通野豌豆、普通舌豌豆等，其营养价值较高，茎枝柔嫩，生长茂盛，叶多，适口性好，是肉牛喜食的优质牧草。既可青饲，又可青贮、放牧或调制干草。

毛苕子又名冬苕子、毛野豌豆等，是水田或棉田的重要绿肥作物。它生长快，茎叶柔嫩，可青饲、调制干草或青贮。毛苕子蛋白质和矿物质含量都很丰富，营养价值较高，无论鲜草或干草，适口性均好。

普通苕子或毛苕子的籽实中粗蛋白质高达30%，较蚕豆和豌豆稍高，可作精饲料用，但因其中含有生物碱和氰苷，氰苷经水解酶分解后会释放出氢氰酸，饲用前须浸泡、淘洗、磨碎、蒸煮，同时要避免大量、长期、连续使用，以免中毒。

（4）草木樨：草木樨属植物约有20种，最重要的有二年生白花草木樨、黄花草木樨和无味草木樨三种。草木樨既是一种优良的豆科牧草，也是重要的保土植物和蜜源植物。草木樨可青饲、调制干草、放牧或青贮，具有较高的营养价值，与苜蓿相似。以干物质计，草木樨含粗蛋白质19.0%，粗脂肪1.8%，粗纤维31.6%，无氮浸出物31.9%，钙2.74%，磷0.02%。

【注意】草木樨含有香豆素，有不良气味，故适口性差，饲喂时应由少到多，使肉牛逐步适应。无味草木樨的最大特点是香豆素含量低，适口性较好。当草木樨保存不当而发霉腐败时，在霉菌作用下，香豆素会变为双香豆素，其结构式与维生素K相似，二者具有颉颃作用。肉牛采食了霉烂草木樨后，遇到内外创伤或手术，血液不易凝固，有时会因出血过多而死亡。减喂、混喂、轮换喂可防止出血症的发生。

（5）紫云英：紫云英又称红花草，我国长江流域及以南各

地均广泛栽培，属于绿肥、饲料兼用作物，产量较高，鲜嫩多汁，适口性好。在现蕾期营养价值最高，以干物质计，紫云英含粗蛋白质31.76%，粗脂肪4.14%，粗纤维11.82%，无氮浸出物44.46%，灰分7.82%。由于现蕾期产量仅为盛花期的53%，就营养物质总量而言，以盛花期刈割为佳。

（6）沙打旺：又名直立黄芪、苦草，在我国北方各省均有分布。沙打旺适应性强，产量高，是饲料、绿肥、固沙保土等方面的优良牧草。沙打旺的茎叶鲜嫩，营养丰富，以干物质计，沙打旺含粗蛋白质23.5%，粗脂肪3.4%，粗纤维15.4%，无氮浸出物44.3%，钙1.34%，磷0.34%。沙打旺为黄芪属牧草，含有硝基化合物，有苦味，饲喂时应与其他牧草搭配使用。

（7）小冠花：也称多变小冠花，原产于南欧和东地中海地区，我国从20世纪70年代引进，在江苏、北京、陕西、山西、辽宁等地生长良好。小冠花根系发达、花期长，既可饲用又可作为保土、蜜源植物。茎叶繁茂柔软，叶量丰富，以干物质计，小冠花含粗蛋白质20.0%，粗脂肪3.0%，粗纤维21.0%，无氮浸出物46.0%，钙1.55%，磷0.30%。

（8）红豆草：也叫驴食豆、驴喜豆，原产于欧洲，在山西、甘肃、内蒙古、陕西、青海等地种植较多。红豆草花色粉红艳丽，气味芳香，适口性极好，饲用价值可与紫花苜蓿相媲美，被称为“牧草皇后”。开花期，以干物质计，红豆草含粗蛋白质15.1%，粗脂肪2.0%，粗纤维31.5%，无氮浸出物43.0%，钙2.09%，磷0.24%。

（9）黑麦草：本属有20多种，其中饲用价值最高的是多年生黑麦草和一年生黑麦草，我国南北方都有种植。黑麦草生长快，分蘖多，一年可多次收割，产量高，茎叶柔嫩光滑，适口性好，以开花前期的营养价值最高，可青饲、放牧或调制干草。新鲜黑麦草干物质含量约17%，粗蛋白质2.0%。黑麦草干物质的营养组成随其刈割时期及生长阶段而不同。随生长期的延长，黑麦草的粗蛋白质、粗脂肪、灰分含量逐渐减少，粗纤维明显增加，尤其不能消化的木质素增加显著，故刈割时期要适宜。

黑麦草制成干草或干草粉后再与精料配合，作肉牛肥育饲料效果很好。试验证明，在黑麦草地上放牧周岁阉牛，日增重为700克；喂黑麦草颗粒料（分别占饲粮40%、60%、80%），日增重分别为994克、1 000克、908克，而且肉质较细。

（10）无芒雀麦：又名无芒草、禾萱草，在我国东北、西北、华北等地区均有分布。无芒雀麦适应性广，生命力强，适口性好，茎少叶多，营养价值高，幼嫩的无芒雀麦干物质中所含粗蛋白质不亚于豆科牧草，到种子成熟时，其营养价值明显下降。无芒雀麦有地下根茎，能形成絮结草皮，耐践踏，再生力强，青饲或放牧均适宜。据报道，无芒雀麦在160天左右放牧期内可使肉牛增重45千克。

（11）羊草：又名碱草，为多年生禾本科牧草，叶量丰富，适口性好。羊草鲜草含干物质28.64%，粗蛋白质3.49%，粗脂肪0.82%，粗纤维8.23%，无氮浸出物14.66%，灰分1.44%。

羊草生长期长，有较高的营养价值，种子成熟后茎叶仍可保持绿色，可放牧、割草。羊草干草产量高，营养丰富，但刈割时间要适当，过早过迟都会影响其质量，抽穗期刈割调制成干草，颜色浓绿，气味芳香，是各种家畜的上等青干草，也是我国出口的主要草产品之一。

（12）苏丹草：也称野高粱，具有高度的适应性，抗旱能力特强，在夏季炎热干旱地区，一般牧草都枯萎而苏丹草却能旺盛生长。苏丹草的营养价值取决于其刈割日期，抽穗期刈割要比开花期和结实期刈割营养价值高，适口性也好，肉牛均喜采食。

苏丹草的茎叶比玉米、高粱柔软，容易晒制干草，喂肉牛的效果和喂苜蓿、高粱干草差别不大。利用时第一茬适于刈割鲜喂

或晒制干草，第二茬以后可用于放牧肉牛。

【提示】由于幼嫩茎叶含少量氢氰酸，为防止发生中毒，要等到株高达 50~60 厘米以后才可以放牧。

(13) 高丹草：高丹草是由饲用高粱和苏丹草自然杂交形成的一年生禾本科牧草，综合了高粱茎粗、叶宽和苏丹草分蘖力、再生力强的优点，能耐受频繁的刈割，并能多次再生。其特点是产量高，抗倒伏和再生能力强，抗病抗旱性好，茎秆更为柔软纤细，可消化的纤维素和半纤维素含量高且难以消化的木质素低，消化率高，适口性好，营养价值高。经测定，高丹草在拔节期的营养成分为水分 83%、粗蛋白质 3%、粗脂肪 0.8%、无氮浸出物 7.6%、粗纤维 3.2%、粗灰分 1.7%，是肉牛的一种优良青饲料。

高丹草的主要利用方式是调制干草和青贮，也可直接用于放牧。干草生产适宜刈割期是抽穗至初花期，即播种 6~8 周后，植株高度达到 1.0~1.5 米，此时的干物质中蛋白质含量较高，粗纤维含量较低，可开始第 1 次刈割，留茬高度应不低于 15 厘米。过低的刈割会影响再生，再次刈割的时间以 3~5 周以后为宜，间隔过短会引起产量降低。高丹草青贮前应将含水量由 80%~85%降到 70%左右；适宜放牧的时间是播种 6~8 周，株高到 45~80 厘米时可开始利用，此时的消化率可达到 60%以上，粗蛋白含量高于 15%，过早放牧会影响牧草的再生，放牧可一直持续到初霜前。

(14) 黑麦草：黑麦草是禾本科黑麦属一年或越年生草本植物。此草株高 1.7 米，适应性广，耐旱、抗寒、耐瘠薄，分蘖再生能力强，生长速度快，产量高。冬牧 70 是从一年生黑麦草中选育的一个优质牧草新品种。冬牧 70 具有营养丰富全面、适口性好、饲用价值高等优点，干物质中粗蛋白质占 18%，尤其是赖氨酸含量较高，是玉米、小麦的 4~6 倍，脂肪含量也高，并含有丰富的铁、铜、锌等微量元素和胡萝卜素，是肉牛冬春季节的良好青绿饲料。

冬牧70以秋播为主，一般冬前不青割，待翌年3月初进入旺盛生长期才开始青割，直到夏播前还可青割2~3次，每次青割留茬7~10厘米，最后一次麦收时刈割，但不留茬。随着黑麦物候期的延长，植株逐渐老化，粗蛋白质含量逐渐下降。头茬饲草粗蛋白质含量高，可以作为蛋白质饲料使用。除了利用其青饲外，也可制作青贮或晒制青干草。

(15) 鸭茅：又叫鸡脚草、果园草。鸭茅草质柔嫩，叶量多，营养丰富，适口性好，是肉牛的优良牧草。抽穗期茎叶干物质中含粗蛋白质12.7%，粗脂肪4.7%，粗纤维29.5%，无氮浸出物45.1%，粗灰分8%。鸭茅适宜青饲、调制干草或青贮，也适于放牧。青饲宜在抽穗前或抽穗期进行；晒制干草时收获期不迟于抽穗盛期；放牧时以拔节中后期至孕穗期为好。

(16) 象草：又称紫狼尾草，具有产量高、管理粗放、利用期长等特点，已成为南方青绿饲料的重要来源。象草营养价值较高，茎叶干物质中含粗蛋白质10.58%，粗脂肪1.97%，粗纤维33.14%，无氮浸出物44.70%，粗灰分9.61%。象草主要用于青割和青贮，也可以调制成干草备用。适时刈割，柔软多汁，适口性好，利用率高，是饲喂肉牛的好饲草。

3. 高产青饲作物 青饲作物是指农田栽培的农作物或饲料作物，在结实前或结实期收割作为青绿饲料用。常见的青饲作物有青刈玉米、青刈大麦、青刈燕麦、大豆苗、豌豆苗、蚕豆苗等。高产青饲作物突破每亩土地常规牧草生产的生物总收获量，单位能量和蛋白质产量大幅增加，一般青割作物用于直接饲喂，也可以调制成青干草或青贮饲料，这是解决青绿饲料供应问题的一个重要途径。目前以饲用玉米、甜高粱、籽粒苋等最有价值。

(1) 青刈玉米：玉米是重要的粮食和饲料兼用作物，其植

株高大，生长迅速，产量高，茎中糖分含量高，胡萝卜素及其他维生素丰富，饲用价值高。青刈玉米用作肉牛饲料时可从吐丝到蜡熟期分批刈割，取代玉米先收籽粒再全部利用风干秸秆，在营养成分、产量上表现出巨大的优势。青刈玉米味甜多汁，适口性好，消化率高，营养价值远远高于收获籽实后剩余的秸秆，是肉牛良好的青绿饲料。

将玉米在乳蜡熟期收割，作肉牛的青饲料，其总收获量以绝对风干物质折算，当0.067公顷土地产鲜草4 500千克时，其粗蛋白质产量达87.8千克，比收籽粒加秸秆的粗蛋白质总产量高出15.9千克，即高出42%，比单独收获籽粒高出195%。玉米适期青割，比收获籽粒加枯黄秸秆或者比单纯地收获籽实的蛋白质总产量高2~3倍，可消化蛋白质也同比增产。0.067公顷的青饲玉米的能量为8 846.2兆焦，但比玉米成熟后分别收籽粒和秸秆的总能量8 244兆焦要高7.3%。青贮饲用玉米是养牛的良好青饲料，宜于大力推广。

近年来，我国育成了一些饲料专用玉米新品种，如“龙牧3号”“新多2号”等，均适合青饲或青贮，属于多茎多穗型。即使果实成熟后茎叶仍保持鲜绿，草质优良，每公顷鲜草产量可达45~135吨。

（2）青刈大麦：大麦也是重要的粮饲兼用作物之一，有冬大麦和春大麦之分。大麦有较强的再生性，分蘖能力强，及时刈割后可收到再生草，因此是一种很好的青饲作物。青割大麦可在拔节至开花时分期刈割，随割随喂。延迟收获则品质迅速下降。早期收获的青刈大麦质地鲜嫩，适口性好，可以直接作为肉牛的饲料，也可调制成青干草或青贮饲料。

（3）青刈高粱：饲用高粱可分为籽粒型高粱和饲草专用型高粱。籽粒型高粱主要用作配合饲料，饲草专用型高粱又包括两种类型，一种是甜高粱，另一种是高粱与苏丹草杂交种（即前面讲过的高丹草)，如晋草 1 号、皖草 2 号、茭草、哥伦布草、约翰逊草等。甜高粱主要有饲用和粮饲兼用两种方式，饲用时主要以青贮为主。高粱与苏丹草杂交种主要以饲用为主，可进行青饲、干饲和青贮，是一种高产优质的饲用高粱。

甜高粱通常是普通高粱与甜高粱杂交的 F_1 代。其茎秆中汁多、含糖量高、植株高大、生物产量高，一般籽粒产量 5 250~6 000千克/1 000 平方米，茎叶鲜重 7.5 万千克/1 000 平方米，茎秆中含糖分 50%~70%。生产中可在籽粒接近成熟时收割，将高粱籽粒、茎叶一起青饲或青贮以后喂饲。

(4) 青刈燕麦：燕麦叶多茎少，叶片宽长，柔嫩多汁，适口性强，是一种极好的青刈饲料。青刈燕麦可在抽穗后，产量高时刈割饲喂肉牛。青割燕麦营养丰富，干物质中含粗蛋白质 14.7%，粗脂肪 4.6%，粗纤维 27.4%，无氮浸出物 45.7%，粗灰分7.6%，钙 0.56%，磷 0.36%，产奶净能为 6.40 兆焦/千克。饲喂青割燕麦可为肉牛提供早春的维生素、蛋白质，可节约精料，降低成本，提高经济效益。

(5) 青割豆苗：包括青刈大豆、青刈秣食豆、青刈豌豆、青刈蚕豆等，也是一类很好的青饲作物。与青饲禾本科作物相比，蛋白质含量高，且品质好，营养丰富，肉牛喜食，但大量饲喂肉牛时易发生鼓胀。刈割时间因饲喂目的不同而异，早期急需青绿饲料时可在现蕾至开花初期株高 40~60 厘米时刈割，刈割越早品质越好，但产量低。通常在开花至荚果形成时期刈割，此时茎叶生长繁茂，干物质产量最高，品质也好。

适时刈割的豆苗茎叶鲜嫩柔软，适口性好，富含蛋白质和各种氨基酸，胡萝卜素、维生素 B_1、维生素 B_2、维生素 C，各种矿物质含量也高，是肉牛的优质青绿饲料。饲喂时，可整喂或切短饲喂，但多量采食易患鼓胀，应以与其他饲料搭配饲喂为宜。除供青饲外，在开花结荚时期刈割的豆苗，还可供调制干草用。

秋季调制的干草，颜色深，品质佳，是肉牛优良的越冬饲料，也可制成草粉，作为畜禽配合饲料的原料。

（6）籽粒苋：为一年生草本植物中的一种粮饲兼用作物，以高产、优质、抗逆性强、生长速度快等特性著称。籽粒苋的叶片柔软，茎秆脆嫩，适口性好，具有很高的营养价值。

籽粒苋的蛋白质和赖氨酸含量也高于其他谷物，特别是赖氨酸含量高（约1%），是其他作物所不及的；粗脂肪含量高，不饱和脂肪酸达70%~80%；粗纤维含量低；茎、叶还含有丰富的有机盐、维生素和多种微量元素，钙、铁含量高于其他饲料作物。籽粒苋籽的营养成分也相当高，粗蛋白含量比玉米高1倍，矿物质含量特别是钾、镁、钙、铁等元素的含量是一般作物的几倍甚至几十倍；籽粒苋籽比玉米中的磷高近3倍，钙高10倍以上。籽粒苋结实后老茎秆的蛋白质含量虽下降至8%~9%，但仍然接近玉米籽粒（9%~10%），并高于红薯干粉的营养水平。

籽粒苋青饲料产量高，全年可刈割3~5次，青刈产量比其他饲料作物高，一般亩产青绿茎叶都在1.0万千克以上，最高可达2.0万千克，而且刈割后再生能力很强。

（7）小黑麦：小黑麦适宜于不宜种植小麦的地区，是粮饲兼用作物，有春性和冬性两种。小黑麦地上部分生长旺盛，叶片肥厚，营养成分好。小黑麦的鲜草产量，在播种较早时，每公顷产量达60~125吨；播种较迟时每公顷产量可达45~60吨。小黑麦抽穗前和籽实中营养成分含量很高。

4. 叶菜类　叶菜类饲料种类很多，除了作为饲料栽培的苦荬菜、聚合草、甘蓝、牛皮菜、猪苋菜、串叶松香草、菊苣、杂交酸模等以外，还有食用蔬菜、根茎瓜类的茎叶及野草野菜等，都是良好的青绿饲料来源。

（1）苦荬菜：又叫苦麻菜或山莴苣等。苦荬菜生长快，再生力强，南方一年可刈割5~8次，北方3~5次，一般每公顷产鲜草75~112.5吨。苦荬菜鲜嫩可口，粗蛋白质含量较高，粗纤维含量较少，营养价值较高。

（2）聚合草：又称饲用紫草、爱国草等。聚合草产量高，营养丰富，利用期长，适应性广，全国各地均可栽培，是优质青绿多汁饲料。聚合草为多年生草本植物，再生力很强，南方一年可刈割5~6次，北方为3~4次，第一年每公顷产75~90吨，第二年以后每公顷产112.5~150吨。聚合草营养价值较高，其干草的粗蛋白质含量与苜蓿接近，高的可达24%，而粗纤维含量则比苜蓿低。风干聚合草茎叶的营养成分为：粗蛋白质21.09%，粗脂肪4.46%，粗纤维7.85%，无氮浸出物36.55%，粗灰分15.69%，钙1.21%，磷0.65%，胡萝卜素200.0毫克/千克，核黄素13.80毫克/千克。

聚合草有粗硬刚毛，肉牛不喜食，在饲喂前粉碎或打浆，则具有黄瓜香味；或与粉状精料拌和，可提高适口性，饲喂效果较好。聚合草也可调制成青贮或干草。如晒制干草，须选择晴天刈割，就地摊成薄层晾晒，宜快干，以免日久颜色变黑，品质下降。

（3）牛皮菜：又称莙达菜，国内各地均有栽培。牛皮菜产量高，易于种植，叶柔嫩多汁，适口性好，营养价值也较高。喂时宜生喂，忌熟喂，煮熟放置时，易产生亚硝酸盐而导致中毒。

（4）杂交酸模：也叫酸模菠菜、高秆菠菜、鲁梅克斯。杂交酸模为蓼科酸模属多年生草本植物，抗寒、耐盐碱、耐旱涝、喜水肥，但易感白粉病，也易发生虫害。在水肥条件较好的情况下，每公顷产量可达150~225吨，折合干草为15~22.5吨。

杂交酸模蛋白质含量高，干物质中粗蛋白质含量在叶簇期达30%~34%，并且还含有较高的胡萝卜素、维生素C等。可整株喂牛。青贮时可加20%~30%的禾本科干草粉或秸秆，效果很好。因其水分含量很高，干物质含量低，故不适宜调制青干草。

该草抗热性差，夏季产量很低，但单宁含量高，适口性差。

（5）菊苣：菊苣原产于欧洲，1988 年山西省农业科学院畜牧兽医研究所从新西兰引入普那菊苣，现已在山西、陕西、浙江、河南等地推广种植。菊苣为菊科多年生草本植物，喜温暖湿润气候，抗旱、耐寒、耐盐碱，喜水肥，一年可刈割 3~4 次，每公顷产鲜草 120~150 吨。

菊苣莲座期干物质中分别含粗蛋白质 21.4%，粗脂肪 3.2%，粗纤维 22.9%，无氮浸出物 37.0%，粗灰分 15.5%；开花期干物质中分别含粗蛋白质 17.1%，粗脂肪 2.4%，粗纤维 42.2%，无氮浸出物 28.9%，粗灰分 9.4%。动物必需氨基酸含量高而且齐全，茎叶柔嫩，适口性良好，牛极喜食。一般多用于青饲，还可与无芒雀麦、紫花苜蓿等混合青贮，以备冬春饲喂。

（6）菜叶、蔓秧和蔬菜类：菜叶是指菜用瓜果、豆类的叶子及一般蔬菜副产品，人们通常不食用而作废料遗弃。这些菜叶种类多、来源广、数量大，是值得重视的一类青绿饲料。以干物质计，其能量较高，易消化，畜禽都能利用。尤其是豆类叶子营养价值很高，能量高，蛋白质含量也较丰富；蔓秧是指作物的藤蔓和幼苗，一般粗纤维含量较高；白菜、甘蓝和菠菜等食用蔬菜，也可用于饲料。在蔬菜旺季，大量剩余的蔬菜及菜帮等均可饲喂肉牛。为了做到均衡全年的青绿饲料供应，还可适时栽种些蔬菜。

5. 非淀粉质根茎瓜类饲料　非淀粉质根茎瓜类饲料包括胡萝卜、芜菁甘蓝、甜菜及南瓜等。这类饲料天然水分含量很高，可达 70%~90%，粗纤维含量低，无氮浸出物含量较高，且多为易消化的淀粉或糖分，是肉牛冬季的主要青绿多汁饲料。至于马铃薯、甘薯、木薯等块根块茎类，因其富含淀粉，生产上多被干制成粉后用作饲料原料，因此放在能量饲料部分介绍。

（1）胡萝卜：胡萝卜产量高、易栽培、耐贮藏、营养丰富，是家养肉牛冬、春季重要的多汁饲料。胡萝卜的营养价值很高，大部分营养物质是无氮浸出物，含有蔗糖和果糖，故具甜味。胡萝卜素尤其丰富，为一般牧草饲料所不及。胡萝卜还含有大量的钾盐、磷盐和铁盐等。一般来说，颜色愈深，胡萝卜素或铁盐含量愈高，红色的比黄色的高，黄色的又比白色的高。

胡萝卜按干物质计，产奶净能为7.65~8.02兆焦/千克，可列入能量饲料，但由于其鲜样中水分含量高、容积大，在生产实践中并不依赖它来供给能量。它的重要作用是冬、春季饲养时作为多汁饲料和供给胡萝卜素等维生素。

在青绿饲料缺乏季节，向干草或秸秆比重较大的饲粮中添加一些胡萝卜，可改善饲粮口味，调节消化功能。对于种畜，饲喂胡萝卜可供给丰富的胡萝卜素，对于公畜精子的正常生成及母畜的正常发情、排卵、受孕与怀胎，都有良好作用。胡萝卜熟喂，其所含的胡萝卜素、维生素C及维生素E会遭到破坏，因此最好生喂。

（2）芜菁甘蓝：芜菁在我国较少用作饲料，但芜菁甘蓝（也称灰萝卜）在我国已有近百年的栽培历史。这两种块根饲料性质基本相似，水分含量都很高（约90%）。干物质中无氮浸出物含量相当高，大约为70%，因而能量较高，每千克消化能可达14.02兆焦左右，鲜样由于水分含量高只有1.34兆焦/千克。

这两种块根不仅能量价值高，而且其块根在地里存留时间可以延长，即使抽薹也不空心。因而可以解决块根类饲料在部分地区夏初难以储藏的问题。

（3）甜菜：甜菜作物的品种较多，按其块根中干物质与糖分的含量可大致分为糖用甜菜、半糖用甜菜和饲用甜菜三种。

表 4-9　甜菜不同类别的成分比较

类别	干物质/%	占干物质		
		蛋白质/%	粗纤维/%	糖分/%
饲用甜菜	9~14	8~10	4~6	55~65
半糖用甜菜	14~22	6~8	4~6	60~70
糖用甜菜	22~25	4~6	4~6	65~75

由表 4-9 可知各类甜菜的无氮浸出物主要是糖分（蔗糖），但也含有少量淀粉与果胶物质。由于糖用与半糖用甜菜中含有大量蔗糖，故其块根一般不用作饲料而是先用以制糖，然后将其副产品甜菜渣作为饲料。

喂肉牛的主要是饲用甜菜。刚收获的甜菜不可立即饲喂肉牛，否则易引起腹泻。这可能与块根中硝酸盐含量有关，当经过一段时期储藏后，大部分硝酸盐转化为天门冬酰胺而变为无害。

（4）南瓜：南瓜又名倭瓜，既是蔬菜，又是优质高产的饲料作物。南瓜营养丰富，耐储藏，运输方便，是肉牛的良好饲料。南瓜中无氮浸出物含量高，且其中多为淀粉和糖类。中国南瓜淀粉含量较高，而饲料南瓜含果糖和葡萄糖较多。南瓜中还含有很多胡萝卜素和核黄素。南瓜含水量在 90%左右，不宜单喂。

6. 水生饲料　水生饲料大部分原为野生植物，经过长期驯化选育已成为青绿饲料和绿肥作物，主要有水浮莲、水葫芦、水花生、绿萍、水芹菜和水竹叶等。这类饲料具有生长快、产量高、不占耕地和利用时间长等优点。在南方水资源丰富地区，因地制宜发展水生饲料并加以合理利用，是扩大青绿饲料来源的一个重要途径。

水生饲料茎叶柔软，细嫩多汁，施肥充足者长势茂盛，营养价值较高，缺肥者叶少根多，营养价值也较低。这类饲料水分含量特别高，可达 90%~95%，干物质含量很低，故营养价值也降

低。因此，水生饲料应与其他饲料搭配使用，以满足肉牛的营养需要。

【注意】水生饲料最易带来寄生虫如猪蛔虫、姜片虫、肝片吸虫等，利用不当往往得不偿失。解决的办法除了注意水塘的消毒、灭螺工作外，最好将水生饲料青贮发酵后再饲喂，有的也可制成干草粉。

7. 树叶类 我国有丰富的树木资源，除少数不能饲用外，大多数树木的叶子、嫩枝及果实含有丰富的蛋白质、胡萝卜素和粗脂肪，有增强肉牛食欲的作用，都可用作肉牛饲料。可作饲料的树叶较多，有苹果叶、杏树叶、桃树叶、桑叶、梨树叶、榆树叶、柳树叶、紫穗槐叶、刺槐叶、泡桐叶、橘树叶及松针叶等。

8. 其他青绿饲料

（1）菜叶类：这类饲料多是蔬菜和经济作物的副产品，来源广、数量大、品种多。用作饲料的菜叶主要有萝卜叶、甜菜叶、甘蓝边叶等。它们质地柔软，水分含量高达 80%~90%，干物质含量少，干物质中蛋白质含量在 20%左右，其中大部分为非蛋白氮化合物，粗纤维含量少，能量不足，但矿物质丰富。

（2）藤蔓类：主要包括南瓜藤、丝瓜藤、甘薯藤、马铃薯藤以及各种豆秧、花生秧等。

三、青贮饲料

青贮饲料是指将新鲜的青饲料（青绿玉米秸、高粱秸、牧草等）切短装入密封容器里，经过微生物发酵制成一种具有特殊芳香气味、营养丰富的多汁饲料。它能够长期保存青绿多汁饲料的特性，扩大饲料资源，保证均衡供应青绿多汁饲料。青贮饲料具有气味酸香、柔软多汁、颜色黄绿、适口性好等优点。

（一）青贮饲料的特点

1. 青贮饲料能够保存青绿饲料的营养特性 青绿饲料在密

封厌氧条件下保藏，由于不受日晒、雨淋的影响，也不受机械损失影响，储藏过程中氧化分解作用微弱，养分损失少，一般不超过 10%。据试验，青绿饲料在晒制成干草的过程中，养分损失一般达 20%~40%。每千克青贮甘薯藤干物质中含有胡萝卜素可达 94.7 毫克，而在自然晒制的干藤中，每千克只含干物质 2.5 毫克。据测定，在相同单位面积耕地上，所产的全株玉米青贮料的营养价值比所产的玉米籽粒加干玉米秸秆的营养价值高 30%~50%。

2. 可以四季供给家畜青绿多汁饲料　由于青饲料生长期短，老化快，受季节影响较大，很难做到一年四季均衡供应。调制良好的青贮料，如管理得当，可储藏多年，因此可以保证家畜一年四季都能吃到优良的多汁料，可调剂青饲料供应的不平衡。青贮饲料仍有保持青绿饲料的水分、维生素含量高、颜色青绿等优点。我国西北、东北、华北地区，气候寒冷，生长期短，青绿饲料生产受限制，整个冬春季节都缺乏青绿饲料，调制青贮饲料把夏、秋多余的青绿饲料保存起来，供冬春利用，解决了冬春肉牛缺乏青绿饲料的问题。

3. 饲喂价值高，消化性强，适口性好　整株植物都可以用作青贮，比单纯收获籽实的饲喂价值高 30%~50%。与晒成的干草相比，养分损失少，在较好的条件下晒制的干草养分也要损失 20%~40%，而青贮方法只损失 10%，比干草的营养价值高，蛋白质、维生素保存较多。青贮饲料经过乳酸菌发酵，产生大量乳酸和芳香族化合物，具酸香味，柔软多汁，适口性好。青贮饲料对提高肉牛日粮内其他饲料的消化率也有良好的作用。用同类青草制成的青贮饲料和干草，青贮饲料的消化率有所提高（表 4-10）。

表 4-10 青贮饲料与干草消化率比较

种类	干物质/%	粗蛋白/%	脂肪/%	无氮浸出物/%	粗纤维/%
干草	65	62	53	71	65
青贮饲料	69	63	68	75	72

4. 青贮饲料单位容积内贮量大 青贮饲料储藏空间比干草小，可节约存放场地。1 立方米青贮饲料重量为 450～700 千克，其中含干物质为 150 千克；而 1 立方米干草重量仅 70 千克，约含干物质 60 千克。1 吨青贮苜蓿占体积 1.25 立方米，而 1 吨苜蓿干草则占体积 13.3～13.5 立方米。在储藏过程中，青贮饲料不受风吹、日晒、雨淋的影响，也不会发生火灾等事故。

5. 青贮饲料调制方便，可以扩大饲料来源 青贮饲料的调制方法简单、易于掌握。修建青贮窖或备制塑料袋的费用较少，一次调制可长久利用。调制过程受天气条件的限制较小，在阴雨季节或天气不好时，晒制干草困难，对青贮的进行影响较小。调制青贮饲料可以扩大饲料来源，一些植物如菊科类及马铃薯茎叶在青饲时，有异味，家畜适口性差，饲料利用率低。但经青贮后，气味改善，柔软多汁，提高了适口性，成为家畜喜食的优质青绿多汁饲料。有些农副产品如甘薯、萝卜叶、甜菜叶等收获期很集中，收获量很大，短时间内用不完，又不能直接存放，或因天气条件限制不易晒干，若及时调制成青贮饲料，则可充分发挥此类饲料的作用。

6. 消灭害虫及杂草 很多危害农作物的害虫多寄生在收割后的秸秆上越冬，如果把秸秆铡碎青贮，青贮饲料经发酵后，青贮窖里缺乏氧气，并且酸度较高，就可使其所含的害虫虫卵和杂草种子失去活力，减少对肉牛生长发育的为害。如玉米螟的幼虫常钻入玉米秸秆中越冬，翌年便孵化为成虫继续繁殖为害。秸秆青贮是防治玉米螟的最有效措施之一。此外，许多杂草的种子经

过青贮后可丧失发芽的机会和能力。如将杂草及时青贮，不仅给家畜储备了饲草，也减少了杂草的滋生。

7. 受天气因素影响较小 在阴雨季节调制干草较为困难，而制作青贮饲料从收割到储存的时间要比调制干草所需时间短，不受天气变化和气候的影响。

（二）青贮过程中营养物质的变化

1. 糖类 在青贮发酵过程中，由于各种微生物和植物本身酶体系的作用，使青贮原料发生一系列生物化学变化，引起营养物质的变化和损失。在青贮饲料中，只要有氧存在，且 pH 值不发生急剧变化，植物呼吸酶就有活性，青贮作物中的水溶性糖类就会被氧化为二氧化碳和水。在正常青贮时，原料中水溶性糖类，如葡萄糖和果糖，发酵成为乳酸和其他产物。另外，部分多糖也能被微生物的发酵作用转化为有机酸，但纤维素仍然保持不变，半纤维素有少部分水解，生成的戊糖可发酵生成乳酸。

2. 蛋白质 正在生长的饲料作物，总氮中有 75%~90%的氮以蛋白氮的形式存在。收获后，植物蛋白酶会迅速将蛋白质水解为氨基酸，在 12~24 小时内，总氮中有 20%~25%被转化为非蛋白氮。青贮饲料中蛋白质的变化与 pH 值的高低有密切关系。当 pH 值小于 4.2 时，蛋白质因植物细胞酶的作用，部分蛋白质分解为氨基酸且较稳定，并不造成损失。但当 pH 值大于 4.2 时，由于腐败菌的活动，氨基酸便分解为氨、胺等非蛋白氮，使蛋白质受到损失。

3. 色素和维生素 青贮期间最明显的变化是饲料的颜色。由于有机酸对叶绿素的作用，使其成为脱镁叶绿素，从而导致青贮饲料变为黄绿色。青贮饲料颜色的变化，通常在装贮后 3~7 天内发生。窖壁和表面青贮饲料常呈黑褐色。青贮温度过高时，青贮饲料也呈黑色，不能利用。

维生素 A 前体物 β-胡萝卜素的破坏与温度和氧化的程度有

关。二者值均高时，β-胡萝卜素损失较多。但储存较好的青贮饲料，胡萝卜素的损失一般低于30%。

（三）青贮饲料的营养价值

由于青贮饲料在青贮过程中化学变化复杂，它的化学成分和营养价值与原料相比，有许多方面是有区别的。青贮饲料中粗蛋白质主要由非蛋白氮组成。而无氮浸出物中，青贮饲料中糖分极少，乳酸与醋酸则相当多。虽然这些非蛋白氮（主要是游离氨基酸）与脂肪酸使青贮饲料在饲喂性质上与青饲料相比发生了改变，但对动物的营养价值还是比较高的。

从常规分析成分的消化率来看，各种有机物质的消化率在原料和青贮饲料之间非常相近，两者无明显差别，因此它们的能量价值也是近似的。

青贮饲料同其原料相比，蛋白质的消化率相近，但是它们被用于增加动物体内氮素的沉积效率则往往低于其他原料。其主要原因是由大量青贮饲料组成的饲粮，在肉牛瘤胃中往往产生大量的氨，这些氨被吸收后，相当一部分以尿素形式从尿中排出。因此，为了提高青贮饲料对氮素的作用，可以按照反刍动物应用尿素等非蛋白氮的办法，在饲粮中增加玉米等谷实类（富含糖类）的比例，可获得较好的效果。如果由半干青贮或甲醛保存的青贮饲料来配制饲粮，则可见氮素沉积的水平提高。

四、能量饲料

能量饲料是指干物质中，粗纤维含量低于18%，同时粗蛋白质含量低于20%的饲料。其特点是能值高，粗蛋白质和必需氨基酸含量以及粗纤维、粗灰分含量低，缺乏维生素A和维生素D，但富含B族维生素和维生素E。这类饲料常用来补充肉牛饲料中能量的不足，包括谷实类、糠麸类、脱水块根、块茎及其加工副产品、动植物油脂、糖蜜以及乳清粉等，在肉牛饲粮中所占比例

最大，一般为50%~70%。

（一）谷实类

1. 玉米　玉米被称为饲料大王。玉米可溶性糖类含量高（72%），粗纤维含量低（2%），消化率可达90%。玉米脂肪含量高（3.5%~4.5%），粗蛋白质含量偏低（8.0%~9.0%），缺乏赖氨酸、蛋氨酸和色氨酸。玉米因适口性好、能量含量高，在瘤胃中的降解率低于其他谷类，可以通过瘤胃达到小肠的营养物质比较多，因此可大量用作牛的日粮。青年牛或肥育的肉牛，整粒饲喂比粉碎饲喂效果好。带芯玉米也可喂牛。

2. 高粱　高粱籽实含能量因品种不同而不同，带壳少的高粱籽实能量多，也是较好的能量饲料。高粱蛋白质含量略高于玉米，氨基酸组成的特点和玉米相似，也缺乏赖氨酸、蛋氨酸、色氨酸和异亮氨酸。高粱的脂肪含量不高（2.8%~3.3%），含亚油酸低（1.1%）。高粱有涩味、适口性差（含有单宁），蛋白质利用率低（单宁可以在体内和体外与蛋白质结合，从而降低蛋白质及氨基酸的利用率）。褐色品种的高粱籽实含单宁高，白色含量低，黄色居中。高粱与玉米配合使用可提高饲料效率与日增重，因为两者饲喂可使它们在瘤胃消化和过瘤胃到小肠的营养物质有一个较好的分配。高粱和玉米的饲养价值相似，含能量略低于玉米，粗灰分略高，喂牛效果相当于玉米的90%左右，喂前最好轧碎。

3. 小麦　小麦具有谷类饲料的通性，营养物质易于消化，适口性好。小麦的粗蛋白质含量在谷类籽实中也是比较高的，一般在12%左右，高者可达14%~16%。由于受传统观念的影响，以前小麦很少作为饲料使用，近年来小麦在饲料中的用量逐渐增多，在欧洲小麦是主要的谷类饲料。小麦是否用于饲料取决于玉米和小麦本身的价格。

【提示】小麦作为饲料时喂量不宜过大，否则会引起消化障

碍。通常用量最好不超过精料的50%。饲喂时应粉碎或碾碎。

4. 大麦 大麦属一年生禾本科草本植物，按播种季节可分为冬大麦和春大麦。大麦是一种坚硬的谷粒，在饲喂肉牛前必须将其轧碎或碾碎，否则它将不经消化就排出体外。大麦所含的无氮浸出物与粗脂肪均低于玉米，因外面有一层种子外壳，粗纤维含量较高（5%），粗蛋白质含量高（11%~14%）且品质较好。赖氨酸含量比玉米、高粱约高1倍。大麦粗脂肪中的亚油酸含量很少（0.78%）。大麦的脂溶性维生素含量偏低，不含胡萝卜素，而含有丰富的B族维生素。牛因其瘤胃微生物的作用，可以很好地利用大麦。

【提示】细粉碎的大麦易引起肉牛发生鼓胀。可先将大麦浸泡或压扁后饲喂，以预防此症。大麦经过蒸汽或高压压扁可提高牛的肥育效果。

5. 燕麦 燕麦的麦壳占的比重较大（28%），整粒燕麦籽实的粗纤维含量较高（8%）。主要成分为淀粉，含量为33%~43%，较其他谷实类少。含油脂5.2%，脂肪主要分布于胚部，脂肪中40%~47%为亚麻油酸。燕麦籽实的蛋白质含量高达11.5%以上，赖氨酸含量低。富含B族维生素，但烟酸含量较低，脂溶性维生素及矿物质含量均低。含粗蛋白质高于玉米和大麦，但因麸皮（壳）多，粗纤维超过11%，适当粉碎后是牛的好饲料。燕麦适口性好，但必须粉碎后饲喂。

6. 裸麦（黑麦） 裸麦是一种耐寒性很强的作物，外观类似小麦，但适口性与饲养价值比不上小麦，依据栽培季节可分为春裸麦与冬裸麦，常见的均为冬裸麦。裸麦成分与小麦相似，粗蛋白质含量约11.6%，粗脂肪占1.7%，粗纤维占1.9%，粗灰分约占1.8%，钙占0.08%，磷占0.33%。裸麦易感染麦角霉菌，感染此症后不仅产量减少、适口性下降，严重时还会引起中毒。牛对裸麦的适应能力较强，有较好的适口性。整粒或粉碎饲喂都

可以。

7. 稻谷与糙米　稻谷即带外壳的水稻及旱稻的籽实，其中外壳为20%~25%，糙米为70%~80%，颜色为白色到淡灰黄色，有新鲜米的味道，不应有酸败或发霉的味道。大米一般多作为人的主食，用于饲料的多属于久存的陈米。大米的粗蛋白质含量为7%~11%，蛋白质中赖氨酸含量为0.2%~0.5%。糙米、碎米及陈米可以广泛用于肉牛饲料中，其饲用价值和玉米相似，但应粉碎使用。此外，稻谷和糙米均可作为精饲料用于牛日粮中。

（二）糠麸类

糠麸类是谷物加工后的副产品，我国的大宗糠麸类饲料主要是小麦麸（麸皮）和大米糠，它们是面粉厂和碾米厂的副产品。

1. 小麦麸（麸皮）　是小麦加工面粉后的副产品。小麦籽实由种皮、胚乳和胚芽三部分组成。其中种皮占14.5%，胚乳占83%，胚芽占2.5%。小麦麸主要由籽实的种皮、胚芽部分组成，并混有不同比例的胚乳、糊粉层成分。加工面粉的质量要求不同，出粉率也不一样，麸皮的质量相差也很大。如生产的面粉质量要求高，麸皮中来自胚乳糊粉层成分的比例就高，麸皮的质量也相应较高（代谢能可达7.9兆焦/千克）；反之，则麸皮的质量较低（代谢能仅为6.27~7.9兆焦/千克）。

麸皮适口性好，能量较低。粗蛋白质含量较高（11%~15%），蛋白质质量较好，赖氨酸含量为0.5%~0.7%，蛋氨酸含量为0.11%。麸皮中B族维生素及维生素E的含量高，可以作为肉牛配合饲料中维生素的重要来源。因此，在配制饲料时，麸皮通常都作为一种重要原料。为牛良好的饲料，在日粮比例中占到10%~20%。

【提示】麸皮的最大缺点是钙、磷比例极不平衡（干物质中钙和磷的比例为1∶8）。使用时要与其他饲料或矿物饲料配合好。麸皮具轻泻作用，母牛产后饲喂适量的麦麸，可以调节消化道的功能。

2. 米糠 米糠是糙米加工成白米时分离出的种皮、糊粉层与胚三种物质的混合物，一般每100千克糙米可分出米糠6~8千克。与麸皮一样，米糠的营养价值因白米加工程度不同而异，加工的米越白，则胚乳中物质进入米糠的就越多，米糠的营养价值越高。细米糠基本不含稻壳，故粗纤维含量低，其粗蛋白质含量约13%，细米糠的蛋白质品质较好，在谷类饲料中赖氨酸含量较高。脂肪含量较高（15%以上），且脂肪中不饱和脂肪比例高，易酸败变质，不宜久存。米糠在日粮中用量最好控制10%以内。

【提示】细米糠的最大缺点是钙、磷比例严重不当（其比例为1∶20），在大量使用细米糠时，应注意补充含钙饲料。

3. 大豆皮 大豆皮是大豆加工过程中分离出的种皮，含粗蛋白质18.8%，粗纤维含量高，但其中木质素少，所以消化率高，适口性也好。粗饲料中加入大豆皮能提高牛的采食量；饲喂效果与玉米相同。

4. 玉米皮 含粗蛋白质10.1%，粗纤维较高（9.1%~13.8%），可消化性比玉米差。

（三）薯类

1. 甘薯 甘薯（红薯、白薯、红苕、地瓜）是高产作物，一般每亩可产1 000~1 500千克，如以块根中干物质计算，甘薯比水稻、玉米产量都高，其有效能值与稻谷近似，适合作为能量饲料。粗蛋白质含量较低，在干物质中也只有3.3%，粗纤维少，富含淀粉，钙的含量特别低。甘薯不耐低温，宜在13℃左右储存。甘薯制粉后留下的甘薯粉渣，鲜粉渣含水分80%~85%，干燥粉渣含水分10%~15%。粉渣中的主要营养成分为可溶性无氮浸出物，容易被牛利用。由于甘薯中含有很少的蛋白质和矿物质，故其粉渣中也缺少蛋白质、钙、磷和其他无机盐类。甘薯味道甜美，是牛的良好能量饲料。煮熟后喂牛效果更好，生喂量大

时容易造成腹泻。甘薯粉和其他蛋白质饲料结合，制成颗粒喂牛可取得良好的饲喂效果，但应在饲料中添加足够的矿物质饲料。

【提示】甘薯易患黑斑病，患有黑斑病的甘薯及其制粉和酿酒的槽渣，不能喂牛。有黑斑病的甘薯有异味且含毒性酮，喂牛易导致喘气病，严重的会引起死亡。

2. 木薯　木薯主要产于我国南方，是高产作物，一般每亩产量在 2 000~5 000 千克。以块根中干物质计算，木薯比玉米、水稻的产量都高。木薯属于多汁饲料，含水量为 70%~75%，粗纤维含量比较低，能量营养价值比较高。粗蛋白质的含量低，在干物质中也只有 2%~3%，矿物质含量也很低，特别是钙的含量更低。木薯可切成片晒干，木薯干中含有丰富的糖类，其有效能值与糙米、大麦相近，但蛋白质的含量低且质量差，无机盐、微量元素等矿物质含量均低。木薯分为甜木薯和苦木薯两种，但均含有里那苦苷，易溶于水，经酶的作用或遇稀酸游离出氢氰酸。木薯经过水浸可溶去里那苦苷，另经过蒸煮也可使氢氰酸消失。每千克木薯中含氢氰酸 60 毫克，经过煮沸 30 分钟以上，其氢氰酸可全部消失。

【提示】木薯可在牛饲料中限量使用，以不超过 20%为好。

3. 马铃薯（土豆）　马铃薯属于块根块茎类植物，能量营养价值次于木薯和甘薯。马铃薯含有大量的无氮浸出物，其中大部分是淀粉，约占干物质的 70%。风干的马铃薯中粗纤维的含量为 2%~3%。无氮浸出物为 70%~80%，粗蛋白质含量为 8%~9%，每千克中含消化能 14.23 兆焦左右。马铃薯含非蛋白氮较多，约占蛋白质含量的一半。马铃薯中有一种含氰物质，叫龙葵素，是有毒物质，主要分布在块茎青绿皮上、芽眼与芽中。在幼芽及未成熟的块茎和储存期间经日光照射变成绿色的块茎中含量较高，喂量过多可引起中毒。饲喂时要切除发芽部位并仔细选择，以防中毒。马铃薯经加工制粉后的剩余物为马铃薯粉渣，该

粉渣与甘薯粉渣同样是含淀粉很丰富的饲料，其饲料成分和营养价值也几乎相同。干粉渣含蛋白质4.1%左右，含可溶性无氮浸出物约70%，是很好的能量饲料。马铃薯粉渣可以用作牛饲料。牛可以很好地利用马铃薯的非蛋白质含氮物和可溶性无氮浸出物，在日粮中的比例应控制在20%以下。

【提示】发芽的马铃薯不能喂牛，否则易引起胃肠炎。

(四) 糖蜜

糖蜜是制糖工业的副产品。按制糖原料不同，分为甘蔗糖蜜、甜菜糖蜜、柑橘糖蜜及淀粉糖蜜。糖蜜为黄色或褐色液体，其中柑橘糖蜜略苦，其余三种均有甜味。

糖蜜的主要成分为糖类。甘蔗糖蜜含蔗糖为24%~36%。还原糖为12%~24%。甜菜糖蜜所含糖类几乎都是蔗糖，达47%之多。糖蜜微量元素含量较高，还含少量钙、磷，但维生素的含量非常低。除淀粉糖蜜外，其他糖蜜含有3%~4%的可溶性胶体，主要成分为木糖、阿拉伯糖胶及果胶等。各种糖蜜均含有少量粗蛋白质，其中多属于非蛋白氮。糖蜜具有黏性，这有助于制粒，可以作为黏结剂使用，1%~3%即具有改善颗粒饲料硬度的效果。对粉状饲料还有降低粉尘的作用。由于糖蜜含有盐水，故有轻泻作用。糖蜜多为液态，含水量虽高，但很难在配合饲料中大量使用。羊瘤胃微生物可很好地利用糖蜜中的非蛋白氮，从而提高其蛋白质价值，糖蜜中的糖类有利于瘤胃微生物的生长和繁殖。因此，可以改善瘤胃环境。糖蜜可作为肉牛肥育的饲料，和干草、秸秆等粗饲料搭配使用，可改善它们的适口性，提高牛的采食量。牛用量可以占日粮的5%~10%。

(五) 甜菜与甜菜渣

甜菜类作物有许多种类，一般视其块根中干物质含量和糖分含量的多少，可分为饲用甜菜、半糖用甜菜和糖用甜菜。饲用甜菜的鲜样中含干物质9%~14%，干物质中含粗蛋白质8%~10%，

粗纤维4%~6%，糖类50%~60%；半糖用甜菜鲜样中含干物质14%~20%，干物质中含粗蛋白质6%~8%，粗纤维4%~6%，糖类60%~70%；糖用甜菜鲜样中含干物质20%~25%，干物质中含粗蛋白质4%~6%，粗纤维4%~6%，糖类65%~75%。由于糖用和半糖用甜菜中含有大量蔗糖，故一般不作饲料用，而是用于制糖，其副产品——甜菜渣作饲料。甜菜渣是甜菜块根经过浸泡、压榨提取糖液后的残渣，呈粒或丝状，为淡灰色或灰色，略具甜味。甜菜渣鲜样中水分含量为88%左右：湿甜菜渣经烘干后制成干粉料，干粉料中粗蛋白质含量为9%左右，粗纤维含量高，可达20%以上，无氮浸出物为50%左右，维生素和矿物质含量均低。注意干甜菜渣喂前应先用2~3倍重量的水浸泡，避免干饲后在消化道内大量吸水而引起膨胀。甜菜渣加糖蜜素和7.8%尿素可以制成甜菜渣块制品，质硬、消化慢、尿素利用率高、安全性好，可使采食量提高20%。新鲜甜菜渣每头牛可喂40千克。

【注意】甜菜和甜菜渣也都是肉牛肥育的好饲料，干鲜皆宜。干甜菜渣可以取代日粮中的部分谷类饲料，但不可作为唯一的精饲料来源。干甜菜渣在肉牛肥育料中可取代50%左右的谷物饲料，并且用它可以预防鼓胀。在犊牛料中，应尽量少用。

（六）果渣

我国有大量的果蔬产品的副产品，比如苹果渣、葡萄渣、柑橘渣、番茄渣等，富含肉牛可以消化的营养物质，然而由于水分含量高，难以保存。近年来通过微生物发酵技术，向这些高水分含量的新鲜果渣中添加益生菌，在有氧和无氧条件下进行发酵，其产品可以很好地用于牛饲料中，用量以20%以下为宜。

【提示】冬季在以秸秆、干草为主的肉牛日粮中配合一些多汁饲料，如薯类、瓜蔬类、果渣等，能改善日粮适口性，提高饲料利用率。

五、蛋白质饲料

蛋白质饲料包括植物性蛋白质饲料、动物性蛋白质饲料、非蛋白氮饲料和单细胞蛋白饲料。

（一）植物性蛋白质饲料

植物性蛋白质饲料蛋白质含量较高，赖氨酸和色氨酸的含量较低。

1. 大豆粕（饼） 黄豆取油后的饼粕，是所有粕（饼）中最好的。大豆饼粕的蛋白质含量较高，在40%~44%之间，可利用性好，必需氨基酸的组成比例也相当好。尤其是赖氨酸含量，是饼粕类饲料中含量最高者，可高达2.5%~2.8%，是棉仁饼、菜籽饼及花生饼的1倍。大豆饼粕的缺点是蛋氨酸不足，因而在主要使用大豆饼粕的日粮中，一般要另外添加蛋氨酸才能满足动物的营养需要。大豆饼粕是肉牛的优质蛋白质饲料，可用于配制代乳饲料和犊牛的开口食料。质量好的大豆饼粕色黄味香，适口性好，在日粮中比例可达20%。

2. 菜籽粕（饼） 菜籽粕（饼）的原料是油菜籽。菜籽粕（饼）的蛋白质含量中等，在36%左右，代谢能较低，约每千克8.4兆焦，矿物质和维生素比豆饼丰富，含磷较高，含硒比大豆饼粕高6倍，居各种饼粕之首。菜籽粕（饼）中的有毒有害物质主要是从油菜籽中所含的硫葡萄糖苷酯类衍生出来的，这种物质分布于油菜籽的柔软组织中。此外，菜籽中还含有单宁、芥子碱、皂角苷等有害物质。它们有苦涩味，影响蛋白质的利用效果，阻碍生长。在牛精饲料中的用量不超过10%。菜籽粕在牛瘤胃内降解速度低于豆粕，过瘤胃部分较大。由双低油菜籽（含硫葡萄糖苷和芥子碱低）加工的菜籽饼粕，所含毒素也少，在饲料中可不受限制。

【提示】犊牛和孕牛最好不喂菜籽粕（饼）。

3. 棉籽粕（饼）　棉花籽实脱油后的粕（饼），因加工条件不同，营养价值相差很大。完全脱了壳的棉仁所制成的粕（饼），称为棉仁粕（饼）。其蛋白质含量可达41%以上。而由不脱掉棉籽壳的棉籽制成的棉籽粕（饼），蛋白质含量不过22%左右。在棉籽内，含有有害的物质——棉酚和环丙烯脂肪酸。棉酚可引起畜禽中毒，畜禽游离棉酚中毒一般表现为采食量减少，呼吸困难，严重水肿，体重减轻，以至死亡。

肉牛因瘤胃微生物可以分解棉酚，所以棉酚的毒性相对小。棉籽粕（饼）可作为良好的蛋白质饲料来源，是棉区喂牛的好饲料。在牛的日粮中用量为10%~20%。在犊牛日粮中，用量不超过20%，在架子牛日粮中，可占精饲料的60%。如果长期过量使用则影响其种用性能，要进行脱毒，常用的去毒方法为煮沸1~2小时，冷却后饲喂。

4. 向日葵粕（饼）　向日葵仁粕（饼）即向日葵籽榨油后的残余物。向日葵粕（饼）的饲用价值视脱壳程度而定。我国的向日葵仁粕（饼），一般脱壳不净，带有的壳多少不等。粗蛋白质含量在28%~32%，赖氨酸含量不足。但也有优质的向日葵仁粕（饼），带壳很少，粗纤维含量在12%。向日葵仁粕（饼）与其他粕（饼）类饲料配合使用可以得到良好的饲养效果。

【提示】牛对氨基酸的要求比单胃动物低，向日葵饼粕的适口性好，其饲养价值相对比较大，脱壳者效果与大豆饼粕不相上下。它也是肉牛的优质饲料，与棉籽饼粕有同等价值。

5. 花生仁粕（饼）　花生的品种很多，脱油方法不同，花生粕（饼）的性质和成分也不相同。脱壳后榨油的花生仁粕（饼），营养价值高，代谢能含量可超过大豆饼粕，可达到12.50兆焦/千克，是粕（饼）类饲料中可利用能量水平最高的饼粕。蛋白质含量也很高，高者可以达到44%以上。花生粕（饼）的另一特点是，适口性极好，有香味，所有动物都很爱吃。

花生粕（饼）蛋白质中的氨基酸含量比较平衡，利用率也很高，但不像豆饼、鱼粉那样在配合饲料时提供更多的赖氨酸及含硫氨基酸，因此需要补充。牛的饲料可使用花生粕（饼），并且其饲喂效果不次于大豆饼粕。

【注意】花生仁粕（饼）很易染上黄曲霉菌，引起中毒。花生粕（饼）中的残脂容易氧化，不宜保存。因此，花生饼粕应随加工随使用，不要储存时间过长。

6. 芝麻粕（饼） 芝麻粕（饼）不含对畜禽有不良作用的因素，是安全的饼粕饲料。芝麻粕（饼）的粗纤维含量在7%左右，代谢能含量9.5兆焦/千克，视脂肪含量多少而异。芝麻粕（饼）的粗蛋白质含量可达40%。

芝麻粕（饼）的最大特点是蛋氨酸含量特别高，可达0.8%以上，是大豆粕、棉仁粕含量的2倍，比菜籽粕、向日葵粕约高1/3，是所有植物性饲料中含蛋氨酸最多的饲料。但是，芝麻粕（饼）的赖氨酸含量不足，配料时应注意。牛日粮中可提高用量，可用于犊牛和肥育牛。

7. 亚麻粕（饼） 在我国北方地区种植油用亚麻，俗称胡麻，脱油后的残渣叫胡麻籽饼或胡麻籽粕（亚麻籽饼或亚麻籽粕）。动物对亚麻籽粕（饼）的适口性不好，代谢能值较低。一般亚麻籽饼粕含粗蛋白质32%~34%。赖氨酸含量不足，故在使用亚麻籽（粕）饼时要添加赖氨酸或与含赖氨酸高的饲料混合使用。

肉牛可以很好地利用亚麻籽饼粕，使其成为优质的蛋白质饲料。亚麻籽饼粕还有促进胃肠蠕动的功能，用量应在10%以下。

【注意】亚麻饼中含有苦苷，经酶解后生成氢氰酸，用量大时会对动物产生毒害作用；亚麻饼中残脂高，易变质，不利保存；经过高温高压榨油的亚麻籽饼粕很容易引起蛋白质褐变，降低其利用率。

8. 椰子粕（饼）　椰子的胚乳部分经过干燥成为干核，含油量66%，去油后的产物就是椰子粕（饼）。椰子纤维含量高，代谢能含量比较低，氨基酸组成不够好，缺乏赖氨酸和蛋氨酸。水分含量8%~9%，粗蛋白质含量20%~21%，粗脂肪根据加工方法的不同差异较大，压榨脱油的含量可达6%，溶剂去油的含量仅为1.5%，粗纤维含量12%~14%。椰子油饼含有饱和脂肪酸，所以在含有椰子油饼的日粮中不需要考虑必需脂肪酸的问题。椰子油饼宜用于牛饲料中，适口性好。牛可以把椰子油饼当作蛋白质饲料使用，但采食太多有便秘倾向，精料中以使用20%以下为宜。

9. 其他植物加工副产品　主要是糟渣类。常见的有玉米蛋白粉、豆腐渣、酱油渣、粉渣、酒糟等。玉米蛋白粉的蛋白质含量为25%~60%，蛋白质利用率高，蛋氨酸含量高，但赖氨酸不足；豆腐渣、酱油渣、粉渣等粗蛋白含量都在20%以上，粗纤维含量高，维生素缺乏，消化率较低，水分含量高，不宜存放过久，否则极易被霉菌及腐败菌污染而变质；酒糟蛋白质含量一般为19%~30%，是肥育肉牛的好饲料，日喂量可以达到10千克。对妊娠牛不宜多喂。

（二）非蛋白氮饲料

非蛋白氮饲料主要指蛋白质之外的其他含氮物，如尿素、磷酸脲、硫酸铵、磷酸氢二铵等。其营养特点是粗蛋白质含量高，如尿素中粗蛋白质含量相当于豆粕的7倍；味苦，适口性差；不含能量物质，在使用中应注意补加能量物质；缺乏矿物质，特别要注意补充磷、硫。

【注意】尿素只能喂给成年肉牛，用量一般不超过饲粮干物质的1%。不能单独饲喂或溶于水中让牛直接饮用，要将尿素混合在精料或铡短的秸秆、干草中饲喂。严禁饲喂过量，以免产生氨中毒。饲喂时要有2周以上的适应期，只能在6月龄以上的肉牛日粮中使用。

（三）单细胞蛋白饲料

单细胞蛋白是指利用糖类、氮、烃类等物质，通过加工业方式，培养能利用这些物质的细菌、酵母等微生物制成的蛋白质。单细胞蛋白含有丰富的 B 族维生素、氨基酸和矿物质，粗纤维含量较低；单细胞蛋白中赖氨酸含量较高，蛋氨酸含量低；单细胞蛋白质具有独特的风味，对增进动物的食欲具有良好效果。来源于石油化工、污染物处理工业的单细胞蛋白中，往往含有较多的有毒、有害物质，不宜作为单细胞蛋白质的原料。

常用的有酵母、真菌及藻类。酵母粗蛋白质含量为 40%～50%，生物学价值处于动物性蛋白饲料和植物性蛋白质饲料之间。赖氨酸、异亮氨酸及苏氨酸含量较高，蛋氨酸、精氨酸及胱氨酸含量较低。含有丰富的 B 族维生素，但饲料酵母有苦味，适口性较差，肉牛日粮中可添加 2%～5%，一般不超过 5%。

六、矿物质饲料

矿物质是一类无机营养物质，存在于动物体内的各组织中，广泛参与体内各种代谢过程。除碳、氢、氧和氮四种元素主要以有机化合物形式存在外，其余各种元素无论含量多少，统称为矿物质或矿物质元素。生产中必须给肉牛补充矿物质，以达到日粮中的矿物质平衡，满足肉牛生存、生长、生产、高产的需要。目前，肉牛常用的矿物质饲料主要是含钠和氯元素的食盐，含钙、磷饲料的骨粉、碳酸钙、磷酸氢钙、蛋壳粉、贝壳粉等。

（一）食盐

食盐的成分是氯化钠，是肉牛饲料中钠和氯的主要来源。植物性饲料中的钠和氯含量都很少，故需以食盐方式添加。精制的食盐含氯化钠 99% 以上，粗盐含氯化钠 95%，加碘盐含碘 0.007%。纯净的食盐含钠 39%，含氯 60%，此外，尚有少量的

钙、镁、硫。食用盐为白色细粒，工业用盐为粗粒结晶。

动物性饲料中食盐含量比较高，一些食品加工副产品，甜菜渣、酱渣等中的食盐含量也较多，故用这些饲料配合日粮时，要考虑它们的食盐含量。食盐容易吸潮结块，要注意捣碎或经粉碎过筛。饲用食盐的粒度应全部通过 30 目（指每平方英寸上的孔数）筛，含水量不得超过 0.5%，氯化钠纯度应在 95%以上。喂量一般占日粮干物质的 0.3%。喂量不可过多，否则会引起中毒。

【注意】饲喂青贮饲料需盐量比喂干草多，饲喂高粗型日粮需盐量比高精型日粮多。

（二）含钙饲料

钙是动物体内最重要的矿物质饲料之一。肉牛对不同来源的钙利用率也不同。一般饲料中钙的利用率随肉牛的生长而变低，但泌乳和怀孕期间对钙的利用率则会提高。微量元素预混料通常使用石粉或贝壳粉作为稀释剂或载体，配料时应将其钙含量计算在内。

钙源饲料价格低，但用量不能过大，用量过大，会影响钙磷平衡，使钙和磷的消化、吸收、代谢都受到影响。钙过多时，像缺钙一样，也会引起生长不良，发生佝偻病和软骨症及流产。常见的含钙饲料见表 4-11。

表 4-11　常见的含钙饲料

碳酸钙（石粉）	由石灰石粉碎而成最经济的矿物质原料。常用石粉为灰白色或白色无臭的粗粉或呈细粒状。100%通过 35 目筛。颗粒越细，吸收效率越佳。市售石粉的碳酸钙含量在 95%以上，含钙量在 38%以上
蛋壳粉	用新鲜蛋壳清洗、煮沸后烘干而制成的粉。用新鲜蛋壳制粉时应注意消毒，在烘干最后产品时的温度应达 132℃，以免蛋白质腐败或携带病原菌。蛋壳粉中钙的含量约为 25%，性质与石灰石相似

续表

贝壳粉	用各种贝类外壳（牡蛎壳、蛤蜊壳、蚌、海螺等的贝壳）粉碎后制成的产品。海滨多年堆积的贝壳，其内层有机物质已经消失，主要含碳酸钙，一般产品含钙量为30%~38%。细度依用途而定，为较廉价的钙质饲料。质量好的贝壳粉杂质少，钙含量高，呈白色粉状或片状
硫酸钙	主要提供硫和钙，生物利用率较好。在高温高湿条件下可能会结块。高品质的硫酸钙主要是矿心开采所得的产品精制而成，而磷石膏品质较差，砷、铅、氟等含量较高，如未除去，则不宜用作饲料

（三）含磷饲料

常见的含磷饲料见表4-12。

表4-12　常见的含磷饲料

磷酸钙类	磷酸钙	又称磷酸三钙，含磷20%，含钙38.7%，纯品为白色、无臭的粉末。不溶于水中而溶于酸。经过脱氟的磷酸钙成为脱氟磷酸钙，为灰白色或茶褐色粉末
	磷酸氢钙	又称磷酸二钙，有无水和二水两种，稳定性较好，生物学效价较高，一般含磷18%以上，含钙23%以上，是常用的磷补充饲料
	磷酸二氢钙	又称磷酸一钙及其水合物，一般含磷21%，含钙20%，生物学效价较高。作为饲料时要求含氟量不得高于磷含量的1%。纯品为白色结晶粉末。含一结晶水的磷酸二氢钙在100℃下为无水化合物，152℃时熔融变成磷酸钙
磷酸钠类	磷酸一钠	本品为磷酸的钠盐，呈白色粉末，有潮解性，宜干燥储存。对钙要求低的饲料可用它作为磷源，在产品设计调整高钙、低磷配方时使用，磷酸一钠含磷26%以上，含钙19%以上。其价格比较高
	磷酸二钠	为白色无味的细粒状，一般含磷18%~22%，含钠27%~32.5%，应用价值同磷酸一钠

续表

骨粉类	由家畜骨骼加工而成。因是一种钙磷平衡的矿物质饲料，且含氟量低，但在使用前应脱脂、脱胶、消毒，以免传播疾病。一般多用作磷饲料，也能提供一定量的钙，但不如石粉、蛋壳粉价格低。动物骨粉同样属于在反刍动物日粮中禁止使用的饲料原料
磷矿石粉	为磷矿石经粉碎后的产品。常常含有超过允许量的氟，并有其他杂质，如铅、砷、汞等，必须合乎标准才能用作饲料
液体磷酸	为磷酸水溶液，具有强酸性，使用复杂。与尿素、糖蜜及微量元素混合制成液体饲料

（四）天然矿物质饲料

常见的天然矿物质饲料见表4-13。

表4-13　天然矿物质饲料

膨润土（膨润土钠）	是一种天然矿产，呈灰色或灰褐色，细粉末状。膨润土所含元素至少在11种以上，产地和来源不同，其成分也有差异。大都是肉牛生长发育必需的常量和微量元素，它还能使酶和激素的活性或免疫反应发生显著变化，对牛的生长和生产有较高的生物学价值。在饲料工业中，它主要有三大功能：一是作为饲料添加成分，以提高饲料效率；二是代替糖浆等作为颗粒饲料的熟结剂；三是代替粮食作为各种微量成分的载体，起稀释作用，如稀释各种添加剂和尿素
沸石	天然沸石大多是由盐湖沉积和火山灰烬形成的，主要成分是硅酸盐、铝矾土及钠、钾、钙、镁等离子，为白色或灰白色，呈块状，粉碎后为细四面体颗粒（具有独特的多孔蜂窝状结构）。沸石可以吸收和吸附一些有害元素和气体，故有除臭作用；沸石还具有很高的活性和抗毒性，可调整肉牛瘤胃的酸碱性，对肝、肾功能有良好的促进作用；沸石还具有较好的催化性、耐酸性、热稳定性。在生产实践中沸石可以作为天然矿物质添加剂用于肉牛日粮中，在精饲料中按5%的比例添加。沸石也可作为添加剂的载体，用于制作微量元素预混料或其他预混料

续表

麦饭石	麦饭石的主要成分是硅酸盐，它富含肉牛生长发育所必需的多种微量元素和稀土元素，如硅、钙、铝、钾、镁、铁、钠、锰、磷等，有害成分含量少，是一种优良的天然矿物质营养饲料。麦饭石具有一定的生理功能和药物作用，它能提高动物肝脏中 DNA 和 RNA 的含量，使蛋白质合成增多，还可提高抗疲劳和抗缺氧能力，增加血清中的抗体，具有提升机体免疫能力的作用。此外，麦饭石还具有吸附性如吸气、吸水性能，因能吸收肠道内有害气体，故能改善消化，促进生长，还可防止饲料在储藏过程中受潮结块。麦饭石可作为添加剂载体使用。每天在每头肉牛日粮中添加 150~250 克，可起到明显的增重效果
海泡石	海泡石是一种海泡沫色的纤维状天然黏土矿物质，呈灰白色，有滑感，无毒，无臭，具有特殊的层链状晶体结构和稳定性、抗盐性及脱色吸附性，有除毒、去臭、去污能力。饲料工业上可以作为添加剂加入肉牛日粮中，在精饲料中按 1%~3%的比例添加，也可作为其他添加剂的载体或稀释剂
稀土	稀土由 15 种镧系元素和钪、钇等 17 种元素组成。稀土可激活具有吞噬能力的异嗜性细胞，故可增强机体免疫力，提高动物的成活率，因而有益于增重及改善饲料效率，并且与微量元素有协同作用。稀土在饲料中的用量很小

七、维生素饲料

维生素饲料包括工业合成或由原料提纯精制的各种单一维生素或多种混合维生素。成年牛瘤胃微生物能合成 B 族维生素和维生素 K，肝、肾可合成维生素 C，一般不缺乏。因此一般除犊牛外，不需额外添加，哺乳犊牛应补给维生素 B_2。但当青饲料不足时应考虑添加维生素 A、维生素 D 和维生素 E。可根据不同阶段肉牛对维生素的营养需要，使用维生素预混料。

八、饲料添加剂

添加剂在配合饲料中占的比例很小，但其作用则是多方面的。对动物方面起的作用有抑制消化道有害微生物繁殖，促进饲料营养消化、吸收，抗病、保健、驱虫，改变代谢类型、定向调控营养，促进动物生长和营养物质沉积，减少动物兴奋、降低饲料消耗及改进产品色泽，提高商品等级等。在饲料环境方面起的作用有疏水、防霉、防腐、抗氧化、黏结、赋型、防静电、增加香味、改变色泽、除臭、防尘等。

（一）营养性添加剂

1. 维生素添加剂　它是由合成或提纯方法生产的单一或复合维生素。常用的有维生素 A、维生素 D、维生素 E、维生素 K、B 族维生素及氯化胆碱等。

2. 微量元素添加剂　家畜常常容易缺乏的微量元素有铜、锌、锰、铁、钴、碘、硒等。一般制成复合添加剂进行添加。

3. 氨基酸添加剂　用于家畜饲料的氨基酸添加剂，一般是植物性饲料中最缺的必需氨基酸，如蛋氨酸与赖氨酸。

4. 尿素　尿素为非蛋白氮物质，可添加于牛等反刍动物日粮中，用以对氮的补充。常用的有尿素、缩二脲、磷酸二氢铵、氯化铵等。尿素只能在 6 月龄以上的肉牛日粮中使用，奶牛在产乳期用量应受限制。

【提示】尿素不宜单喂，应与淀粉多的精料搭配使用，也可调制成尿素溶液喷洒或浸泡粗饲料，或调制成尿素青贮料，或制成尿素颗粒料、尿素精料砖等。

（二）非营养性添加剂

这类添加剂本身在饲料中不起营养作用，但具有刺激代谢、驱虫、防病等功能。也有部分非营养性添加剂对饲料起保护作用。

1. 抗生素 饲料中添加少量抗生素，可防病抗病，但应按照有关规定要求使用。

2. 助长剂 具有促进生长，提高饲料利用率的作用，如生长激素、雄激素、玉米赤霉醇、砷制剂、铜制剂。

3. 保护剂 凡含油脂多的饲料，由于脂肪及脂溶性维生素在空气中极易氧化变质（尤其在高温季节会发生酸败），在给牛饲喂这些物质时，会影响饲喂效果。故常常加入抗氧化剂予以保护。常用的抗氧化剂有丁基羟基苯甲醚、一丁基羟基甲苯、乙氧喹等。

此外，还有防霉剂（如丙酸、丙酸钙等）、着色剂、调味剂等。

第三节 饲料配方设计的原则

一、营养性原则

1. 合理地设计饲料配方的营养水平 设计饲料配方的水平，必须以饲养标准为基础，同时根据动物生产性能、饲养技术水平与饲养设备、饲养环境条件、市场行情等及时调整饲粮的营养水平，特别要考虑外界环境与加工条件等对饲料原料中活性成分的影响。

设计配方时要特别注意各养分之间的平衡，也就是全价性。有时即使各种养分的供给量都能满足甚至超过需要量，但由于没有保证有颉颃作用的营养素之间的平衡，反而出现营养缺乏症或生产性能下降。设计配方时应重点考虑能量和蛋白质、氨基酸之间、矿物元素之间、抗生素与维生素之间的相互平衡。各养分之间的相对比例比单种养分的绝对含量更重要。

2. 合理选择饲料原料，正确评估和决定饲料原料营养成分

含量　饲料配方平衡与否，很大程度上取决于设计时所采用的原料营养成分值。在条件允许的情况下，应尽可能多地选择原料种类。原料营养成分值尽量有代表性，避免极端数字，要注意原料的规格、等级和品质特性。对重要原料的重要指标最好进行实际测定，以提供准确参考依据。选择饲料原料时除要考虑其营养成分含量和营养价值，还要考虑原料的适口性、原料对畜产品风味及外观的影响、饲料的消化性及容重等。

3. 正确处理配合饲料配方设计值与配合饲料保证值的关系　配合饲料中的某一养分往往由多种原料共同提供，且各种原料中养分的含量与其真实值之间存在一定的差异，加之饲料加工过程中产生的偏差，同时生产的配合饲料产品往往有一个合理的储藏期，储藏过程中某些营养成分还因受外界各种因素的影响而损失。所以，配合饲料的营养成分设计值通常应略大于配合饲料保证值，以保证商品配合饲料营养成分在有效期内不低于产品标签中的标示值。

二、安全性原则

配合饲料对动物自身必须是安全的，发霉、酸败、污染和未经处理的含毒素的饲料原料不能使用。动物采食配合饲料而生产的动物产品对人类必须既富营养而又健康安全。设计配方时，某些饲料添加剂（如抗生素等）的使用量和使用期限应符合安全法规。

三、经济性原则

经济性即经济效益和社会效益。饲料原料种类越多，越能起到饲料原料营养成分的互补作用，越有利于配合饲料的营养平衡，但原料种类过多，会增加加工成本。所以设计配方时，应掌握使用适度的原料种类和数量；另外，还要考虑动物废弃物（如粪、尿等）中氮、磷、药物等对人类生存环境的不利影响。

四、市场性原则

产品设计必须以市场为目标。配方设计人员必须熟悉市场，及时了解市场动态，准确确定产品在市场中的定位（如高、中、低档等），明确用户的特殊要求（如外观、颜色、风味等），生产出不同类别的产品，以满足不同用户的需要。同时还要预测产品的市场前景，不断开发新产品，以增强产品的市场竞争力。

第四节　日粮配方的设计方法及配方举例

一、日粮配方的设计方法

常用的日粮配方设计方法有电脑配方设计法和手工计算法。手工计算法包括试差法和对角线法。

【例1】设计体重350千克，预期日增重1.2千克的舍饲生长肥育牛日粮配方（对角线法举例）。

第一步：查肉牛饲养标准，见表4-14。

表4-14　体重350千克，预期日增重1.2千克的舍饲生长肥育牛营养需要量

干物质/千克	肉牛能量单位/RND	粗蛋白质/克	钙/克	磷/克
8.41	6.47	889	38	20

第二步：查出所选饲料的营养成分，见表4-15。

表4-15　饲料营养含量（干物质）

饲料名称	干物质/千克	肉牛能量单位/RND	粗蛋白质/克	钙/克	磷/克
青贮玉米	22.7	0.54	7.0	0.44	0.26
玉米	88.4	1.13	9.7	0.09	0.24
麸皮	88.6	0.82	16.3	0.20	0.88

续表

饲料名称	干物质/千克	肉牛能量单位/RND	粗蛋白质/克	钙/克	磷/克
棉饼	89.6	0.92	36.3	0.30	0.90
碳酸氢钙				23.00	16.00
石粉				38.00	

第三步：确定精、粗饲料用量及比例，确定日粮中精料占50%，粗饲料占50%。由肉牛的营养需要可知，每天每头肉牛需8.41千克干物质，所以每天每头由粗料（青贮玉米）应供给的干物质质量为8.41×50%＝4.2千克，首先求出青贮玉米所提供的养分量和尚缺的养分量。见表4-16。

表4-16　粗饲料提供的养分量

	干物质/千克	肉牛能量单位/RND	粗蛋白质/克	钙/克	磷/克
需要量	8.41	6.47	889	38	20
4.2千克青贮玉米干物质提供	4.2	2.27	294	18.48	10.92
尚差	4.12	4.20	595	19.52	9.08

第四步：求出各种精料和拟配合料粗蛋白/肉牛能量单位比。

玉米＝97/1.13＝85.84

麸皮＝163/0.82＝198.78

棉饼＝363/0.92＝394.57

拟配合精料混合料＝595/4.2＝141.67

第五步：用对角线法算出各种精料的用量。

（1）先将各精料按蛋白能量比分为两类：一类高于拟配混合料，另一类低于拟配混合料，然后一高一低两两搭配成组。本例高于141.67的有麸皮和棉饼，低的有玉米。因此，玉米既要和麸皮搭配，又要和棉饼搭配，每组画一个正方形。将3种精料

的蛋白能量比置于正方形的左侧，拟配混合料的蛋白能量比放在中间，在两条对角线上做减法，大数减小数，得数是该饲料在混合料中应占有的能量比例数。

（2）本例要求混合精料中肉牛能量单位是 4. 20，所以应将上述比例算成总能量为 4. 20 时的比例，即将各饲料原来的比例数分除各饲料比例数之和，再乘 4. 20。然后将所得数据分别被各原料每千克所含的肉牛能量单位除，即可到这三种饲料的用量。

麸皮198.78 ＼ 　　　　／ 55.83
　　　　　　141.67
　　　　　／ 　　　　＼ 57.11
玉米85.84
　　　　　＼ 　　　　／ 252.9
　　　　　　141.67
棉饼394.5 ／ 　　　　＼ 55.83
　　　　　　　　　　421.67

$$则，玉米：310.01\times\frac{4.20}{421.67}\div 1.13=2.73（千克）$$

$$麸皮：55.83\times\frac{4.20}{421.67}\div 0.82=0.68（千克）$$

$$棉饼：55.83\times\frac{4.20}{421.67}\div 0.92=0.60（千克）$$

第六步：验证精料混合料养分含量。见表 4-18。

表 4-17　精料混合料养分含量

饲料名称	数量/千克	干物质/千克	肉牛能量单位/RND	粗蛋白质/克	钙/克	磷/克
玉米	2. 73	2. 41	3. 08	264. 81	2. 46	6. 55
麸皮	0. 68	0. 60	0. 56	110. 84	1. 36	5. 98
棉饼	0. 60	0. 54	0. 55	217. 80	1. 80	5. 40
合计	4. 01	3. 55	4. 19	593. 45	5. 62	17. 93
差		−0. 66	−0. 01	−1. 50	−11. 90	+8. 85

由表 4-17 可以看出，精料混合料中肉牛能量单位和粗蛋白质含量与要求基本一致，干物质尚差 0. 66 千克，可以适当增加青贮玉米

的饲喂量。钙磷的余缺可以使用矿物质调整。本例中磷已经满足需要，不必考虑补充，只需要用石粉补钙即可。石粉用量=11.9÷0.38=31.32克。混合料中另加1%食盐，约合0.04千克。

第七步：列出日粮配方与精料混合料的百分比组成。见表4-18。

表4-18　育肥牛的日粮配方

	青贮玉米	玉米	麸皮	棉饼	石粉	食盐
干物质含量/千克	4.2	2.73	0.68	0.60	0.031	0.04
饲喂量/千克	18.5	3.09	0.77	0.67	0.031	0.04
精料组成/%		67.16	16.74	14.56	0.67	0.87

注：在实际生产中，青贮玉米的喂量应增加10%的安全系数，即每天饲喂20.35千克/头。混合精料每天饲喂4.6千克

二、日粮配方举例

（一）犊牛持续肥育日粮配方

1. 舍饲持续肥育日粮配方

（1）精料补充料配方：具体配方为玉米40%，棉籽饼30%，麸皮20%，鱼粉4%，磷酸氢钙2%，食盐0.6%，微量元素维生素复合预混料0.4%，沸石3%。6月龄后按1千克混合精料添加15克尿素。

（2）不同阶段饲料喂量：如表4-19所示。

表4-19　不同阶段饲料喂量

月龄	体重/千克	青干草/［千克/（天·头）］	青贮料/［千克/（天·头）］	精料补充料/［千克/（天·头）］
3~6	70~166	1.5	1.8	2.0
7~12	167~328	3.0	3.0	3.0
13~16	329~427	4.0	8.0	4.0

2. 强度肥育1岁左右出栏日粮配方 选择良种牛或其改良牛，在犊牛阶段采取较合理的饲养，使日增重达0.8~0.9千克。180日龄体重超过200千克后，按日增重大于1.2千克配制日粮；12月龄体重超过200千克后，按日增重大于1.2千克配制日粮；12月龄体重达450千克左右，上等膘时出栏，见表4-20。

表4-20 强度育肥1岁左右出栏日粮配方

日龄/天	0~30	31~60	61~90	91~120	121~180	181~240	241~300	301~360
始重/千克	30~50	62~66	88~91	110~114	136~139	209~221	287~299	365~377
日增重/千克	0.8	0.7~0.8	0.7~0.8	0.8~0.9	0.8~0.9	1.2~1.4	1.2~1.4	1.2~1.4
全乳喂量/千克	6~7	8	7	4	0	0	0	0
精料补充料喂量/千克	自由	自由	自由	1.2~13	1.8~2.5	3~3.5	4~5	5.6~6.5
精料补充料配方/%	10周龄前		10周龄后至180日龄					
玉米	60		60			67		
高粱	10		10			10		
饼粕类	15		24			30		
鱼粉	3		0			0		
动物性油脂	10		3			0		
磷酸氢钙	1.5		1.5			1		
日龄/天	0~60		61~180			180~360		
食盐/毫克	0.5		1			1		
小苏打/毫克	0		0.5			1		
土霉素（毫克/千克，另加）	22		0			0		

续表

日龄/天	0~30	31~60	61~90	91~120	121~180	181~240	241~300	301~360
维生素 A（万单位/千克，另加）	干草期加 1~2	干草期加 0.5~1	干草期加 0.5					

（二）不同粗饲料类型日粮配方

1. 青贮玉米秸类型日粮配方　适用于玉米种植密集、有较好青贮基础的地区。使用如下配方，青贮玉米秸日喂量 15 千克。精料配方如表 4-21 所示。

表 4-21　青贮玉米秸类型日粮系列配方

体重阶段/千克	300~350		350~400		400~450		450~500	
精料配比/%	配方 1	配方 2	配方 1	配方 2	配方 1	配方 2	配方 1	配方 2
玉米	71.8	77.7	80.7	76.8	77.6	76.7	84.5	87.6
麸皮	3.3	2.4	3.3	4.0	0.7	5.8	0	0
棉粕	21.0	16.3	12.0	15.6	18.0	14.2	11.6	8.2
尿素	1.4	1.3	1.7	1.4	1.7	1.5	1.9	2.2
食盐	1.5	1.5	1.5	1.5	1.2	1.0	1.2	1.2
石粉	1.0	0.8	0.8	0.7	0.8	0.8	0.8	0.8
日喂料量/千克	5.2	7.2	7.0	6.1	5.6	7.8	8.0	8.0
营养水平								
肉牛能量单位/（个·头）	6.7	8.5	8.4	7.2	7.0	9.2	8.8	10.2
粗蛋白质/克	747.8	936.6	756.7	713.5	782.6	981.76	776.4	818.6
钙/克	39	43	42	36	37	46	45	51
磷/克	21	36	23	22	21	28	25	27

2. 青贮和谷草类型日粮配方及喂量 见表4-22。

表4-22 青贮和谷草类型日粮配方及喂量

<table>
<tr><th rowspan="2">月龄</th><th colspan="7">精料配方/%</th><th colspan="3">采食量/［千克/（日·头）］</th></tr>
<tr><th>玉米</th><th>麸皮</th><th>豆粕</th><th>棉粕</th><th>石粉</th><th>食盐</th><th>碳酸氢钠</th><th>精料</th><th>青贮玉米秸</th><th>谷草</th></tr>
<tr><td>7～8</td><td rowspan="2">32.5</td><td rowspan="2">24</td><td rowspan="2">7</td><td rowspan="2">33</td><td rowspan="2">1.5</td><td rowspan="2">1</td><td rowspan="2">1</td><td>2.2</td><td>6</td><td>1.5</td></tr>
<tr><td>9～10</td><td>2.8</td><td>8</td><td>1.5</td></tr>
<tr><td>11～12</td><td rowspan="2">52</td><td rowspan="2">14</td><td rowspan="2">5</td><td rowspan="2">26</td><td rowspan="2">1</td><td rowspan="2">1</td><td rowspan="2">1</td><td>3.3</td><td>10</td><td>1.8</td></tr>
<tr><td>13～14</td><td>3.6</td><td>12</td><td>2</td></tr>
<tr><td>15～16</td><td rowspan="2">67</td><td rowspan="2">4</td><td rowspan="2"></td><td rowspan="2">26</td><td rowspan="2">0.5</td><td rowspan="2">1</td><td rowspan="2">1</td><td>4.1</td><td>14</td><td>2</td></tr>
<tr><td>17～18</td><td>5.5</td><td>14</td><td>2</td></tr>
</table>

3. 酒糟类型日粮配方 酒糟作为酿酒的副产品，经与干粗料、精料及预混合料合理搭配，实现了酒糟的合理利用。见表4-23。

表4-23 酒糟类型日粮配方

体重阶段/千克	300～350		350～400		400～450		450～500	
精料配比/%	配方1	配方2	配方1	配方2	配方1	配方2	配方1	配方2
玉米	58.9	69.4	64.9	75.1	73.1	80.8	78.0	85.2
麸皮	20.3	14.3	16.6	11.1	12.1	7.8	9.6	5.9
棉粕	17.7	12.7	14.9	9.7	11.0	7.0	9.6	4.5
尿素	0.4	1.0	1.0	1.6	1.5	2.1	8.4	2.3
食盐	1.5	1.5	1.5	1.5	1.5	1.5	1.9	1.5
石粉	1.2	1.1	1.0	1.0	0.8	0.8	1.5	1.5
采食量/［千克/（头·天）］								
精料	4.1	6.8	4.6	7.6	5.2	7.5	5.8	8.2
酒糟	11.8	10.4	12.1	11.3	14.0	12.0	15.3	13.1

续表

体重阶段/千克	300~350		350~400		400~450		450~500	
玉米秸	1.5	1.3	1.9	1.7	2.0	1.8	2.2	1.8
营养水平								
肉牛能量单位	7.4	9.4	9.4	11.8	10.7	12.3	11.9	13.2
粗蛋白质/克	787.8	919.4	1 016.4	1 272.3	1 155.7	1 306.6	1 270.2	1 385.6
钙/克	46	54	47	57	48	52	49	51
磷/克	30	37	32	39	34	37	37	39

4. 干玉米秸日粮配方　见表 4-24。

表 4-24　干玉米秸日粮配方

体重阶段/千克	300~350		350~400		400~450		450~500	
精料配比/%	配方 1	配方 2	配方 1	配方 2	配方 1	配方 2	配方 1	配方 2
玉米	66.2	69.6	70.5	72.0	72.7	74.0	78.3	79.1
麸皮	2.5	1.4	1.9	4.8	6.6	6.6	1.6	2.0
棉粕	27.9	25.4	24.1	19.5	16.8	15.8	16.3	15.0
尿素	0.9	1.06	1.2	1.25	1.43	1.56	1.77	1.90
食盐	1.5	1.5	1.5	1.5	1.5	1.5	1.5	1.5
石粉	1.0	1.1	0.8	0.9	1.0	0.6	0.5	0.5
采食量/［千克/（头·天）］								
精料	4.8	5.6	5.4	6.1	6.0	6.3	6.7	7.0
酒糟	3.6	3.0	4.0	3.0	4.2	4.5	4.6	4.7
玉米秸	0.5	0.2	0.3	1.0	1.1	1.2	0.3	0.5
营养水平								

续表

体重阶段/千克	300~350		350~400		400~450		450~500	
肉牛能量单位	6.1	6.4	6.8	7.2	7.6	8.0	8.4	8.8
粗蛋白质/克	660	684	691	713	722	744	754	776
钙/克	38	40	38	40	37	39	36	38
磷/克	27	27	28	29	31	32	32	32

（三）架子牛舍饲肥育日粮配方

1. 氨化稻草类型日粮配方 见表 4-25。

表 4-25 架子牛舍饲肥育氨化稻草类型日粮配方

［单位：千克/（天·头）］

阶段	玉米面	豆饼	骨粉	矿物微量元素	食盐	碳酸氢钠	氨化稻草
前期	2.5	0.25	0.060	0.030	0.050	0.050	20
中期	4.0	1.00	0.070	0.030	0.050	0.050	17
后期	5.0	1.50	0.070	0.035	0.050	0.050	15

2. 酒精糟+青贮玉米秸日粮配方 饲喂效果，日增重 1 千克以上。精料配方：玉米 93%、棉粕 2.87%、尿素 1.2%、石粉 1.2%、食盐 1.8%，添加剂（育肥灵）另加。不同体重阶段，精粗料用量见表 4-26。

表 4-26 不同体重阶段精粗料用量

体重/千克	250~350	350~450	450~550	550~650
精料/千克	2~3	3~4	4~5	5~6
酒精糟/千克	10~12	12~14	14~16	16~18
青贮（鲜）/千克	10~12	12~14	14~16	16~18

第五节　饲料的加工调制

一、精饲料的加工调制

精饲料的加工调制主要目的是便于肉牛咀嚼和反刍，提高养分的利用率，同时为合理和均匀搭配饲料提供方便。

（一）粉碎与压扁

精饲料最常用的加工方法是粉碎，可以为合理和均匀地搭配饲料提供方便，但用于肉牛日粮时不宜过细。粗粉与细粉相比，粗粉可提高适口性，提高肉牛唾液分泌量，增加反刍，筛孔通常为3~6毫米。将谷物用蒸汽加热到120℃左右，再用压扁机压成厚1毫米的薄片，迅速干燥。由于压扁饲料中的淀粉经加热糊化，用于饲喂肉牛，消化率明显提高。

（二）浸泡

豆类、油饼类、谷物等饲料相当坚硬，不经浸泡很难嚼碎。经浸泡后吸收水分，膨胀柔软，容易咀嚼，便于消化。浸泡方法：在池子或缸等容器中用水把饲料拌匀，一般料水比为1∶（1~1.5），即手握指缝渗出水滴为宜，不需任何温度条件。有些饲料中含有单宁、棉酚等有毒物质，并带有异味，浸泡后毒素、异味均可减轻，从而提高适口性。浸泡的时间应根据季节和饲料种类而异，以免引起饲料变质。

（三）肉牛饲料的过瘤胃保护

强度肥育的肉牛补充过瘤胃保护蛋白质、过瘤胃淀粉和脂肪能提高生产性能。

1. 热处理　加热可降低饲料蛋白质的降解率，但过度加热也会降低蛋白质的消化率，引起一些氨基酸、维生素的损失，应适度加热。一般认为，140℃左右烘焙4小时，或130~145℃火烤 2 分钟，或 3 420.5×10^3Pa 压力和 121℃处理饲料 45~60 分钟较为适宜。有研究表明，加热以 150℃、45 分钟最好。

膨化技术用于全脂大豆的处理，取得了理想效果。李建国等用 YG-Q 型多功能糊化机处理豆粕糊，可使蛋白质瘤胃降解率显著下降，方法简单易行。

2. 化学处理

（1）甲醛处理：甲醛可与蛋白质分子的氨基、羟基、硫氢基发生反应而使其变性，免于瘤胃微生物降解。处理方法：饼粕经 2.5 毫米筛孔粉碎，然后每 100 克粗蛋白质称 0.6~0.7 克甲醛溶液（36%），用水稀释 20 倍后喷雾与饼粕混合均匀，然后用塑料薄膜封闭 24 小时后打开薄膜，自然风干。

（2）锌处理：锌盐可以沉淀部分蛋白质，从而降低饲料蛋白质瘤胃的降解。处理方法：把硫酸锌溶解在水里，其比例为豆粕∶水∶硫酸锌=1∶2∶0.03，拌匀后放置 2~3 小时，50~60℃烘干。

（3）鞣酸处理：将 1% 的鞣酸均匀地喷洒在蛋白质饲料上，混合后烘干。

（4）过瘤胃保护脂肪：许多研究表明，直接添加脂肪对反刍动物效果不好，脂肪在瘤胃中干扰微生物的活动，会降低纤维消化率，影响生产性能的提高。所以，添加的脂肪采用某种方法保护起来，形成过瘤胃保护脂肪。最常见的是脂肪酸钙产品。

二、秸秆饲料的加工调制

（一）粉碎、铡短处理

秸秆经粉碎、铡短处理后，体积变小，便于家畜采食和咀嚼，增加了与瘤胃微生物的接触面，可提高过瘤胃速度，增加肉牛的采量。由于秸秆粉碎、铡短后在瘤胃中停留时间缩短，养分来不及充分降解发酵，便进入了真胃和小肠。所以消化率并不能

得到改进。

经粉碎和铡短的秸秆，可增加20%~30%的家畜采食量，消化吸收的总养分增加，不仅可减少秸秆的浪费，而且可提高日增重20%左右，尤其在低精料饲养条件下，饲喂肉牛的效果会有明显改进。实践证明，未经切短的秸秆，家畜只能采食70%~80%，而经切碎的秸秆几乎可以全部利用。

用于肉牛的秸秆饲料不提倡全部粉碎。一方面，由于粉碎可增加饲养成本；另一方面，粗饲粉过细不利于牛的咀嚼和反刍。粉碎多用于精料加工。有些研究证明，在牛的日粮中适当混入一些秸秆粉，可以提高采食量。铡短是秸秆处理中常用的一种方法。过长过细都不好，一般在肉牛生产中，依据年龄情况以2~4厘米为好。

（二）热喷与膨化处理

热喷和膨化秸秆虽能提高秸秆的消化利用率，但成本较高。

1. 热喷 热喷是近年来采用的一项新技术，主要设备为压力罐，工艺程序是将秸秆送入压力罐内，通入饱和蒸汽，在一定压力下维持一段时间，然后突然降压喷爆。由于受热效应和机械效应的作用，秸秆被撕成乱麻状，秸秆结构重新分布，从而对粗纤维有降解作用。经热喷处理的鲜玉米秸，可使粗纤维由30.5%降低到0.14%，热喷处理干玉米秸，可使粗纤维含量由33.4%降到27.5%。另外，将尿素、磷酸铵等工业氮源添加到秸秆上进行热喷处理，可使麦秸消化率达到75.12%，玉米秸的消化率达88.02%，稻草达64.42%。每千克热喷秸秆的营养价值相当于0.6~0.7千克玉米。

2. 膨化 膨化需专门的膨化机。工艺程序是将含有一定量水分的秸秆放入密闭的膨化设备中，经过高温（200~300℃）、高压（1.5兆帕以上）处理一定时间（5~20秒）迅速降压，使秸秆膨胀，组织遭到破坏而变得松软，原来紧紧地包在纤维素

外的木质素全部被撕裂而变得易于消化。

（三）揉搓处理

揉搓处理比铡短处理秸秆又进了一步。经揉搓的玉米秸呈柔软的丝条状，可增加适口性，牛的吃净率由秸秆全株的70%提高到90%以上。被揉碎的玉米秸在奶牛日粮中可代替干草，对于肉牛，被铡短的玉米秸更是一种价廉的、适口性好的粗饲料。目前，揉搓机正在逐步取代铡草机，如果能和秸秆的化学、生物处理相结合，效果更好。

（四）制粒与压块处理

1. 制粒 制粒的目的是便于肉牛机械化饲养和自动饲槽的应用。由于颗粒料质地硬脆，大小适中，便于咀嚼和改善适口性，可提高采食量和生产性能，减少秸秆的浪费。秸秆经粉碎后制粒在国外很普遍。随着秸秆饲料颗粒化成套设备相继问世，颗粒饲料已开始在我国肉牛生产中应用。肉牛的颗粒料以直径6~8毫米为宜。

2. 压块 秸秆压块能最大限度地保存秸秆营养成分，减少养分流失。秸秆经压块处理后密度提高，体积缩小，便于储存运输，运输成本降低70%。给饲方便，便于机械化操作。秸秆经高温高压挤压成型，使秸秆的纤维结构遭到破坏，粗纤维的消化率提高25%。在制块的同时可以添加复合化学处理剂，如尿素、石灰、膨润土等，可使粗蛋白质提高到8%~12%，秸秆消化率提高到60%。

（五）秸秆碾青

秸秆碾青是将干秸秆铺在打谷场上，厚约0.33米，上面再铺0.33米左右的青牧草，牧草上面铺相同厚度的秸秆，然后用磙碾压，流出的牧草汁被干秸秆吸收。这样，被压扁的牧草可在短时间内晒制成干草，并且茎叶干燥速度一致，叶片脱落损失减少，而秸秆的适口性和营养价值进一步提高，可一举两得。

（六）氨化处理

秸秆中含氮量低，秸秆氨化处理时与氨相遇，其有机物就与氨发生氨解反应，打断木质素与半纤维素的结合，破坏木质素—半纤维素—纤维素的复合结构，使纤维素与半纤维素被解放出来，被微生物及酶分解利用。氨是一种弱碱，处理后可使木质化纤维膨胀，增大空隙度，提高渗透性。氨化能使秸秆含氮量增加1~1.5倍，使牛对秸秆采食量和消化率有较大提高。

1. 材料选择　清洁未霉变的麦秸、玉米秸、稻草等，一般铡成长2~3厘米。市售通用液氨，由氨瓶或氨罐装运。市售工业氨水，无毒、无杂质，含氨量为15%~17%；用密闭的容器，如胶皮口袋、塑料桶、陶瓷罐等装运。或出售的农用尿素，含氨量46%，塑料袋密封包装。

2. 氨化处理　氨化方法有多种，其中使用液氨的堆贮法适于大批量生产；氨水和尿素的窖贮法适于中小规模生产；尿素的小垛法、缸贮法、袋贮法适合农户少量制作，近年还出现了加热氨化池氨化法、氨化炉等。见表4-27。

表4-27　氨化处理方法

方法	操作
堆贮法	（1）物料及工具。厚透明聚乙烯塑料薄膜10米×10米一块，6米×6米一块；秸秆2 200~2 500千克；输氨管、铁锨、铁丝、钳子，口罩、风镜、手套等 （2）堆垛。选择向阳、高燥、平坦、不受人畜破坏的地方。先将塑料薄膜铺在地面上。在上面垛秸秆。草垛底面积以5米×5米为宜，高度接近2.5米 （3）调整原料含水量。秸秆原料含水量要求20%~40%，一般干秸秆仅10%~13%，故需边码垛边均匀地洒水，使秸秆含水量达到30%左右 （4）放置输氨管。草码到0.5米高处，于垛上面分别平放直径10毫米、长4米的硬质塑料管两根，在塑料管前端2/3长的部位钻若干个直径2~3毫米的小孔，以便充氨。后端露出草垛外面长约0.5米。通过胶管接上氨瓶，用铁丝缠紧。

方法	操作
堆贮法	（5）封垛。堆完草垛后，用10米×10米塑料薄膜盖严，四周留下宽的余头。在垛底部用一长杠将四周余下的塑料薄膜上下合在一起卷紧，以石头或土压住，但输氨管外露 （6）充氨。按秸秆重量3%的比例向垛内缓慢输入液氨。输氨结束后，抽出塑料管，立即将余孔堵严 （7）草垛管理。注氨密封处理后，经常检查塑料薄膜，发现破孔立即用塑料黏胶剂黏补 除以上方法外，在我国北方寒冷的冬季可采用土办法建加热氨化池，规模化养殖场可使用氨化炉
窖贮法	（1）建窖。用土窖或水泥窖，深不应超过2米。长方形、方形、圆形均可，也可用上宽下窄的梯形窖，四壁光滑，底微凹（蓄积氨水）。下面以长5米、宽5米、深1米的方形土窖为例进行介绍 （2）装窖。土窖内先铺一块厚0.08~0.2毫米，8.5米×8.5米规格的塑料薄膜。将含水量10%~13%的铡短秸秆填入窖中。装满覆盖6米×6米塑料薄膜，留出上风头一面的注氨口，其余三面塑料薄膜压角部分（约0.7米）卷成筒状后压土封严 （3）氨水用量。每100千克秸秆需氨水量为3÷（氨水含氮量×1.21）。如氨水含氮量为15%，每100千克秸秆需氨水量为3÷（15%×1.21）=16.5（千克） （4）注氨水。准备好注氨管或桶，操作人员佩戴防氨口罩，站在上风向，将注氨管插入秸秆中，打开开关注入，也可用桶喷洒，注完后抽出氨管，封严。使用尿素处理（配比见小垛法），要逐层喷洒，压实
小垛法	在家庭院内向阳处地面上，铺2.6平方米塑料薄膜，取3~4千克尿素溶解在水中，将尿素溶液均匀喷洒在100千克秸秆上，堆好踏实后用13平方米塑料布盖好封严。小垛氨化以100千克一垛为宜，占地少，易管理，塑料薄膜可连续使用，投资少，简便易行

3. 氨化时间　密封时间应根据气温和感观来确定。根据气温确定氨化天数，并结合秸秆颜色变化，变为褐黄色即可。环境温度30℃以上，需要7天；30~15℃需要7~28天；15~5℃需要28~56天；5℃以下，需要56天以上。

4. 开封放氨 一般经2~5天自然通风可将氨味全部放掉，呈糊香味时，才能饲喂，如暂时不喂，可不必开封放氨。

5. 饲喂 开始喂时，应由少到多，少给勤添，先与谷草、青干草等搭配饲喂，1周后即可全部喂氨化秸秆，并合理搭配精料（玉米、麸渣、饼类）。

6. 氨化品质鉴定 氨化秸秆的好坏，主要凭感觉去鉴定。好的氨化秸秆，其颜色呈棕色或深黄色，发亮，气味糊香，质地柔软蓬松发白。有时发黑、发黏、结块，有腐臭味，表明秸秆霉坏，不可饲喂。

（七）“三化”复合处理

秸秆“三化”复合处理技术，发挥了氨化、碱化、盐化的综合作用，弥补了氨化成本过高、碱化不易久储、盐化效果欠佳单一处理的缺陷。经实验证明，“三化”处理的麦秸与未处理组相比各类纤维都有不同程度的降解，干物质瘤胃降解率提高22.4%，饲喂肉牛日增重提高48.8%，饲料与增重比降低16.3%~30.5%，而“三化”处理成本比普通氨化（尿素3%~5%）降低32%~50%，肉牛肥育经济效益提高1.76倍。

此方法适合窖贮（土窖、水泥窖均可），也可用小垛法、塑料袋或水缸。其余操作见氨化处理。将尿素、生石灰粉、食盐按比例放入水中，充分搅拌溶解，使之成为混浊液。处理液的配制如表4-28所示。

表4-28 处理液的配制

秸秆种类	秸秆重量/千克	尿素用量/千克	生石灰用量/千克	食盐用量/千克	水用量/千克	储料含水量/%
干麦秸	100	2	3	1	45~55	35~40
干稻草	100	2	3	1	45~55	35~40
干玉米秸	100	2	3	1	40~50	35~40

(八)秸秆微贮

秸秆微贮饲料就是在农作物秸秆中，加入微生物高效活性菌种——秸秆发酵活杆菌，放入密封的容器（如水泥池、土窖）中储藏，经一定的发酵过程，使农作物变成具有酸香味、草食家畜喜食的饲料。

1. 窖的建造 微贮的建窖和青贮窖相似，也可选用青贮窖。

2. 秸秆的准备 应选择无霉变的新鲜秸秆，麦秸铡短为25厘米，玉米秸最好铡短为1厘米左右或粉碎（孔径2厘米筛片）。

3. 复活菌种并配制菌液 根据当天预计处理秸秆的重量，计算出所需菌剂的数量，按以下方法配制。

（1）菌种的复活：秸秆发酵活杆菌每袋3克，可处理麦秸、稻秸、玉米干秸秆或青料2 000千克。在处理秸秆前先将袋剪开，将菌剂倒入2千克水中，充分溶解（有条件的情况下，可在水中加20克白糖，溶解后再加入活杆菌，这样可以提高复活率，保证微贮饲料质量）。然后在常温下放置1~2小时使菌种复活，复活好的菌剂一定要当天用完。

（2）菌液的配制：将复活好的菌剂倒入充分溶解的0.8%~1%食盐水中拌匀，食盐水及菌液量的计算方法如表4-29所示。菌液兑入盐水后，再用潜水泵循环，使其浓度一致，这时就可以喷洒了。

表4-29 菌液的配制

秸秆种类	秸秆重量/千克	活杆菌用量/克	食盐用量/千克	自来水用量/升	储料含水量/%
干麦秸	1 000	3.0	9~12	1 200~1 400	60~70
干稻草	1 000	3.0	36~8	800~1 000	60~70
干玉米秸	1 000	1.5	3	适量	60~70

4. 装窖 土窖应先在窖底和四周铺上一层塑料薄膜，在窖底先铺放厚20厘米的秸秆，均匀喷洒菌液，压实后再铺秸秆20

厘米，再喷洒菌液压实。大型窖要采用机械化作业，用拖拉机压实，喷洒菌液可用潜水泵，一般扬程 20~50 米，流量以每分钟 30~50 升为宜。在操作中要随时检查贮料含水量是否均匀合适，层与层之间不要出现夹层。检查方法：取秸秆，用力握攥，以指缝间有水但不滴下，水分为 60%~70%最为理想，否则为过高或过低。

5. 加入精料辅料　在微贮麦秸和稻草时应加入 0.3%左右的玉米粉、麸皮或大麦粉，以利于发酵初期菌种生长，提高微贮质量。加精料辅料时应铺一层秸秆，撒一层精料粉，再喷洒菌液。

6. 封窖　秸秆分层压实直到高出窖口 100~150 厘米，再充分压实后，在最上面一层均匀撒上食盐，再压实后盖上塑料薄膜。食盐的用量为每平方米 25 克，其目的是确保微贮饲料上部不发生霉烂变质。盖上塑料薄膜后，在上面撒上厚 20~30 厘米的稻草、麦秸，覆土 20 厘米以上，密封。密封是为了隔绝空气与秸秆接触，保证微贮窖内呈厌氧状态，在窖边挖排水沟防止雨水积聚。窖内贮料下沉后应随时加土使之高出地面。

7. 秸秆微贮饲料的质量鉴定　可根据微贮饲料的外部特征，用看、嗅和手感触的方法，鉴定微贮饲料的好坏。

（1）看：优质微贮青玉米秸秆饲料的色泽呈橄榄绿，稻、麦秸秆呈金黄褐色。如果变成褐色或墨绿色，则质量较差。

（2）嗅：优质秸秆微贮饲料具有醇香和果香气味，并具有弱酸味。若有强酸味，表明醋酸较多，这是水分过多和高温发酵造成的。若有腐臭味、发霉味，则不能饲喂。

（3）手感触：优质微贮饲料拿在手里感到很松散，质地柔软湿润。若拿在手里发黏，或者黏到一起则说明质量不佳。有的虽然松散，但干燥粗硬，也属不良的饲料。

8. 秸秆微贮饲料的取用与饲喂　根据气温情况，秸秆微贮饲料一般需在窖内储藏 21~45 天才能取喂。

开窖时应从窖的一端开始，先去掉上边覆盖的部分土层、草

层，然后揭开塑料薄膜，从上到下垂直逐段取用。每次取出量应以白天喂完为宜，坚持每天取料，每层所取的料不应少于 15 厘米，每次取完后要用塑料薄膜将窖口密封，尽量避免与空气接触，以防止二次发酵和变质。开始饲喂时肉牛有一个适应期，应由少到多逐步增加喂量；一般肥育牛每天可喂，冻结的微贮应先化开后再用；由于制作微贮中加入了食盐，应在饲喂时从日粮中扣除。

第五章　肉牛生态养殖的饲养管理

【提示】牛群管理的好坏直接关系到肉牛的养殖效益。搞好肉牛的饲养管理和经营管理，提高肉牛繁殖率，让肉牛长得快，生产高质量肉牛等，获得更多更好的肉牛产品，才能取得较好的养殖效益。

第一节　肉牛的繁殖指标及繁殖管理

提高肉牛的繁殖率可以增加肉牛犊数量。提高肉牛的繁殖率必须抓好品种选育、挑选优良种牛、掌握母牛繁殖规律、加强种牛的繁殖管理和饲养管理。

一、衡量肉牛繁殖的指标

（一）受配率

一个地域牛的受配率指一年内该地域（或群体）参与配种的母牛数占该区（群）内一切适繁母牛数的百分率。由此能够反映该区（群）内繁衍母牛的发情、配种及其管理情况。受配率的计算公式为

受配率=年内参与配母牛数/年内存栏适繁母牛数×100%

（二）受胎率

1. 总受胎率　一个年度内受胎母牛头数占配种母牛头数的

百分率。此项指标反映了牛群的受胎状况，能够权衡年度内的配种方案完成状况。

总受胎率=年内受胎母牛头数/年内配种母牛的总头数×100%

2. 情期受胎率　在肯定的限期内（普通按年度盘算），受胎母牛数占该期内与配母牛配种总情期数的百分率。受胎母牛至多有一个情期，未受胎牛有无数个情期。前一头牛情期为1，后一头牛有几个情期就按几计算，逐头累加，求得总情期数。

情期受胎率=受胎母牛头数/肯定限期内配种牛总情期数×100%

3. 第一次授精情期受胎率　为第一次配种就受胎的母牛数占第一情期配种母牛总数的百分率。该目标可反映出公牛精液的受精力及对母牛的繁殖管理水平。

第一次授精情期受胎率=第一次配种受胎母牛头数/第一次情期配种母牛总数×100%

（三）不返情率

不返情率指受配后确定在某一限期内不再发情的母牛数占该限期内与配母牛总数的百分率。不返情率又分为30天、60天、90天、120天不返情率。限期越长，则该比率越靠近实践的受胎率（年）。

X天不返情率=配种X天后未再发情母牛数/配种X天内受配母牛总数×100%

（四）配种指数

配种指数指母牛每次受胎均匀所需的配种次数。若配种指数超过2，则意味着配种没有搞好。

配种指数=受胎母牛配种的总情期数/怀胎母牛头数×100%

（五）产犊率

产犊率是指临盆的母牛数占怀胎母牛数的百分率。

产犊率=产犊母牛数/怀胎母牛总数×100%

（六）产犊指数

产犊指数又称产犊距离或均匀胎距离，即母牛两次产犊之

间的时间间隔，以均匀天数表示，是牛群繁衍力的综合目标。

产犊指数（产犊距离）= 每头牛每两次产犊的距离天数总和/计算内总产犊间隔数

（七）犊牛成活率

犊牛成活率是指出生后 3 个月时成活的犊牛数占产活犊牛数的百分率。由此能够看出犊牛培养的效果。

犊牛成活率 = 生后 3 个月犊牛成活数/总产活犊牛数×100%

二、肉牛的繁殖管理

（一）牛的繁殖特性

1. 初情期　初情期是指母牛初次发情（公牛是出现性行为）和排卵（公牛是能够射出精子）的时间。动物到达初情期，虽然可以产生精子（公牛）或排卵（母牛），但性腺仍在继续发育，没有达到正常的繁殖力，母牛发情周期不正常，公牛精子产量很低。这个时候还不能进行繁殖利用。牛的初情期为 6~12 月龄，公牛略迟于母牛。由于品种、遗传、营养、气候和个体发育等因素，初情期的年龄也有一定的差异。如瑞士黄牛公牛初情期平均为 264 天，海福特牛公牛则平均为 326 天。

公牛的初情期比较难以判断，一般来说是指公牛能够第一次释放精子的时期。在这个时期，公牛常表现出嗅闻母畜外阴、爬跨其他牛、阴茎勃起、出现交配动作等多种多样的性行为，但精子还不成熟，不具有配种能力。

2. 性成熟　性成熟就是指母牛卵巢能产生成熟的卵子，公牛睾丸能产生成熟精子的现象，把这个时期牛的年龄（一般用月龄表示）称为牛的性成熟期。性成熟期的早晚，因品种不同而有差异。培育品种的性成熟比原始品种早，公牛一般为 9 月龄，母牛一般为 8~14 月龄。秦川牛母犊牛性成熟年龄平均为 9. 3 月龄，而公犊则在 12 月龄左右。性成熟并不是突然出现的，而是一个延续若干时间的逐渐发展的过程。

3. 适配年龄　家畜性成熟期配种虽能受胎，但因此期的身体尚未完全发育成熟，即未达到体成熟，势必影响母体及胎儿的生长发育和新生仔畜的存活，所以在生产中一般选择在性成熟后一定时期才开始配种，把适宜配种的年龄称为适配年龄。适配年龄的确定还应根据具体生长发育情况和使用目的而定，一般比性成熟晚一些，在开始配种时的体重应达到其成年体重的 70%左右，体高达 90%，胸围达到 80%。

公、母牛 2~3 岁一般生长基本完成，可以开始配种。一般牛的初配年龄：早熟种 16~18 月龄，中熟种 18~22 月龄，晚熟种 22~27 月龄；肉用品种适配年龄为 16~18 月龄，公牛的适配年龄为 2.0~2.5 岁。

4. 繁殖年限　繁殖年限指公牛用于配种的使用年限或母牛能繁殖后代的年限。公牛的繁殖年限一般为 5~6 年，7 年后的公牛性欲显著降低，精液品质下降，应淘汰；母牛的繁殖年限一般在13~15 岁（11~13 胎），老龄牛产奶性能下降，经济价值降低。

（二）母牛的发情与发情鉴定

1. 母牛的发情周期与排卵

（1）发情周期：发情周期指母牛性活动表现周期性。母牛出现第一次发情以后，其生殖器官及整个机体的生理状态有规律地发生一系列周期性变化，这种变化周而复始，一直到停止繁殖的年龄为止，称为发情的周期性变化。相邻两次发情的间隔时间为一个发情周期。成年母牛的发情周期平均为 21 天（18~25 天）；育成母牛的发情周期平均为 20 天（18~24 天）。根据母牛在发情周期中的生殖道和外部表现的变化，将一个发情周期分为发情期、发情后期、休情期和发情前期。

1）发情期：发情期也叫发情持续期，指从发情开始到发情结束的时期，一般为 18 小时（6~36 小时）。此期母牛表现为性冲动、兴奋、食欲减退等，详细描述见发情鉴定。

2）发情后期：母牛由性冲动而逐渐进入静止状态，表现安

静，卵巢上出现黄体并逐渐发育成熟，孕酮分泌量逐渐增加，此期持续3~4天，有90%的育成母牛和50%的成年母牛从阴道流出少量的血。

3）休情期（间情期）：外观表现为相对生理静止时期，母牛的精神状态恢复正常，黄体由成熟到略微萎缩，孕酮的分泌由增长到逐渐下降，此期为12~15天。

4）发情前期：发情前期是下次发情的准备阶段。随着黄体的逐渐萎缩消失，新的卵泡开始发育，卵巢稍变大，雌激素含量开始增加，生殖器官开始充血，黏膜增生，子宫颈口稍有开放，但尚无性表现，此期持续1~3天。

（2）排卵时间：成熟的卵泡突出卵巢表面破裂，卵母细胞、卵泡液及部分卵细胞一起排出，称为排卵。正确地估计排卵时间是保证适时输精的前提。在正常营养水平下，76%左右的母牛在发情开始后21~35小时或发情结束后10~12小时排卵。

（3）产后发情的出现时间：产后第1次发情距分娩的时间平均为63天（40~110天）。母牛在产犊后如继续哺犊，会有相当数量的个体不发情。在营养水平低下时，通常会出现隔年产犊现象。

（4）发情季节：牛是常年多周期发情动物，正常情况下，可以常年发情、配种。但由于营养和气候因素，我国北方地区，在冬季母牛很少发情。大部分母牛只是在牧草丰盛季节（6~9月）膘情恢复后，集中出现发情。这种非正常的生理反应可以通过提高饲养水平和改善环境条件来改善。

2. 发情鉴定　发情鉴定是通过综合的发情鉴定技术来判断母牛的发情阶段，确定最佳的配种时间，以便及时进行人工授精，达到用较少的输精次数和精液消耗量，最大限度地提高配种受胎率的目的。通过发情鉴定，不仅可以判断母牛是否发情以及发情所处的阶段，以便适时配种，提高母牛的受胎率，降低空怀率，而且可以判断母牛的发情是否异常，以便发现问题，及时预防，同时也可为妊娠诊断提供参考。

（1）外部观察法：母牛外表兴奋，举动不安；尤其在圈舍内表现得更为明显。经常哞叫，眼光锐利，感应刺激性提高；岔开后腿，频频排尿；食欲减退，反刍的时间减少或停止，在运动场成群放牧时，常常爬跨其他牛，也接受其他牛爬跨。被爬跨的牛如发情，则站着不动，并举尾；如不是发情牛，则弓背逃走。发情牛爬跨其他牛时，阴门搐动并滴尿，具有与公牛交配的动作。其他牛常嗅发情牛的阴唇，发情母牛的背腰和尻部有被爬跨所留下的泥土、唾液，有时被毛弄得蓬松不整，外阴部肿大充血，在尾上端阴门附近，可以看出黏液分泌物的结痂，或有透明黏液在阴门流出。发情强烈的母牛，体温略有升高（升高0.7~1℃）。

母牛的发情表现虽有一定的规律性，但由于内外因素的影响，有时表现不大明显或欠规律性。因此，在用外部观察法判断发情的同时，对于看似发情但又不能肯定的征状不太明显的母牛，可结合直肠检查法或其他方法进一步诊断。

（2）试情法：用公牛或喜爱爬跨的母牛对母牛进行试情，根据母牛性欲反应以及爬跨情况来判断母牛的发情程度。此法简单易行，特别适用于群牧的繁殖牛群。为了清楚判断试情情况，需要给公牛或母牛安装特殊的颜料标记装置：一种是颌下钢球发情标志器。该装置由一个具有钢球活塞阀的球状染料库固定于一个扎实的皮革笼头上构成，染料库内装有一种有色染料。使用时，将此装置系在试情公牛的颌下，当它爬跨发情母牛的时候，活动阀门的钢球碰到母牛的背部，染料库内的染料流出，印在母牛的背上，根据此标志便可得知该母牛已发情，即被爬跨。另一种是卡马氏发情爬跨测定器。该装置是由一个装有白色染料的塑料胶囊构成的。用时，先将母牛尾根上的皮毛洗净并梳刷，再将此鉴定器黏着于牛的尾根上。黏着时，注意塑料囊箭头要向前，不要压迫胶囊，以免使其变为红色。当母畜发情时，试情公畜爬

于其上并施加压力于胶囊上，胶囊内的染料由白色变为红色，根据颜色变化程度来推测母畜接受爬跨的安定程度。

当然，除安装标记装置外，结合自己的实际情况，在没有以上装置时，也可以就简处理。例如，有的用粉笔涂擦于母牛的尾根上，如母牛发情时，公牛爬跨其上而将粉笔擦掉。有的在试情公牛的胸前涂以颜色，放在母牛群中，凡经爬跨过的发情母牛，可在尾部或背部留下标记。

(3) 直肠检查法：一般正常发情的母牛外部表现明显，排卵有一定规律。但由于品种及个体间的差异，不同的发情母牛排卵时间可能提前或延迟。为了正确确定牛发情时子宫和卵巢的变化，除进行试情及外部观察外，还需进行直肠检查。

操作方法如下：首先对被检母牛安全保定，一般可在保定架内进行，以确保人畜安全。检查者要把指甲剪短磨光，洗净手臂并涂上润滑剂。术者先用手抚摸肛门，然后将五指并拢成锥状，以缓慢的旋转动作伸入肛门，掏出粪便；再将手伸入肛门，手掌展平，掌心向下，按压抚摸；在骨盆腔底部，可摸到一个长圆形质地较硬的棒状物，即为子宫颈；再向前摸，在正前期方可摸到一个浅沟，即为角间沟；沟的两旁为向前下弯曲的两侧子宫角，沿着子宫角大弯向下稍向外侧，可摸到卵巢。用手指检查其形状、粗细、大小、反应以及卵巢上卵泡的发育情况来判断母牛的发情情况。

发情母牛子宫颈稍大，较软。由于子宫黏膜水肿，子宫角也增大，子宫收缩反应比较明显，子宫角坚实；不发情母牛，子宫颈细而硬，而子宫较松弛，触摸不那么明显，收缩反应差。

大型、中型成年母牛的卵巢长 3.5~4.0 厘米，宽 1.5~2.0 厘米，高 2.0~2.5 厘米，成年母牛的卵巢较育成牛大。卵巢的表面有小突起，质地坚实。卵巢中的卵泡形状光而圆，发情最大时的直径，中型以上母牛为 2.0~2.5 厘米。实际上，卵泡埋于卵巢中，它的直径比所摸到的要大。发情初期卵泡直径为 1.2~

1.5厘米，其表面突出光滑，触摸时略有波动。在排卵前6~12小时，由于卵泡液的增加，卵泡紧张度增加，卵巢体积也有所增大。到卵泡破裂前，其质地柔软，波动明显。排卵后，原卵泡处有不光滑的小凹陷，以后就形成黄体。

母牛在发情的不同时期，卵巢上卵泡的发育表现出不同的变化规律。卵泡发育一般分为五个时期，见表5-1。

表5-1　母牛在发情的不同时期卵泡发育变化规律

时期	变化规律
Ⅰ（卵泡出现期）	卵巢稍增大，卵泡直径为0.5~0.75厘米，触诊时为软化点，波动不明显。母牛在这时已开始出现发情
Ⅱ（卵泡发育期）	卵泡增大到1~1.5厘米，呈小球状，波动明显。此期母牛发情外部表现出明显—强烈—减弱—消失过程，全期10~12小时
Ⅲ（卵泡成熟期）	卵泡大小不再增大，卵泡壁变薄，弹性增强，触摸时有一压即破的感觉，此期6~8小时。这时，发情表现完全消失
Ⅳ（排卵期）	卵泡破裂，排卵，泡液流失，泡壁变为松软，成为一个小的凹陷
Ⅴ（黄体形成期）	排卵6小时后，原来卵泡破裂处，可摸到一个柔软的肉样突体，这是黄体，以后黄体呈不大的面团块突出于卵巢表面

直肠检查时，要注意卵泡与黄体的区别，卵泡的成长过程是进行性变化，由小到大，由硬到软，由无波动到有波动，由无弹性到有弹性。而黄体则是退行性变化，发育时较大、较软，到退化时期愈来愈小，愈来愈硬。正常的卵泡光滑，与卵巢连接处无界线，而黄体像一个条状突起，突出于卵巢表面，与卵巢连接处有明显的界线。

（4）阴道检查法：用开膣器打开母牛阴道观察阴道黏膜的颜色和湿润程度是检查母牛发情与否的一种方法。发情母牛阴道黏膜充血潮红，表面光滑湿润，子宫颈外口充血，松弛，柔软开张，排出大量的透明黏液，呈很长的黏液线垂于阴门之外，不易扯断。发情初期黏液较稀薄，随着发情时间的推移，逐渐变稠，

量也由少变多；到发情后期，黏液量逐渐减少且黏性差。不发情的母牛阴道黏膜苍白、干燥，子宫颈口紧闭。

操作的具体方法：保定好待检母牛，把尾巴用绳子拴向一边，外阴用0.1%的新洁尔灭溶液清洗消毒后用干净纱布揩干。把消毒过的开膣器轻轻插入母牛阴道，打开开膣器后，通过反光镜或手电筒光线检查阴道变化。应特别注意阴道黏膜的色泽及湿润程度，子宫颈部的颜色和形状，黏液的量、黏度和气味，以及子宫颈管开张程度。在整个操作过程中，消毒要严密，操作要仔细，防止粗暴。

（5）激素测定法：母牛在发情时，孕酮水平降低，雌激素水平升高。应用酶免疫测定技术或放射免疫测定技术测定血液、奶样或尿中雌激素或孕激素水平，便可进行发情鉴定。目前，国外已有十余种发情鉴定或妊娠诊断用酶免疫测定试剂盒供应市场，操作时只需按说明书介绍加适量的受检牛血样、奶样或尿样以及其他试剂，根据反应液颜色可方便地进行发情鉴定。

（6）抹片法：对发情牛的子宫颈黏液进行抹片镜检，呈羊齿植物状结晶花纹，花纹较典型，长而整齐，并且保持时间较久，达数小时以上，其他杂质如白细胞、上皮细胞等很少，这是发情盛期的表现。如结晶结构较短，呈现金鱼藻或星芒状，且保持时间较短，白细胞较多，这是进入发情末期的标志。因此，根据子宫颈黏液抹片的结晶状态及其保持时间的长短可判断发情的时期，但并非完全可靠。

3. 异常发情　母牛异常发情多见于初情期后、性成熟前以及繁殖季节开始阶段，也有因营养不良、内分泌失调、疾病以及环境温度突然变化等引起异常发情。常见有以下几种。

（1）隐性发情：这种发情外部症状不明显，难以看出，但卵巢上的卵泡正常发育成熟而排卵。母牛产后第1次发情，年老体弱的母牛或营养状况差时易发生隐性发情。在生产实践中，当发现母牛连续两次发情之间的间隔相当于正常发情间隔的2~3

倍时，即可怀疑中间有隐性发情。

（2）短促发情：由于发育的卵泡迅速成熟并破裂排卵，也可能是卵泡突然停止发育或发育受阻而缩短了发情期。如不注意观察，就极容易错过配种期。此种现象与炎热气候有关，多发生在夏季，也与卵泡发育停止或发育受阻有关。年老体弱母牛或初次发情的青年牛易发生。

（3）假发情：假发情母牛只有外部发情明显征状，但卵巢上无卵泡发育和不排卵，又分为两种情况：一种是母牛怀孕后又出现爬跨其他牛的现象，而阴道检查发现子宫颈口不开张，无松弛和充血现象，无发情分泌物，直肠检查能摸到子宫增大和胎儿等特征；另一种是患有卵巢机能失调或有子宫内膜炎的母牛，也常出现假发情。

（4）持续发情：持续发情是发情频繁而没有规律性。发情时间超过正常发情周期或明显短于正常发情周期。主要是排卵不规律，生殖激素分泌紊乱所致，它分两种情况：一种情况是由卵巢囊肿而引起，这种母牛有明显发情征状，卵巢上有卵泡发育，但迟迟不成熟，不能排卵，而且继续增大、肿胀，甚至造成整个卵巢囊肿，充满卵泡液。由于卵泡过量分泌雌激素而使母牛持续发情。另一种情况是卵泡交替发育，即左右两个卵巢交替出现卵泡发育，交替产生大量雌激素而使母牛延续发情。持续发情时发情持续期延长，有的母牛可以长达 3 天以上。

（5）不发情：母牛不发情原因很多，有些是营养不良或气候因素影响，有些是母牛生殖器官先天性缺陷，有些是母牛卵巢、子宫疾病或其他疾病而引起。此外，产后哺乳期母牛一般发情较迟，对不发情母牛应该仔细检查，从加强饲养管理和治疗疾病两方面采取措施。

4. 影响母牛发情的因素　见表 5-2。

表 5-2 影响母牛发情的因素

自然因素	母牛一年四季均可发情，但发情持续时间的长短受到气候因素的影响。高温季节，母牛发情持续期明显比其他季节短
营养水平	营养水平对于牛的初情期和发情影响很大。自然环境对牛发情持续期的影响，从某种程度上来说是由营养水平变化导致的。一般情况下，良好的饲养水平可提高牛的生长速度，促使牛的体成熟，也可加强牛的发情表现。但营养水平过高，牛过肥则会导致发情特征不明显或间情期长
饲草种类	在牛采食的饲料中，有些植物可能有某种物质，影响牛的初情期和经产牛的再发情。如豆科牧草中含有一种植物雌激素，当母牛长期采食豆科牧草，母牛流产率增多，乳房及乳头发达，导致牛繁殖力降低
饲养管理	母牛产前、产后分别饲喂低、高能饲料可以缩短第一次发情间隔。如果产前喂以足够的能量饲料而产后喂以低能量饲料，则第一次发情间隔延长，有一部分牛在产犊后长时期内不发情。同时尽可能采取提早断奶法，让母牛提前发情

（三）母牛的配种时间和方法

1. 配种时间 母牛适宜输精时间在发情开始后 9~24 小时，2 次输精间隔 8~12 小时。因为通常母牛发情持续期 18 小时，母牛在发情结束后 10~15 小时排卵，卵子存活时间 6~12 小时，卵子到受精部位需 6 小时，精子进入受精部位 0. 25~4 小时，精子在生殖道内保持受精能力 24~50 小时，精子获能时间需 20 小时。

母牛多在夜间排卵，生产中应夜间输精或清晨输精，避免气温高时输精，尤其在夏季，以提高受胎率。由于老、弱母牛发情持续期短，配种时间应适当提前。

母牛产后第 1 次发情一般在 40 天左右或 40 天以上，这与营养状况有很大关系。一般产后第 2~4 个发情期（即产犊后60~100 天）配种，易受胎，应抓紧时机及时配种。

2. 配种方法 配种方法有自然交配和人工授精。

（1）自然交配：自然交配又称本交，指公、母牛之间直接交配。这种方法公牛的利用率低，购牛价高，饲养管理成本也高，且易传染疾病，生产上不宜采用。随着科技的发展，自然交配已被人工授精替代。

（2）人工授精：在我国大面积开展黄牛改良的工作中，母牛的人工授精技术已成为养牛业的现代科学繁殖技术，并且已在全国范围内广泛推广应用。人工授精技术是人工采集公牛精液，经质量检查并稀释、处理和冷冻后，再用输精器将精液输入母牛的生殖道内，使母牛排出的卵子受精后妊娠，最终产下牛犊。人工授精技术应用，提高了优良公牛的配种效率（一头公牛可配6 000~12 000头母牛）、加速了母牛育种工作进程和繁殖改良速度（使用优质肉公牛可以生产出优良的后代）、提高了配种母牛的受胎率、避免了生殖器官直接接触造成的疾病传播。

（四）牛的人工授精操作

1. 采精 只有认真做好采精前的准备，正确掌握采精技术，科学安排采精频率，才能获得量多质优的精液。

（1）采精前的准备：

1）采精场地准备：采精要有一定的采精环境，以便使公牛建立起巩固的条件反射，同时防止精液污染。采精场应选择或建立在宽敞、平坦、安静、清洁的房子中，不论什么季节或天气均可照常进行工作，温度易控制。采精室应明亮、清洁、地面平坦防滑，宜采用水泥地面，并铺设防滑垫，室内设有采精架以保定台牛或设立假台牛，供公牛爬跨进行采精。室内采精场的面积一般为10米×10米，并附设喷洒消毒和紫外线照射杀菌设备。

2）假阴道准备：假阴道是一筒状结构，主要由外壳、内胎和集精杯三部分组成。外壳为一硬橡胶圆筒，上有注水孔；内胎为弹性强、薄而柔软无毒的橡胶筒，装在外壳内，构成假阴道内壁；集精杯由暗色玻璃或塑料制成，装在假阴道的一端。外壳和内胎之间装温水和吹入空气，以保持适宜的温度（38~40℃）和压力。

用前进行检查、安装、保温（37~40℃）备用。假阴道安装步骤如下：首先安装内胎及消毒。将内胎放入外壳，使露出两端的内胎长短相等，翻转在外壳上，以胶圈固定。用65%~70%的乙醇按照先集精瓶端后阴茎入口的顺序擦拭。在采精前，用生理盐水冲洗，最后装上集精杯，然后注水。将假阴道直立，水面达到中心注水孔即可，采精时内胎温度应达到40℃再涂润滑剂。润滑剂多用灭菌的白凡士林，早春或冬季可用比例为2∶1的白凡士林与液状石蜡的混合剂。涂抹深度约为假阴道全长的1/2；最后调节压力。从活塞注入空气，使假阴道入口闭合为放射状三条缝时才算适度。

假阴道每次使用后应清洗干净，并用75%乙醇或紫外线灯进行消毒。玻璃及金属器械有条件地方可用高压灭菌锅消毒。

3）台牛准备：台牛可用发情母牛、去势公牛。采精前，台牛臀部、外阴部和尾部必须消毒，顺序是：先用2%来苏儿溶液擦拭，然后用净水冲洗、擦干。采精时，台牛要固定在采精架内，保持周围环境安静。

用假台牛采精则更为方便且安全可靠。假台牛可用木材或金属材料制成，要求大小适宜，坚实牢固，表面柔软干净，用牛皮伪装。用假台牛采精，应先对公牛进行调教，使其建立条件反射。

4）种公牛准备：平时种公牛的饲养管理要良好。采精前用温水对种公牛阴筒、龟头和下腹部进行冲洗并消毒。若阴筒周围有长毛，应进行修剪。

5）采精人员准备：采精人员技术熟练，要相对固定，这样可熟悉种公牛的个体习性，使种公牛射精充分。

（2）采精技术：一种理想的采精方法，应具备下列四个条件：可以全部收集公牛一次射出的精液；不影响精液品质；公牛生殖器官和性功能不会受到损伤或影响；器械用具简单，使用方便。公牛多采用假阴道法采精。假阴道法是利用模拟母牛阴道环境条件的人工阴道，诱导公牛射精而采集精液的方法。

采精员站于台牛的右后侧。公牛爬跨时，采精员右手持假阴道以与地面成30度固定在台牛臀部，左手握公牛包皮，将阴茎导入假阴道，让其自然插入射精，射精后随公牛下落，让阴茎慢慢回缩自动脱落。采精前可使公牛空爬1~2次。

利用假台牛采精时，最好是将假阴道安放到假台牛后躯内，种公牛爬跨假台牛而在阴道内射精，这是一种比较安全而简单的方法。但实践中常采用手持假阴道采精法。采精时将公牛引至台牛后面，采精员站在台牛后部右侧，右手握持备好的假阴道，当公牛爬跨台牛而阴茎未触及台牛时，迅速将阴茎导入假阴道（呈35°左右的角度）内即可射精。射精后，将假阴道的集精杯端向下倾斜，随公牛下落，让阴茎慢慢回缩自动脱出；阴茎脱出后，将假阴道直立、放气、放水，送化验室对精液进行检查，合格后稀释。

值得注意的是，公牛对假阴道的温度比压力更为灵敏，因此温度要更准确。而且公牛的阴茎非常敏感，在向假阴道内导入阴茎时，只能用掌心托着包皮，切勿用手直接抓握伸出的阴茎。同时，牛交配时间短促，只有数秒钟，当公牛向前一冲后即行射精。因此，采精动作力求迅速敏捷准确，并防止阴茎突然弯折而损伤。

（3）采精频率：采精频率是指每周对公牛的采精次数。为了最大限度地采集公牛精液，同时又要维持其健康体况和正常生殖功能，必须合理安排采精频率。1头种公牛1周内采精次数在2~3次，或1周采1次，但需连续采取2个批次射精量。对于科学饲养管理的体壮公牛，每周采精6次不会影响其繁殖力。青年公牛采精次数应酌减。随意增加采精次数，不仅会降低精液品质，而且会造成公牛生殖功能降低和体质衰弱等不良后果。

2. 精液品质检查 通过精液品质的检查，可断定精液品质的优劣以及在稀释保存过程中精液品质的变化情况，以便决定能否用于输精或冷冻，精液品质检查主要项目如下。

（1）外观和精液量：牛精液正常颜色呈乳白色或乳黄色。精液量一般为3~10毫升。刚采下的牛精液密度大，精子运动翻滚如云，俗称“云雾状”，云雾状越显著，表明牛精子活力越高、密度越大。

（2）精子密度：测定精子密度的简单方法是取1滴新鲜精液在显微镜下观察。将精子密度分为密（精子之间没有什么空隙，精子之间距离小于1个精子长度）、中（精子之间有一定空隙，其距离大约等于1个精子的长度）、稀（精子之间距离较大，大于1个精子的长度）。

另一种较精确的方法是，用细胞计数仪来计算精子数，以确定精子密度。牛的每毫升精液中含精子数12亿个以上为密，8亿~12亿个为中，8亿个以下为稀。

还有一种较好的方法，是利用光电比色计，根据精子浓度越大透光性越差的特点，与标准管进行比较，能迅速准确地测出精子浓度。

（3）精子活率：评定精子活率有两种方法：第1种是评分法，用直线前进运动的精子占总精子数的百分比来表示。具体方法：在38~40℃以下，用400倍显微镜进行观察。直线前进运动的精子占精子数90%的为0.9，80%的为0.8，依此类推。牛新鲜精液活率在0.4以下，冷冻精液在0.3以上才能用以受精。第2种是精子染色法。具体方法：用苯胺黑、伊红作染料，活精子不着色，死精子着色，据此计算死、活精子的百分数。

（4）精子形态检查：精子形态正常与否同受精率有密切关系。畸形精子和顶体异常精子都无受精能力，畸形精子过多则受精能力降低，死胎怪胎增多。

1）畸形率：畸形率指精液中畸形精子所占的比例。凡是形态不正常的精子均为畸形精子，如无头、无尾、双头、双尾、头大、头小、尾部弯曲等。这些畸形精子都无受精能力，检查方法是将1滴精液置于载玻片的一端，用另一边缘整齐的盖玻片呈

30°~60°角把精液推成均匀的抹片。待干燥后，用0.5%甲紫乙醇溶液染色2~3分钟，用水冲洗。干燥后，在400倍以上高倍显微镜下计数500个精子；计算畸形精子百分率。牛正常精液畸形率不得越过18%。

2）顶体异常率：正常精子的顶体内含有多种与受精有关的酶类，在受精过程中起着重要作用。顶体异常的精子失去受精能力。顶体异常一般表现有膨胀、缺损、部分脱落、全部脱落等情况。顶体异常发生的原因可能与精子生成过程不正常或副性腺分泌物不良有关，尤其射出的精子遭受低温打击和冷冻伤害所致。正常情况下，牛的顶体异常率不超过6%。

3. 精液的稀释和保存 精液稀释后，增加了精液量，提高优良种公牛的利用率。如1次采出4~6毫升精液，按原精液进行输精，1头母牛的输精量为1毫升，只能输4~6头母牛。稀释后可以输50~160头母牛。稀释液中含有营养物质和缓冲物质，可以补充营养及中和精子代谢产物，防止精子受低温打击，延长精子存活时间。

（1）稀释液配制原则和稀释比例：配制稀释液原则上是现用现配。如隔日使用和短期保存（1周），必须严格灭菌、密封，放在冰箱中0~5℃保存，但卵黄、抗生素、酶类、激素等物质，必须在使用前添加，配制稀释液用水应为新鲜的蒸馏水或重蒸水。药品最好用分析纯级别的，称量药品必须准确，应充分溶解、过滤、消毒。所用的应是新鲜鸡蛋的卵黄。所有配制用品都必须认真清洗和严格消毒，抗生素和卵黄等必须在稀释液冷却后加入。

精液稀释比例主要按采得精液的精子密度和活率确定，以保证解冻后每个输精剂量所含的直线前进的精子数不低于标准要求。牛的精液一般稀释比例为1：（10~40）；精子密度在25亿以上的精液可以1：（40~50）的比例稀释。

（2）精液稀释方法：精液在稀释前首先检查其活率和密度，

然后确定稀释倍数。将精液与稀释液同时置于30℃左右的恒温箱或水浴锅内进行短暂的同温处理，稀释时将稀释液沿器皿壁缓慢加入，并轻轻摇动，使之混合均匀。如作高倍稀释（20倍以上）时，则分两步进行，先加入稀释液总量的1/3~1/2，混合均匀后再加入剩余的稀释液。稀释完毕后，再进行活率、密度检查，如活率与稀释前一样，则可进行分装、保存。

（3）精液的常温保存：常温保存的温度一般是15~25℃。春、秋季可放置在室内，夏季也可置于地窖或用空调控制的房间内，故又称室温保存或变温保存。牛常温保存稀释液配方见表5-3。

表5-3　牛常温保存稀释液配方

	伊利尼变温稀释液（1）	康乃尔大学稀释液	乙酸稀释液（2）
基础液			
碳酸氢钠/克	0.21	0.21	
二水枸橼酸钠/克	2	1.46	2
氯化钾/克	0.04	0.04	
磺乙酰胺钠/克			0.012 5
葡萄糖/克	0.3	0.3	0.3
氨基乙酸/克		0.937	1
氨苯磺胺/克	0.3	0.3	
甘油/毫升			1.25
蒸馏水/毫升	100	100	100
稀释液			
基础液（容量/%）	90	80	79
2.5%己酸（容量/%）			1
卵黄（容量/%）	10	20	20
青霉素（国际单位/毫升）	1 000	1 000	1 000

续表

	伊利尼变温稀释液（1）	康乃尔大学稀释液	乙酸稀释液（2）
双氢链霉素（微克/毫升）	1 000	1 000	
硫酸链霉素（微克/毫升）			1 200
氯霉素/%			0. 000 5

注：（1）充二氧化碳 20 分钟，使 pH 值调至 6. 35；（2）稀释液配好后充氮 20 分钟

（4）精液的低温保存：低温保存的温度是 0～5℃。一般将稀释好的精液置于冰箱或广口保温瓶中，在保存期间要保持温度恒定，不可过高或过低。操作时注意严格遵守逐步降温的操作规程，防止低温打击（冷休克）。具体操作方法是先将装入稀释后精液的容器用数层纱布或药棉包裹好，然后置于 0～5℃的低温环境中。牛低温保存常用稀释液配方见表 5-4。

表 5-4 牛低温保存常用稀释液配方

	葡—柠—卵液	葡—氨—卵液	葡—柠—奶—卵液
基础液			
二水枸橼酸钠/克	1. 40		1. 00
奶粉/克			3. 00
葡萄糖/克	3. 00	5. 00	2. 00
氨基乙酸/克		4. 00	
蒸馏水/毫升	100	100	1 000
稀释液			
基础液（容量/%）	80	70	80
卵黄（容量/%）	20	30	20
青霉素（u/毫升）	1 000	1 000	1 000
双氢链霉素（微克/毫升）	1 000	1 000	1 000

（5）冷冻精液的制作和保存。

1）鲜精要求：将新鲜的精液置于30℃环境中，迅速准确检查每头种公牛精液品质。其品质优劣与冷冻效果密切相关，牛冷冻精液国家标准要求鲜精，精子活率（下限）65%，精子密度（下限）8亿/毫升，精子畸形率（上限）15%。

2）精液稀释：牛精液冷冻保存稀释液见表5-5。

表5-5　牛精液冷冻保存稀释液

细管冻精稀释液	基础液：2.9%枸橼酸钠100.0毫升，卵黄10.0毫升；稀释液：取基础液41.75毫升，加果糖2.5克，甘油7.0毫升
	脱脂牛奶82.0毫升，卵黄10.0毫升，甘油8.0毫升
颗粒冻精稀释液	12.0%蔗糖液75.0毫升，卵黄20.0毫升，甘油5.0毫升
	2.9%枸橼酸钠液73.0毫升，卵黄20.0毫升，甘油7.0毫升

注：所有稀释液每100毫升中添加青霉素、链霉素至少各5万~10万国际单位，现配现用。配方中所用试剂应为化学纯级，水用双蒸水

冷冻前的精液稀释方法见表5-6。

表5-6　冷冻前的精液稀释方法

	操作步骤
1次稀释法	按常规稀释精液的要求，将精液冷冻保存稀释液按比例1次加入
2次稀释法	效果较好，但操作较为烦琐，常用于细管冷冻精液。2次稀释法的处理，一般将采集的精液先用不含甘油的基础液稀释至最终稀释倍数的1/2，经1小时缓慢降温至5℃，然后再用含甘油的基础液在同温下做等量的第2次稀释。加入稀释液时可采用1次或多次加入或缓慢滴入等方法。经稀释的精液应取样检测其精子活率，要求不应低于原精的精子活率

3）精液分装：目前冷冻精液的分装，一般采用颗粒、细管两种方法，亦称剂型。颗粒剂型是将处理好的稀释精液直接进行降温平衡，不必分装；细管剂型目前多采用0.25毫升、0.5毫升耐冻无毒塑料细管，有些大型种公牛站多采用自动细管冻精分装装置一次完成灌封、标记。对细管精液进行标记，可用喷墨印刷

机在塑料细管上印字和采用不同颜色的塑料细管来完成。

4）降温和平衡：为了使精子免受低温打击造成的损害，采用缓慢降温的冻前处理，即将稀释后由精液30℃以上温度，经1小时缓慢降温至3~5℃，具体降温处理方法：将盛装稀释精液的试管封好管口，置于30℃水温的烧杯内，一起送至冰箱内或盛装精液的试管或细管用6~8层纱布或毛巾包裹好放入冰箱内，使精液在冰箱内3~5℃环境中进行降温、平衡。

平衡是指将经缓慢降温后的精液，放在一定的温度下预冷，经历一定时间，经过平衡处理后的精液可增强冻结效果，其机制尚不清楚。有关平衡处理的温度和时间也尚不统一。欧美各国通常为4~5℃，俄罗斯多主张在0℃；还有人主张在-5℃下进行，时间2~4小时；我国一般平衡温度为3~5℃，降温、平衡时间3~4小时。

5）冷冻：一般是将液氮盛于广口保温瓶或广口液氮容器内，在液氮面上约1厘米处悬置一个铜纱网或其他冻精器材。利用液氮蒸发的冷气（其温度维持在1~11℃）冷却冻精器材和冻结经平衡的精液，制作冷冻精液，冷冻过程中的降温速率，通过调节精液与液氮面的距离和时间来加以控制。冷冻操作过程见表5-7。

表5-7 精液冷冻操作

细管精液冷冻	将经平衡的细管精液平铺摆放在纱网上，停留5~10分钟冻结，最后将合格的冻精移入液氮内储存。目前国内大型种公牛站使用电脑程序控制降温速冻装置，将经平衡的细管精液摆在排放细管架上，放于低温操作柜中，由电脑程序自动控制精液的降温速率，具有很好的冷冻效果
颗粒精液冷冻	先将灭菌的铜纱网（或灭菌铝饭盒盖）悬置液氮面上一定距离，使之冷却并维持在-110~-80℃，或者用经液氮浸泡5分钟冷却的灭菌聚四氟乙烯塑料凹板漂浮液氮面上。然后迅速将平衡后的精液按剂量整齐地滴于网（板）上，停留5分钟熏蒸冻结，当精液颜色变白时浸入液氮内。最后将镜检合格的颗粒冻精，收集在有标记（品种、牛号、精液数量、生产日期、精液品质等）的灭菌纱布袋内，每一包装50粒或100粒，移入液氮内保存。在制作冷冻精液过程中，动作要快而准，严格控制好精液冻结的降温速率，以求达到最佳的冻结效果。此外，每冻一批冷冻精液，必须随机取样检验，只有合格的冷冻精液才能长期储存

6）冷冻精液的保存：制作的冷冻精液，要存放于盛有液氮的液氮罐内保存和运输。液氮的温度为-196℃，精子在这样低的温度下，完全停止运动和新陈代谢活动，处于几乎不消耗能量的休眠状态之中，从而达到长期保存的目的。

技术人员将抽样检查合格的各种剂型的冷冻精液，分别妥善包装以后，还要做好品种、种牛号、冻精日期、剂型、数量等标记。然后放入超低温的液氮内长期保存备用，在保存过程中必须坚持保存温度恒定不变、精液品质不变的原则以达到精液长期保存的目的。

冻精取放时，动作要迅速，每次最好控制在 5～10 秒，并及时盖好容器塞，以防液氮蒸发或异物进入。在液氮中提取精液时，切忌把包装袋提出液氮罐口外，而应置于罐颈之下。

液氮易于气化，放置一段时间后，罐内液氮的量会越来越少，如果长期放置，液氮就会耗干。因此，必须注意罐内液氮量的变化情况，定期给罐内添加液氮，不能使罐内保存的细管精液或颗粒精液暴露在液氮面上，平时罐内液氮的容量应达到整个罐的 2/3 以上。拴系精液包装袋的绳子切勿相互绞缠，以免使精液未能浸入液氮内而长时间悬吊于液氮罐中。

7）冷冻精液的运输：冷冻精液需要运输到外地时，必须先查验一下精子的活力，并对照包装袋上的标签查看精子出处、数量，做到万无一失后方可进行运输。应有专人负责，办好交接手续，附带运输精液的单据。选用的液氮罐必须具有良好保温性能，不露气、不露液。运输时应加满液氮，罐外套上保护外套。装卸应轻拿轻放，不可强烈振动，以免把罐掀倒。此外，防止液氮罐被强烈的阳光暴晒，以减少液氮蒸发。

8）液氮罐的使用及保护：液氮罐是长期储存精液的容器，为了使其中存放的精液质量不受影响，我们必须学会使用液氮罐并进行定期管护。日常要将液氮罐放置在干燥、避光、通风、阴凉的室内。不能倾斜，更不能倒伏，要稳定安放，不要随意四处挪动。要精心爱护、随时检查，严防乱碰乱摔容器的事故发生。

4. 输精

（1）输精前准备：牛用玻璃或金属输精器可用蒸汽、75%乙醇或放入高温干燥箱内消毒；输精胶管因不宜高温，可用乙醇或蒸汽消毒。每头母牛准备一支输精器。输精器在使用前用稀释液冲洗2次。

（2）母牛准备：将接受输精的母牛固定在六柱栏内，尾巴固定于一侧，用0.1%新洁尔灭溶液清洗消毒外阴部，再用乙醇棉球擦拭。

（3）输精员安排：输精员要身着工作服，指甲需剪短磨光，戴一次性直肠检查手套或手臂洗净擦干后用75%乙醇消毒，待完全挥发干后再持输精器。

（4）精液的解冻与检查：

1）颗粒冻精的解冻：颗粒冻精解冻的稀释液要另配，解冻前先要配制解冻稀释液，一般常用的是2.9%柠檬酸溶液、维生素B_{12}（0.5毫升）溶液、葡柠液（葡萄糖3%、二水枸橼酸钠1.4%）。各种解冻液均可分装于玻璃安瓿中，经灭菌后长期备用。解冻时，先取1~1.5毫升解冻液放入小试管内，在40℃水浴中经2~3分钟后投入1或2粒精液颗粒。待融化1小时，即取出精液试管，在常温下轻轻摇动至完全解冻后检查评定精子活率，然后进行输精。

2）细管精液的解冻：细管冷冻精液不需要解冻稀释液。操作方法有4种：第一种是由液氮罐内迅速取出一支细管冷冻精液，立即投入40℃温水中；第二种是放在室温下自然融化；第三种是握在手中或装在衣袋里靠体温融化；第四种是将冷冻细管精液装在输精器上直接输精，靠母牛阴道和子宫颈温度来融化。细管精液品质检查可按批抽样测定，不需每支精液均做检查。

3）冷冻精液的检查：冷冻精液质量的检查，一般是在解冻后进行。其主要指标有精子活率、精子密度、精子畸形率及顶体

完整率和存活时间等。要求各项指标符合用于输精冷冻精液的要求，方可用于配种，否则弃之。牛冷冻精液的国家标准（GB 4143—2008）主要指标如表 5-8 所示。

表 5-8　牛冷冻精液国家标准

剂型	细管、颗粒和安瓿
剂量	细管：中型 0.5 毫升；微型 0.25 毫升；颗粒 0.1 毫升±0.01 毫升；安瓿 0.5 毫升
精子活力	解冻后的活力指呈直线前进运动的精子百分率（下限）30%，即 0.3；精子复苏率（下限）50%
每一剂量解冻后呈直线前进运动的精子数	细管：每支（下限）1 000 万个；颗粒：每粒（下限）1 200 万个；安瓿：每支（下限）1 500 万个
解冻后的精子畸形率	（上限）20%
解冻后的精子顶体完整率	（下限）40%
解冻后的精液无病原性微生物	每毫升中细菌菌落数（上限）1 000 个
解冻后的精子存活时间	在 5～8℃储存时（下限）为 12 小时，在 37℃储存时（下限）4 小时

4）精液解冻注意事项：一是冷冻精液宜临用时现解冻，立即输精。解冻后至输精之间的时间，最长不得超过 2 小时，其中细管冻精应在 1 小时之内，颗粒冻精应在 2 小时之内；二是解冻时，事先预热好解冻试管及解冻液，再快速由液氮容器内取出 1 粒（支）冻精，尽快融化解冻；三是在解冻中切忌精液内混入水或其他不利精子生存的物质，同时避免刺激气味（如农药）等对精子的不良影响；四是解冻时要恰当掌握冷冻精液的融化程度，不能时间过长，否则会影响精子的受精能力；五是需要冷冻精液解冻后做短时间保存时，应采用含卵黄的解冻液，以 10～15℃水温解冻，逐渐降到 2～6℃环境中保存。保存温度要恒定，切忌温度升高。精液解冻后必须保持所要求的温度，严防在操作过程中温度出现回升或回降。冷冻精液解冻后不宜存放时间过

长，应在 1 小时内输精。

5. 输精适期 冷冻精液输入母牛生殖道以后，其存活时间大大缩短。这就给选定输精时机提出了更高的要求。输精时间过早，待卵子排出后，精子已衰老死亡；输精过晚，排卵后输精的受胎率又很低。所以使用冷冻精液输精的时间应当比使用新鲜精液适当推迟一些，输精间隔时间也应短一些。母牛输精时机掌握在发情中后期，发现母牛接受爬跨静立不动后 8～12 小时输精。生产实践中一般这样掌握：早晨（9 时以前）发情的母牛，当天晚输精；中午前后发情的母牛，当天晚输精；下午（2 时以后）发情的母牛，次日早晨输精。

6. 输精方法 目前给牛输精常用的方法是直肠把握子宫颈输精法。术者左手臂上涂擦润滑剂后，左手呈楔形插入母牛直肠，触摸子宫、卵巢、子宫颈的位置，并令母牛排出粪便，然后消毒外阴部。为了使输精器在插入阴道前不被污染，可先使左手四指留在肛门后，向下压拉肛门下缘，同时用左手拇指压在阴唇上并向上提拉，使阴门张开，右手趁势将输精器插入阴道。左手再进入直肠，摸清子宫颈后，左手心朝向右侧握住子宫颈，无名指平行握在子宫颈外口周围。这时要把子宫颈外口握在手中，假如握得太靠前会使子宫颈口游离下垂，造成输精器不易对上子宫颈口。右手持装有精液的输精器，向左手心中深插，输精器即可进入子宫颈外口。然后，多处转换方向向前探插，同时用左手将子宫颈前段稍作抬高，并向输精器上套。输精器通过子宫颈管内的硬皱襞时，会有明显的感觉。当输精器一旦越过子宫颈皱襞，立即感到畅通无阻，这时即抵达子宫体处。当输精器处于宫颈管内时，手指是摸不到的，输精器一进入子宫体，即可很清楚地触摸到输精器的前段。确认输精器进入子宫体时，应向后抽退一点，勿使子宫壁堵塞住输精器尖端出口处，然后缓慢地、顺利地将精液注入，再轻轻地抽出输精器。

7. 输精时注意事项 一是输精操作时，若母牛努责过甚，

可采用喂给饲草、捏腰、拍打眼睛、按摩阴蒂等方法使之缓解。若母牛直肠显罐状时，可用手臂在直肠中前后抽动以促使松弛。二是操作时动作要谨慎，防止损伤子宫颈和子宫体。三是输精深度。子宫颈深部、子宫体、子宫角等不同部位输精的受胎率没有显著差别。但是输精部位过深容易引起子宫感染或损伤，所以采取子宫颈深部或子宫体输精是比较安全的。

（五）妊娠及其鉴定

1. 妊娠母牛的生理变化　母牛配种后，精子在自身尾部摆动及生殖道蠕动作用下向输卵管壶腹部运动，并在此与卵巢排出的卵子相融合，形成一个受精卵，从受精卵形成开始到分娩结束的一段时间叫妊娠期。母牛妊娠（或怀孕）后，生理及形态会发生相应的变化，见表5-9。

表5-9　生殖器官及形态的变化

部位	变化
卵巢	妊娠后卵巢上的黄体成为妊娠黄体，并以最大体积持续存于整个妊娠期
子宫	随着妊娠期延长，子宫体和子宫角随胚胎的生长发育而相应扩大。在整个妊娠期内孕角的增长速度远大于空角，所以孕角始终大于空角。在妊娠前半期，子宫体积增长速度快于胎儿。子宫壁变得较原来肥厚。至妊娠后半期，子宫的增长速度没有胎儿及胎水增长快，因而子宫壁被动扩张而变薄。妊娠后，子宫血流量增加，血管扩张变粗。尤其是动脉血管内膜褶皱变厚，加之和肌肉层的联系疏松，使原来间隔明显的动脉脉搏变为间隔不明显的颤动（孕脉）
乳房	妊娠开始后，在孕酮和雌激素作用下，乳房逐渐变得丰满，特别是到妊娠中后期，这种变化尤为明显。到分娩前几周，乳房显著增大，能挤出少量乳汁
营养状况	妊娠母牛新陈代谢旺盛，食欲增加，消化能力提高，营养状况改善，毛色变得光润；加之胎儿、胎水的增长，所以母牛体重增加。妊娠后期，胎儿急剧生长，母牛要消耗在妊娠前期所积蓄的营养物质以满足胎儿生长发育的需要。此阶段如果饲养管理不当，母牛会逐渐消瘦；如果饲料中缺钙，母牛就会动用自身骨骼中的钙以满足胎儿发育的需要，严重时会使母牛后肢跛行，牙齿磨损得较快

续表

部位	变化
其他	随着胎儿逐渐增大，母牛腹内压力升高，内脏器官的容积减小，因而排粪排尿次数增加但量减少。由于胎儿增大，胎水增加，母牛腹部膨大，且孕侧比空侧凸出。至妊娠后半期，母牛的行动变得比较笨重、缓慢、谨慎且易疲劳和出汗。有些母牛至怀孕后期，巨大的子宫压迫后腔血管，使血液循环受阻，常可见到下腹部和后肢出现水肿

2. 妊娠诊断　通过妊娠诊断可以确定母牛是否妊娠，以便对已妊娠者加强饲养管理，对未妊娠者找出原因，及时补配，从而提高母牛的繁殖率。由于准确的受精时间很难确定，故常以最后一次受配或有效配种之日算起，母牛妊娠期平均为285天（范围260~290天），不同品种之间略有差异。对于肉牛妊娠期的计算（按妊娠期280天计）："月减3，日加6"即为预产期。诊断方法如下。

（1）外部观察法：对配种后的母牛在下一个发情期到来前后，注意其是否二次发情，如不发情，则可能受胎。但这并不完全可靠，因为有的母牛虽然没有受胎但在发情时表现不明显（安静发情/暗发情）或不发情，而有些母牛虽已受胎但仍有表现发情的（假发情）。另外，观察其行为、食欲、营养状况及体态等对妊娠诊断也有一定的参考价值。

（2）阴道检查法：妊娠母牛阴道黏膜变苍白，比较干燥。怀孕1~2个月时，子宫颈门附近即有黏稠黏液，但量尚少；至3~4个月后就很明显，并变得黏稠，为灰白或灰黄色，如同稀糊；以后逐渐增多并黏附在整个阴道壁上，附着于开膣器上的黏液呈条纹或块状。至妊娠后半期，可以感觉到阴道壁松软、肥厚，子宫颈位置前移，且往往偏于一侧。

（3）直肠检查法：直肠检查法是判断母牛是否怀孕的最基本、最可靠的方法。在妊娠2个月左右，可以做出正确判断。如

果有丰富的直肠检查经验和详细的记载，在 1 个月左右即可诊断。

首先摸到子宫颈，再将中指向前滑动，寻找角间沟；然后将手向前、向下、再向后，试把 2 个子宫角都掌握在手内，分别触摸。经产牛子宫角有时不呈绵羊角状而垂入腹腔，不易全部摸到；这时可先握住子宫颈将子宫颈向后拉，然后手带着肠管迅速向前滑动，握住子宫角，这样逐渐向前移，就能摸到整个子宫角；再在子宫角尖端外侧或下侧寻找卵巢。

寻找子宫动脉的方法是将手掌贴骨盆顶向前移，越过岬部（荐骨前端向下突起的地方）以后，可清楚地摸到腹主动脉的两粗大分支——髂内动脉。子宫中动脉和脐动脉共同起于髂内动脉。子宫中动脉从髂内动脉分出后不远即进入子宫阔韧带内，所以追踪时感觉它是游离的。触诊阴道动脉子宫支（子宫后动脉）的方法，是将指尖伸至相当于荐骨末端处，并贴在骨盆侧壁的坐骨上棘附近，前后滑动手指。子宫后动脉是骨盆内比较游离的一条动脉，由上向下行而且很短，所以容易识别。

牛直肠黏膜受到刺激易渗出血液，手在直肠内操作时，只能用指肚，指尖不要触及黏膜。手应随肠道收缩波面稍向后退，不可向前伸。

妊娠月份不同，母牛卵巢位置、子宫状态及位置及子宫动脉状况都会发生不同变化。

（4）奶中孕酮水平测定法：

1）全奶孕酮含量测定法：分别采配种后 21～24 天和 42 天的奶样各 1 份，在室温下摇匀，取奶样 20 微升，加抗体 0.1 毫升［（稀释度为 1：（10 000～12 000）］，放置 15 分钟，再加H-孕酮 0.1 毫升，于 4℃孵育 16～24 小时，然后在水浴中加活性炭悬浮液 0.2 毫升［由活性炭 625 毫克、葡萄糖 4 062.5 毫克、PBS（磷酸缓冲液）100 毫升］，振荡 15 分钟，3 000 转/分离心 10 分钟，取上清液加闪烁液 5 毫升，过夜后测定孕酮含量。

2）乳脂孕酮测定法：取 2.5 毫升奶样，加混合溶剂（15%正丁醇，49%正丁胺，36%蒸馏水）0.5 毫升，混旋提取 30 秒，85℃水浴 1.5 分钟，离心 2 分钟（3 000 转/分），即提出乳脂。取提取的乳脂 10 微升，加 1 毫升石油醚提取乳脂孕酮（用前蒸馏），混旋提取 30 秒加入 1 毫升甲醇溶液（90%），提取 30 秒弃去石油醚，吸 0.2 毫升（双样）甲醇液，65℃水浴挥发干，然后加入 0.1 毫升缓冲液。最后测定乳脂孕酮含量，加抗血清 0.5 毫升［1：（13 000~20 000）］，室温放置 15 分钟，再加 H-孕酮 0.1 毫升，其余操作与全奶相同。

根据梁素香等（1979）介绍的方法，将样品结合率的 Logit 值带入标准曲线的回归方程，算出每 10 微升乳脂的孕酮含量。孕酮判断值以大于 5.0 纳克/毫升为妊娠，小于 5.0 纳克/毫升为未妊娠。测定配种后 21~24 天全乳和乳脂的孕酮值判别为妊娠的准确率分别为 87.76%和 86.60%。

（5）超声波诊断法：超声波诊断是利用超声波的物理特性和不同组织结构的特性相结合的物理学诊断方法。国内外研制的超声波诊断仪有很多种，国内研制的有两种：一种是用探头通过直肠探测母牛子宫动脉的妊娠脉搏，由信号显示装置发出不同的声音信号，来判断妊娠与否；另一种是探头自阴道伸入，显示的方法有声音、符号、文字等形式。测定结果表明，妊娠 30 天内探测子宫动脉反应，40 天以上探测胎心音可达到较高的准确率。用 B 超诊断仪测定时，其探头放置在右侧上方的腹壁上，探头方向朝向妊娠子宫角，显示屏可清楚地观察胎泡的位置、大小，并且可以定位照相。移动探头的方向和位置可见胎儿各部的轮廓，心脏的位置和跳动情况，确定单胎或双胎等。

（6）激素反应法：给配种 18~22 天的牛肌内注射合成雌激素（苯甲酸雌二醇、己烯雌酚等）2~3 毫克，5 天后不发情为妊娠。原因是妊娠母牛孕酮含量高，可以对抗适量的外源雌激素，以致不发情。

（7）碘酒法：取配种 20~30 天的母牛鲜尿 10 毫升，滴入 2 毫升 7%的碘酒溶液，充分混合，待 5~6 分钟后，颜色呈紫色为妊娠，不变色或稍带碘酒色为未妊娠。

（8）阴道黏液抹片检查法：取子宫颈阴道黏液一小块，置于载玻片中央，盖上另一玻片，轻轻旋转 2~3 转，去上面玻片，使其自然干燥，加上几滴 10%硝酸银，1 分钟后用水冲洗，再滴吉姆萨染色液 3~5 滴，加水 1 毫升进行染色 30 分钟，用水冲洗后干燥镜检：如果视野中出现短而细的毛发状纹路，并呈紫红色或淡红色为妊娠表现；若出现较粗纹路，为黄体期或妊娠 6 个月以后的征状；若是羊齿植物状纹路，为发情的黏液性状；出现上皮细胞团，则为炎症的表现。对妊娠 23~60 天的母牛准确率达 90%以上。

（9）眼线法：母牛妊娠期瞳孔正上方巩膜上出现 3 根特别显露而竖立的粗血管，呈紫红色，称为“妊娠血管”。这一征状自妊娠开始产生，产犊后 7~15 天消失。

（六）母牛的分娩

1. 预产期预算　肉牛以妊娠期 280 天计，预产期为交配月份数减 3，交配日数加 6。

假如一头母牛是 2011 年 8 月 22 日交配，则预产期为 2012 年 5 月（8−3=5）28 日（22+6=28）。

假如一头母牛是 2011 年 1 月 30 日交配，则预产期为 2012 年 11 月 6 日。推算方法为：1+12−3=10（月）（不够减可以预借 1 年），30+6=36（日）（超过 1 个月的日数可减去 1 个月 30 天，即下一个月的日数，把减去的 1 个月加到推算的月份上），所以是 2012 年 11 月 6 日。

2. 分娩前预兆　见表 5-10。

表 5-10　分娩前预兆

乳房	前1周左右，母牛乳房比原来大1倍，到产前2~3天，乳房肿胀，皮肤紧绷，乳头基部红肿，乳头变粗，用手可挤出少量淡黄色黏稠的初乳，有些母牛有漏奶现象
外阴部	临产前1周，外阴部松软、水肿，皮肤皱襞平展，阴道黏膜潮红，子宫颈口的黏液逐渐溶化。在分娩前1~2天，子宫颈塞随黏液从阴道排出，呈半透明索状悬垂于阴门外。当子宫颈扩张2~3小时后，母牛便开始分娩
骨盆	临分娩前数天，骨盆部的韧带变得松弛、柔软，尾根两边塌陷，以适于胎儿通过。用手握住尾根上下运动时，会明显感到尾根与荐骨容易上下移动
行为	母牛表现为活动困难，起立不安，尾高举，不时地回顾腹部，常做排粪尿姿势，时起时卧，初产牛则更显得不安。分娩预兆与临产间隔时间因个体而有所差异。一般情况下，在预产期前的1~2周，将母牛移入产房，对其进行特别照料，做好接产、助产工作。上述各种现象都是分娩即将来临的预兆，但要全面观察综合分析才能做出正确判断

3. 分娩过程

（1）开口期：是从子宫开始阵缩到子宫颈口充分开张为止，一般需2~8小时（范围为0.5~24小时）。特征是只有阵缩而不出现努责。初产牛不安，时起时卧，徘徊运动，尾根抬起，常做排尿姿势，食欲减退；经产牛一般比较安静，有时看不出有什么明显表现。

（2）胎儿产出期：从子宫颈充分开张至产出犊牛为止，一般持续3~4小时（范围为0.5~6小时），初产牛一般持续时间较长。若是双胎，则两胎儿排出间隔时间一般为20~120分钟。特点是阵缩和努责同时作用。进入该期，母牛通常侧卧，四肢伸直，强烈努责，羊膜形成囊状突出阴门外，该囊破裂后，排出淡白色或微带黄色的浓稠羊水。胎儿产出后，尿囊才开始破裂，流出黄褐色尿水。因此，牛的第一胎水一般是羊水，但有时尿囊先破裂，然后羊膜囊才突出阴门破裂。在羊膜破裂后，胎儿前肢和唇部逐渐露出并通过阴门，这时母牛稍事休息，继续把胎儿排出。

（3）胎衣排出期：从胎儿产出后到胎衣完全排出为止，一般需4~6小时（范围为0.5~12小时）。若超过12小时，胎衣仍未排出，即为胎衣不下，需及时采取处理措施。此期特点是当胎儿产出后，母牛即安静下来，经子宫阵缩（有时还配合轻度努责）而使胎衣排出。

4. 接产前的准备

（1）产房：产房应当清洁、干燥，光线充足，通风良好，无贼风，墙壁及地面应便于消毒。在北方寒冷的冬季，应有相应取暖设施，以防犊牛冻伤。

（2）用品及药械：在产房里，接产用具及药械（70%乙醇、2%~5%碘酒、煤酚皂、催产药物等）应放在一定的地方，以免临时缺此少彼，造成慌乱。此外，产房里最好还备有一套常用的手术助产器械，以备急用。

（3）接产人员：接产人员应当受过接产训练，熟悉牛的分娩规律，严格遵守接产的操作规程及值班制度。分娩期尤其要固定专人，并加强夜间值班制度。

5. 接产　接产目的在于对母畜和胎儿进行观察，并在必要时加以帮助，保证母仔安全。但应特别指出，接产工作一定要根据分娩的生理特点进行，不要过早过多地干预。为保证胎儿顺利产出及母仔安全，接产工作应在严格消毒的原则下进行。其步骤如下：

（1）清洗消毒：清洗母牛的外阴部及其周围，并用消毒液（如1%煤酚皂溶液或0.1%高锰酸钾药液对外阴及周围体表和尾根部进行消毒）擦洗。用绷带缠好尾根，拉向一侧系于颈部。在产出期开始时，接产人员穿好工作服及胶围裙、胶鞋，并消毒手臂准备做必要的检查。

（2）临产检查：当胎膜露出时至胎水排出前，可将手臂伸

入产道，进行临产检查，以确定胎向、胎位及胎势是否正常，以便对胎儿的反常做早期矫正，避免难产的发生。如果胎儿正常，正生时应三件（唇及二前蹄）俱全，可等候其自然排出。除检查胎儿外，还可检查母牛骨盆有无变形，阴门、阴道及子宫颈的松软扩张程度，以判断有无因产道反常而发生难产的可能。

（3）撕破胎膜：正常情况下，在胎儿唇部或头部露出阴门以前，不要急于扯破胎膜，以免胎水流失过早，不利于胎儿产出。当胎儿唇部或头部露出阴门外时，如果上面覆盖有胎膜，可把它撕破，并把胎儿鼻孔内的黏液擦净，以利于呼吸。

（4）注意观察：注意观察努责及产出过程是否正常。如果母牛努责，阵缩无力，或其他原因（产道狭窄、胎儿过大等）造成产仔滞缓，应迅速拉出胎儿，以免胎儿因氧气供应受阻，反射性吸入羊水，引起异物性肺炎或窒息。在拉胎儿时，可用产科绳缚住胎儿两前肢球节或两后肢系部（倒生）交于助手拉住，同时用手握住胎儿下颌（正生），随着母牛的努责，左右交替用力，顺着骨盆轴的方向慢慢拉出胎儿。在胎儿头部通过阴门时，要注意用手捂住阴唇，以防阴门上角或会阴撑破。在胎儿骨盆部通过阴门后，要放慢拉出速度，防止子宫脱出和产牛腹压突然下降而导致脑贫血。

（5）助产：一般情况下，母牛的分娩不需要助产，接产人员只需监督分娩过程。但当胎位不正、胎儿过大、母牛分娩无力等情况时，必须进行必要的助产。助产的原则是，尽可能做到母子安全，在不得已的情况下舍子保母，同时必须力求保持母牛的繁殖能力。

当胎儿口鼻露出却不见产出时，将手臂消毒后伸入产道，检查胎儿的方向、位置和姿势是否正常。若头在上，两蹄在下，无曲肢为正常，让其自然分娩；若是倒生，应及早拉出胎儿，以免脐带挤压在骨盆底下使胎儿窒息死亡。在拉胎儿时，用力应与母牛的阵缩同时进行。当胎头拉出后应放慢拉的动作，以防子宫内

翻或脱出。

当胎儿前肢和头部露出阴门，但羊膜仍未破裂，可将羊膜扯破。擦净胎儿口腔、鼻周围的黏液，让其自然产出。当破水过早，产道干燥或狭窄或胎儿过大时，可向阴道内灌入肥皂水，润滑产道，以便拉出胎儿。必要时切开产道狭窄部，待胎牛娩出后，立即进行缝合。

（6）清理：胎儿产出后，应立即将其口鼻内的羊水擦干，并观察呼吸是否正常。身体上的羊水可让母牛舔干，这样一方面母牛可因吃入羊水（内含催产素）而使子宫收缩加强，利于胎衣排出，另外还可增强母子关系。为了尽快让犊牛体表变干和促进犊牛皮肤血液循环，护理人员可以使用洁净的草或干燥的软布帮助擦干，尤其是较为寒冷的季节要尽快擦干，以防犊牛受寒而发病。如果发现胎儿窒息要立即进行抢救。

（7）脐带处理：产出胎儿的脐带有时会自行扯断，一般不必结扎，但要用5%～10%碘酊充分消毒，以防感染；胎儿产出后，如脐带还未断，应将脐带内的血液挤入仔畜体内，这对增进犊牛的健康有一定好处。人工断脐时脐带断端不宜留得太长。断脐后，可将脐带断端在碘酒内浸泡片刻或在其外面涂以碘酒，并将少量碘酒倒入羊膜鞘内。如脐带有持续出血，须加以结扎。

（8）犊牛护理：犊牛产出后不久即试图站立，但最初一般是站不起来的，应加以扶助，以防摔伤。对母牛和新生犊牛注射破伤风抗毒素，以防感染破伤风。

6. 难产处理 在难产的情况下助产时，必须遵守一定的操作原则，即助产时除挽救母牛和胎儿外，还要注意保持母牛的繁殖力，防止产道的损伤和感染。为便于矫正和拉出胎儿，特别是当产道干燥时，应向产道内灌注大量润滑剂。为了便于矫正胎儿异常姿势，应尽量将胎儿推回子宫内，否则产道空间有限不易操作，要力求在母畜阵缩间歇期将胎儿推回子宫内。拉出胎儿时，应随母牛努责而用力。

难产极易引起犊牛的死亡，并严重危害母牛的繁殖力。因此，难产的预防是十分必要的。首先，在配种管理上，不要让母牛过早配种，由于青年母牛仍在发育，分娩时常因骨盆狭窄导致难产；其次，要注意母牛妊娠期间的合理饲养，防止母牛过肥、胎儿过大造成难产。另外，要安排适当的运动，这样不但可以提高营养物质的利用率，使胎儿正常发育，还可提高母牛全身和子宫的紧张性，使分娩时增强胎儿活力和子宫收缩力，并有利于胎儿转变为正常分娩胎位、胎势，以减少难产及胎衣不下、产后子宫复位不全等的发生。此外，在临产前及时对孕牛进行检查。矫正胎位也是减少难产发生的有效措施。

7. 产后护理 产后期是指从胎衣排出到生殖器官恢复到妊娠前状态的一段时间。产出胎儿时，子宫颈开张，产道黏膜表层可能造成损伤；产后子宫内又积存大量恶露，都为病原微生物的繁殖和侵入创造了条件。因此，对产后期的母畜应加以妥善护理，以促进母畜机体尽快恢复正常，预防疾病，保证其具有正常的繁殖功能。产后母牛的护理应做到以下几点：

（1）注意产后期卫生：应对母牛外阴部及周围区域进行清洗和消毒，并防止苍蝇叮蜇。经常更换、消毒产褥草。

（2）加强饲养：分娩之后，要及时供给母牛新鲜清洁的饮水和麸皮汤等，以补充机体水分。在产后最初几天，应供给母牛质好易消化的饲料，但不宜过多，以免引起消化道疾病。一般经5~6天可逐渐恢复到正常饲养。

（3）注意日常监护：在分娩之后，还应观察母牛努责状况。如果产后仍有努责，应检查子宫内是否还有胎儿或滞留的胎衣及子宫内翻的可能，如有上述情况应及时处理。母牛产后3~4天恶露开始大量流出，头2天色暗红，以后呈黏液状，逐渐变为透明，10~12天停止排出，恶露一般只腥不臭。如果母牛在产后3周仍有恶露排出或恶露腥臭，表示有子宫感染，应及时治疗。此外，还应观察母牛的精神状态、饮食欲、外生殖器官或乳房等，

一旦有异常应查明原因，及时处理。

三、加强种用肉牛的管理

（一）育成公牛的饲养管理

犊牛断奶后至种用之前的公牛，称为育成公牛。此期间是生长发育最迅速的阶段，精心的饲养管理，不仅可以获得较快的增重速度，而且可使幼牛得到良好的发育。公、母犊牛在饲养管理上几乎相同，但进入育成期后，二者在饲养管理上则有所不同，必须按不同年龄和发育特点予以区别对待。

1. 育成公牛的饲养方式

（1）舍饲拴系培育：在舍饲拴系培育条件下，犊牛头 1~10 天在预防个体笼内管理，而后公、母分群前（4~5 月龄前）在群栏内管理，每栏 5~10 头。在哺乳期过后拴系管理，在舍饲管理条件下培育到种用出售。在这种情况下新生犊牛失去了正常生长发育所必需的生理活动。舍饲拴系管理是出现各种物质代谢障碍、发生异常性反射等的主要原因。所以，必须保证充足的活动空间和运动。

（2）拴系放牧管理：许多牛场在夏季采用。在距其他牛群较远的地方，选定不受主导风作用的一块平坦的放牧场，呈一线排列，用 15~20 米的铁链固定在可移动的钉进地里的具有钩环的柱上。柱间距 40~50 米，每头小公牛都能自由地在周围运动。每头小公牛附近都放有饲槽和饮水器，于早、晚放补充料和水。随着放牧场利用（第 2~3 天）将小公牛移入下一地点。观察表明，采用这种管理方式，每头 6、12、18 月龄小公牛每日相应消耗 15 千克、20 千克、35 千克青饲料。

（3）分群自由运动：在分群自由运动培育情况下，小公牛在牛群内分群管理，每群 5~6 头，而在运动场和放牧场培育情况下每群 40~50 头。夏天，小公牛终日在设有遮阳棚的运动场内和放牧场内管理。冬天，4~12 月龄小公牛每天在运动场管理

4~5 小时，在严寒期（-20℃以下）每天不超过 2 小时。

（4）复合管理：白天在运动场或放牧场管理，晚上在舍内或棚下拴系管理。

2. 育成公牛的饲养 育成公牛生长速度比育成母牛快，因而需要的营养物质较多，特别需要以补饲精料的形式提供营养，以促进其生长发育和性欲的发展。对育成公牛的饲养，应在满足一定量精料供应的基础上，令其自由采食优质的精、粗饲料。6~12 月龄，粗饲料以青草为主时，精、粗饲料占饲料干物质的比例为 55∶45；以干草为主时，其比例为 60∶40。在饲喂豆科或禾本科优质牧草的情况下，对于 1 岁以上的育成公牛，混合精料中粗蛋白质的含量以 12%左右为宜。

断奶后，饲料选用优质的干草、青干草，不使用酒糟、秸秆、粉渣类以及棉籽饼、菜籽饼。6 月龄后喂量为月龄乘 0.5 千克，如 8 月龄饲喂量为 4 千克；1 岁以上的日喂量为 8 千克，成年牛为 10 千克，以避免出现“草腹”。饲料中应注意补充维生素 A、维生素 E 等。冬季没有青草时，每头牛可喂胡萝卜 0.5~1.0 千克来补充维生素，同时要有充足的矿物质。

充足供应饮水，并保证水质良好和卫生。

3. 育成公牛的管理

（1）分群：牛断奶后应根据性别和年龄情况进行分群。首先是公母牛分开饲养，因为育成公牛与育成母牛的发育不同，对饲养条件的要求不同，而且公、母牛混养，会干扰其成长。分群时，同性别内年龄和体格大小应该相近，月龄差异一般不应超过 2 个月，体重差异低于 30 千克。

（2）拴系：准备留种的育成公牛 6 月龄开始戴上笼头，拴系饲养。为便于管理，达 8~10 月龄时就应进行穿鼻带环（穿鼻用的工具是穿鼻钳，穿鼻的部位在鼻中隔软骨最薄处），用皮带拴系好，沿公牛额部固定在角基部，鼻环以不锈钢的为最好。牵引时，应坚持左右侧双绳牵导。对性烈的育成公牛，需用钩棒牵

引，由一个人牵住缰绳的同时，另一人两手握住钩棒，钩搭在鼻环上以控制其行动。

（3）刷拭：为了保持牛体清洁，促进皮肤代谢和养成温驯的气质，育成公牛上槽后应进行刷拭，每天至少1次，每次5~10分钟。

（4）试采精：12~14月龄即应试采精，开始从每个月1~2次采精逐渐增加到18月龄的每周1~2次，检查采精量、精子密度、活力及有无畸形，并试配一些母牛，看后代有无遗传缺陷并决定是否作种用。

（5）加强运动：育成公牛的运动关系到它的体质，因为育成公牛有活泼好动的特点。加强运动，可以增强体质，增进健康。对于种用育成公牛，要求每天上、下午各运动1次，每次1.5~2小时，行走距离4.0千米。运动方式有旋转架、套爬犁或拉车。实践证明，种用公牛如果运动不足或长期拴系，会使牛性情变坏，精液质量下降，患肢蹄病、消化道疾病等。但也要注意不能运动过度，否则同样对公牛的健康和精液质量有不良影响。

（6）调教：对青年公牛还要进行必要的调教，包括与人的接近、牵引训练，配种前还要进行采精前的爬跨训练。饲养公牛必须注意安全，因其性情一般较母牛暴躁。

（7）防疫卫生：定期对育成公牛进行防疫注射，防止传染病；保持牛舍环境卫生及防寒防暑也是必不可少的管理工作。除此之外，育成牛应定期称重，以检查饲养情况，及时调整日粮，做好各项生产记录工作。

（二）成年公牛的饲养管理

种公牛饲养管理良好的衡量标准是强的性欲、良好的精液质量、正常的膘情和种用体况。

1. 种公牛的质量要求　作种用的肉用型公牛，其体质外貌和生产性能均应符合本品种的种用畜特级和一级标准，经后裔测定后方能作为主力种公牛。肉用性能和繁殖性状是肉用型种公牛

极其重要的两项经济指标。其次，种公牛须经检疫确认无传染病，体质健壮，对环境的适应性及抗病力强。

2. 种公牛的饲养 种公牛不可过肥，但也不可过瘦。过肥的种公牛常常没有性欲，但过瘦时精液质量不佳。成年种公牛营养中重要的是蛋白质、钙、磷和维生素，因为它们与种公牛的精液品质有关。5 岁以上成年种公牛已不再生长，为保持种公牛的种用膘度（即中上等膘情）而使其不过肥，能量的需要以达到维持需要即可。当采精次数频繁时，则应增加蛋白质的供给。

在种公牛饲料的安排上，应选用适口性强、容易消化的饲料，精、粗饲料应搭配适当，保证营养全面充足。种公牛精、粗饲料的给量可依据不同公牛的体况、性活动能力、精液质量及承担的配种任务酌情处理。一般精饲料的用量按每天每头 100 千克体重 1.0 千克供给；粗饲料应以优质豆科干草为主，搭配禾本科牧草，而不用酒糟、秸秆、果渣及粉渣等粗料；青贮料应和干草搭配饲喂，并以干草为主，冬季补充胡萝卜。注意多汁饲料和粗饲料饲喂不可过量，以免公牛长成“草腹”，影响采精和配种。糖类含量高的饲料也宜少喂，否则易造成种牛过肥而降低配种能力；菜籽饼、棉籽饼有降低精液品质的作用，不宜用作种公牛饲料；豆饼虽富含蛋白质，但它是生理酸性饲料，饲喂过多易在体内产生大量有机酸，反而对精子形成不利，因此应控制喂量。一般在日粮中添加一定比例的动物性饲料来补充种公牛对蛋白质的需要，主要有鱼粉、蛋粉、蚕蛹粉，尤其在采精频繁季节补加营养的情况下更是如此。公牛日粮中的钙不宜过多，特别是对老年公牛，一般当粗饲料为豆科牧草时，精料中就不应再补充钙质，因为过量的钙往往容易引起脊椎和其他骨骼融为一体。

保证公牛有充足清洁的饮水，但配种或采精前后、运动前后的 30 分钟以内不应饮水，以免影响公牛健康。种公牛的定额日粮，可分为上、下午定时定量喂给，夜晚饲喂少量干草；日粮组成要相对稳定，不要经常变动。每 2～3 个月称体重 1 次，检查体重变化，以调整日粮定额。饲喂要先精后粗，防止过饱。每天饮水3次，夏季增加4~5次，采精或配种前禁水。

3. 种公牛的管理　公牛的记忆力强，防御反射强，性反射强。因此，对种公牛的饲养管理一般要指定专人，不要随便更换，避免给公牛造成恶性刺激。饲养人员在管理公牛时，特别要注意安全，并且有耐心，不粗暴对待，不得随意逗弄、鞭打或虐待公牛。地面平坦、坚硬、不漏且远离母牛舍。牛舍温度应在10~30℃，夏季注意防暑，冬季注意防寒。

（1）拴系：种公牛必须拴系饲养以防止伤人。一般公牛在10~12月龄时穿鼻戴环，经常牵引训导，鼻环须用皮带吊起，系于缠角带上。绕角上拴两条系链，通过鼻环，左右分开，拴在两侧立柱上，鼻环要常检查，有损坏时要及时更换。

（2）牵引：种公牛的牵引要用双绳牵，两人分左右两侧，人和牛保持一定距离。对烈性公牛，用钩棒牵引，由一人牵住缰绳，另一人用钩棒钩住鼻环来控制。

（3）护蹄：种公牛经常出现趾蹄过度生长的现象，影响牛的放牧、觅食和配种。因此饲养人员要经常检查种公牛趾蹄有无异常，保持蹄壁和蹄叉清洁。为了防止蹄壁破裂，可经常涂抹凡士林或无刺激性的油脂。发现蹄病及时治疗。做到每年春、秋季各削蹄1次。蹄形不正要进行矫正。

（4）睾丸及阴囊的定期检查和护理：种公牛睾丸的最快生长期是6~14月龄。因此在此时应加强营养和护理。研究表明，睾丸大的公牛可比同龄睾丸小的公牛配种更多的母牛。公牛的年龄和体重对睾丸的发育和性成熟有直接影响。为了促进睾丸发育，除注意选种和加强营养以外，还要经常进行按摩和护理，每次5~10分钟，保持阴囊的清洁卫生，定期进行冷敷，以改善精液质量。

（5）放牧配种与采精：饲养肉牛时，在放牧配种季节，要调整好公母比例。当一个牛群中使用数头公牛配种时，青年公牛要与成年公牛分开。

（6）运动：每天上、下午各进行一次运动，每次1.5～2小时，路程4千米。

（7）刷拭和洗浴：每天要定时给种公牛刷拭身体，天凉时进行干刷，高温炎热时对其进行淋浴，以保持皮肤清洁，促进血液循环，增进身体健康。

4. 种公牛的利用 种公牛的使用最好合理适度，一般1.5岁牛每周采精1～2次，2岁后每周2～3次，3岁以上可每周3～4次。交配和采精时间应在饲喂后2～3小时进行。

（三）育成母牛的饲养管理

1. 不同阶段的饲养要点

（1）6～12月龄：为母牛性成熟期。在此时期，母牛的性器官和第二性征发育很快，体躯向高度和长度两个方向急剧生长，同时其前胃已相当发达，容积扩大了1倍左右。因此，在饲养上要求既要能提供足够的营养，又必须具有一定的容积，以刺激前胃的生长。所以对这一时期的育成牛，除给予优质的干草和青饲料外，还必须补充一些混合精料，精料比例占饲料干物质总量的30%～40%。

（2）12～18月龄：育成母牛的消化器官更加扩大，为进一步促进其消化器官的生长，其日粮应以青、粗饲料为主，比例约占日粮干物质总量的75%，其余25%为混合精料，以补充能量和蛋白质的不足。

（3）18～24月龄：这时母牛已配种受胎，生长强度逐渐减缓，体躯显著向宽深方向发展。若饲料营养过丰，在体内容易蓄积过多脂肪，导致牛体过肥，造成不孕；但若饲料营养过于贫乏，又会导致牛体生长发育受阻，成为体躯狭浅、四肢细高、产奶量不高的母牛。因此，在此期间应以优质干草、青草或青贮饲料为基本饲料，精料可少喂甚至不喂。但到妊娠后期，由于体内胎儿生长迅速，则须补充混合精料，日定额为2～3千克。

如有放牧条件，育成牛应以放牧为主。在优良的草地上放牧，精料可减少30%~50%；放牧回到牛舍，若牛未吃饱，则应补喂一些干草和适量精料。

2. 育成母牛的管理

（1）分群：育成母牛最好在6月龄分群饲养。公、母分群，每群30~50头，同时应以育成母牛年龄进行分阶段饲养管理。

（2）定槽：圈养拴系式管理的牛群，采用定槽是必不可少的，使每头牛有自己的牛床和食槽。

（3）加强运动：在舍饲条件下，每天至少要有2小时以上的驱赶运动，以促进肌肉组织和内脏器官，尤其是心、肺等呼吸和循环系统的发育，使其具备高产母牛的特征。

（4）转群：育成母牛在不同生长发育阶段，生长强度不同，应根据年龄、发育情况分群，并按时转群，一般在12月龄、18月龄、定胎后或至少分娩前2个月3次转群。同时称重并结合体尺测量，对生长发育不良的进行淘汰，剩下的转群。最后一次转群是育成母牛走向成年母牛的标志。

（5）乳房按摩：为了刺激乳腺的发育和促进产后泌乳量提高，对12~18月龄育成牛每天按摩1次乳房；18月龄怀孕母牛，一般早晚各按摩1次，每次按摩时用热毛巾敷擦乳房。产前1~2个月停止按摩。

（6）刷拭：为了保持牛体清洁，促进皮肤代谢和养成温驯的气质，每天刷拭1~2次，每次5分钟。

（7）初配：在18月龄左右根据生长发育情况决定是否配种。

（四）空怀母牛的饲养管理

空怀母牛的饲养管理主要是围绕提高受配率、受胎率，充分利用粗饲料，降低饲养成本而进行的。

1. 空怀母牛的饲养 繁殖母牛在配种前应具有中上等膘情。在日常饲养管理工作中，倘若喂给过多的精料而又运动不足，易使肉牛过肥，造成不发情。在肉用母牛的饲养管理中，这是经常出现的，必须加以注意。但在饲料缺乏、营养不全、母牛瘦弱的情况下，也会造成母牛不发情而影响繁殖。实践证明，如果母牛前一个泌乳期内给以足够的平衡日粮，同时劳役较轻，管理周到，可提高母牛的受胎率。瘦弱母牛配种前1~2个月，加强饲养，适当补饲精料，也能提高受胎率。

2. 空怀母牛的管理

（1）保持适宜的环境条件：保持牛舍适宜的温度，特别注意夏季防热和冬季防寒；舍内干燥，通风良好，空气新鲜。保持舍内干燥，因为过度潮湿等恶劣环境极易危害牛体健康，敏感的个体很快停止发情。

（2）适当运动：在运动场上适当活动，并经常适量接受阳光照射，增强肉牛的体质，提高受胎率。

（3）及时配种：母牛发情，应及时予以配种，防止漏配和失配。对初配母牛，应加强管理。防止野交早配。经产母牛产犊后3周要注意其发情情况，对发情不正常或不发情者，要及时采取措施。一般母牛产后1~3个情期，发情排卵比较正常，随着时间的推移，犊牛体重增大，消耗增多，如果不能及时补饲，往往母牛膘情下降，发情排卵受到影响。因此，产后多次错过发情期，则情期受胎率会越来越低。如果出现此种情况，应及时进行直肠检查，摸清情况，慎重处理。

（4）注意观察母牛的受孕情况：造成母牛空怀不孕的原因，有先天和后天两个方面。先天不孕一般是由于母牛生殖器官发育异常，如子宫颈位置不正、阴道狭窄、幼稚病、两性畸形等，发现后应立即淘汰；后天性不孕主要是由于营养缺乏，饲养管理及使役不当及生殖器官疾病所致。在恢复正常营养水平后，或经过治疗后大多能够自愈。但在犊牛时期由于营养不良致生长发育受阻，影响生殖器官正常发育而造成的不孕，则很难用饲养方法补救。若育成母牛长期营养不足，则往往导致初情期推迟，初产时出现难产或死胎并且影响以后的繁殖力。

（五）妊娠母牛的饲养管理

母牛妊娠后，不仅本身生长发育需要营养，而且还要满足胎儿生长发育的营养需要和为产后泌乳进行营养储备。因此，要加强妊娠母牛的饲养管理，使其能够正常地产犊和哺乳。

1. 妊娠母牛的饲养　孕期母牛的营养需要和胎儿生长有直接关系。胎儿增重主要在妊娠的最后3个月，此期的增重占犊牛初生重的70%~80%，需要从母体吸收大量营养。若胚胎期胎儿生长发育不良，出生后就难以补偿，增重速度减慢，饲养成本增加。同时，母牛体内需储备一定养分，以保证产后泌乳量。母牛在妊娠初期，由于胎儿生长发育较慢，其营养需求较少，为此，对妊娠初期的母牛不再另行考虑，一般按空怀母牛进行饲养。母牛妊娠到中后期应加强营养，尤其是妊娠最后的2~3个月，加强营养显得特别重要，这期间的母牛营养直接影响着胎儿生长和本身营养储备。如果此期营养缺乏，容易造成犊牛初生重低，母牛体弱和奶量不足。严重缺乏营养，会造成母牛流产。一般在母牛分娩前，至少要增重45~70千克，才足以保证产犊后的正常泌乳与发情。

以放牧为主的肉牛业，青草季节应尽量延长放牧时间，一般可不补饲。枯草季节，根据牧草质量和牛的营养需要确定补饲草料的种类和数量，特别是在怀孕最后的2~3个月，如果正值枯草期，应进行重点补饲。由于长期吃不到青草，母牛会缺乏维生素A，可用胡萝卜或维生素A添加剂来补充，冬天每头每天喂0.5~1千克胡萝卜，另外应补足蛋白质、能量饲料及矿物质。精料补量每头每天0.8~1.1千克（精料配方：玉米50%，糠麸类10%，油饼类30%，高粱7%，石灰石粉2%，食盐1%，另外每吨添加维生素A 1 000万国际单位）。

舍饲妊娠母牛，要依妊娠月份的增加来调整日粮配方，增加营养物质给量。按“以青粗饲料为主适当搭配精饲料”的原则，参照饲养标准配合日粮。粗饲料以玉米秸（蛋白质含量较低）

为主，要搭配1/3～1/2优质豆科牧草，再补饲饼粕类，也可以用尿素代替部分饲料蛋白；粗饲料若以麦秸为主，肉牛很难维持其最低需要，必须搭配豆科牧草，另外补加混合精料1千克左右（精料配方：玉米27%，大麦25%，饼类20%，麸皮25%，石粉1%~2%，食盐1%。每头牛每天添加1 200~1 600国际单位维生素A）。同时，又要注意防止妊娠母牛过肥，尤其是头胎青年母牛，更应防止过度饲养，以免发生难产。在正常的饲养条件下，使妊娠母牛保持中等膘情即可。

饲喂顺序：在精料和多汁饲料较少（占日粮干物质10%以下）的情况下，可采用先粗后精的顺序饲喂。即先喂粗料，待牛吃半饱后，在粗料中拌入部分精料或多汁料碎块，引诱牛多采食，最后把余下的精料全部投饲，吃净后下槽；若精料量较多，可按先精后粗的顺序饲喂。

怀孕母牛禁喂棉籽饼、菜籽饼、酒糟等饲料，不能喂冰冻、发霉的饲料，供给充足洁净的饮水，饮水温度要求不低于10℃。

2. 妊娠母牛的管理

（1）做好妊娠母牛的保胎工作：在母牛妊娠期间，应注意防止流产、早产，这一点对放牧饲养的牛群显得尤为重要。将妊娠后期的母牛同其他牛群分别组群，单独放牧在附近的草场；为防止母牛之间互相挤撞，放牧时不要鞭打驱赶以防惊群；雨天不要放牧和进行驱赶运动，防止滑倒；在有露水的草场上放牧，不要让牛采食大量易产气的幼嫩豆科牧草；不采食霉变饲料，不饮带冰碴水。

（2）加强刷拭和运动：每天要刷拭母牛，特别是头胎母牛，还要进行乳房按摩，以利于产后母牛哺乳。舍饲妊娠母牛每天运动2小时左右，以免过肥或运动不足。

（3）转舍：产前15天，最好将母牛移入产房，由专人饲养和看护。

（4）注意观察：要注意对临产母牛的观察，及时做好分娩

助产的准备工作。

（六）哺乳母牛的饲养管理

哺乳母牛就是产犊后用其乳汁哺育犊牛的母牛。中国黄牛传统上多以役用为主，乳、肉性能较差。近年来，随着黄牛选育改良工作的不断深入和发展，中国黄牛逐渐朝肉、乳方向发展，产生了明显的社会效益和经济效益。因此，加强哺乳母牛的饲养管理，具有十分重要的现实意义。

1. 哺乳母牛的饲养 母牛在分娩前1~3天，食欲减退，消化功能较弱，此时要精心调配饲料，精料最好调制成粥状，特别要保证充足的饮水。此时在饲养上要以恢复母牛体质为目的。在饲料的调配上要加强其适口性，刺激牛的食欲。粗饲料则以优质干草为主。精料不可太多，但要全价优质，适口性好，最好能调制成粥状，并可适当添加一定的增味饲料，如糖类等。

母牛分娩后，由于大量失水，要立即喂母牛以温热、足量麸皮盐水（麸皮1~2千克，盐100~150克，碳酸钙50~100克，温水10~20千克），可起到暖腹、充饥、增腹压的作用。同时喂给母牛优质、柔软的干草1~2千克。为促进子宫恢复和恶露排出，还可补给益母草温热红糖水（益母草250克，水1 500克，煎成水剂后，再加红糖1千克，水3千克），每天1次，连服2~3天。

母牛产犊10天内，尚处于体恢复阶段，要限制精饲料及根茎类饲料的喂量，此期若饲喂营养过于丰富，特别是精饲料饲喂过多，母牛会食欲不好、消化失调，易加重乳房水肿或发炎，有时因钙、磷代谢失调而发生乳热症等，这种情况在高产母牛身上极易出现。因此，对于产犊后体况过肥或过瘦的母牛必须进行适度饲养。对体弱母牛，在产犊3天后喂给优质干草，3~4天后可喂多汁饲料和精饲料。到6~7天时，便可增加到足够的喂量。

根据乳房及消化系统的恢复状况，逐渐增加给料量，但每天增加精料量不得超过1千克，当乳水肿完全消失时，饲料可增至

正常。若母牛产后乳房没有水肿，体质健康、粪便正常，在产犊后的第 1 天就可饲喂多汁料和精料，到第 6~7 天即可增至正常喂量。

头胎母牛产后饲养不当易出现酮病——血糖降低、血和尿中酮体增加，表现出食欲不佳、产奶量下降和出现神经症状。其原因是饲料中富含糖类的精料量不足，而蛋白质给量过高所致。实践中应给予高度的重视。在饲养肉用哺乳母牛时，应正确安排饲喂次数。一般以每天喂 3 次为宜。

要保持充足、清洁、适温的饮水。一般产后 1~5 天应喂给温水，水温 37~40℃，以后逐渐降至常温。

2. 哺乳母牛的管理

(1) 产前准备和接产：母牛分娩后阴门松弛，躺卧时黏膜外翻易接触地面，为避免感染，地面应保持清洁，垫草要勤换。母牛的后躯、阴门及尾部应用消毒液清洗，以保持清洁。加强监护，随时观察恶露排出情况，观察阴门、乳房、乳头等部位是否有损伤。每天测 1~2 次体温，若有升高及时查明原因并进行处理。

(2) 日常管理：每天定时清洗乳房，保持乳房清洁；每天及时清理牛床上的污染物，定期对牛床和牛舍消毒，保持洁净卫生；注意观察哺乳母牛的采食、饮水、排泄、精神状态等。

(3) 哺乳母牛的放牧管理：夏季应以放牧管理为主。放牧期间的充足运动和阳光浴及牧草中所含的丰富营养，可促进牛体的新陈代谢，改善繁殖功能，提高泌乳量，增强母牛和犊牛的健康。研究表明：青绿饲料中除含有丰富的粗蛋白质外，同时含有各种必需氨基酸、维生素、酶和微量元素。经过放牧可使牛体血液中血红素的含量增加，增加了机体内胡萝卜素和维生素 D 等储备，因而提高了对疾病的抵抗能力。放牧饲养前应做好以下几项准备工作：一是放牧场设备的准备。在放牧季节到来之前，要检修房舍、棚圈及篱笆；确定水源和饮水后的临时休息点，整修道

路。二是牛群的准备。包括修蹄、去角，驱除体内外寄生虫，检查牛号，母牛的称重及组群等。三是从舍饲到放牧的过渡。母牛从舍饲到放牧管理要逐步进行，一般需 7~8 天的过渡期。当母牛被赶到草地放牧前，要用粗饲料、半干贮及青贮饲料预饲，日粮中要有足量的纤维素以维持正常的瘤胃消化。若冬季日粮中多汁饲料很少，过渡期应为 10~14 天。时间上由开始时的每天放牧 2~3 小时，逐渐过渡到末尾的每天 12 小时。在过渡期，为了预防青草抽搐症，春季牛群由舍饲转为放牧时，开始一周不宜吃得过多，放牧时间不宜过长，每天至少补充 2 千克干草，并应注意不宜在牧场施用过多钾肥和氮肥，而应在易发本病的地方增施硫酸镁。由于牧草中钾多钠少，因此要特别注意食盐的补给，以维持牛体内的钠钾平衡。补盐方法：可配合在母牛的精料中喂给，也可在母牛饮水的地方设置盐槽，供其自由舔食。

四、提高肉牛繁殖力的其他措施

提高肉牛繁殖力可以增加肉牛犊的数量，可以提高肉牛的产量和肉牛养殖效益。

（一）加强种牛的选育

繁殖力受遗传因素影响很大，不同品种和个体的繁殖性能也有差异，尤其是种公牛，其精液品质和受精能力与遗传性能密切相关，而精液品质和受精能力往往是影响卵子受精、胚胎发育和幼犊生长的决定因素，其品质对后代群体的影响更大。因此，选择优质种公牛是提高家畜繁殖率的前提。母牛的排卵率和胚胎存活力与品种也有关系。

（二）提高技术和管理水平

技术和管理水平是影响繁殖力的重要因素。造成繁殖力下降的原因：在自由交配或群配时，公、母牛比例不当，公牛头数过少；在人工辅助交配时公牛利用过度，交配不适时或公牛饲养管理不当；在采用人工授精和冷冻精液后，对采精、新鲜精液处理及保存各环节操作技术不过硬，或要求不严，造成受胎率下降；发情鉴定不准确导致的误配、漏配；未掌握好输精时间；输精技术不熟练等。因此，在各操作环节都必须有严格的操作规程、周密的工作计划及检查制度。

管理工作涉及的内容较多，主要包括组织合理的牛群结构、合理的生产利用、母牛发情规律和繁殖情况调查，空怀、流产母牛的检查和治疗，配种组织工作，保胎及犊牛培育等。只有做好各个环节的工作，才能取得好的繁殖成绩。

（三）淘汰有遗传缺陷的种牛

每年要做好牛群整顿，对老、弱、病、残和经过检查确认已失去繁殖能力的母牛，应有计划地定期淘汰。异性孪生的母犊牛中约有95%无生殖能力，公犊中约有10%不育，应用染色体分析技术在犊牛出生后进行检测，及时淘汰有遗传缺陷牛。公牛隐睾、公母牛染色体畸变，都影响繁殖力。某些屡配不孕、习惯性流产、胚胎死亡及初生牛犊活力降低等生殖疾病，也与遗传有关。所以，对这些遗传缺陷的种公牛和母牛，都要及时淘汰，以提高繁殖率。

（四）加强繁殖疾病的控制

预防和治疗公牛繁殖疾病，如隐睾、发育不全、染色体畸变、睾丸炎、附睾炎、外生殖道炎等引起的繁殖障碍，提高公牛的交配能力和精液品质，从而提高牛的配种受胎率和繁殖率。

母牛的繁殖疾病主要有卵巢疾病、生殖道疾病、产科疾病三大类。卵巢疾病主要通过影响发情排卵而影响受配率和配种受胎率，有些疾病也可引起胚胎死亡和并发产科疾病；生殖道疾病主要影响胚胎的发育与成活，其中一些还可引起卵巢疾病；产科疾病可诱发生殖道疾病和卵巢疾病，甚至引起母体和胎犊死亡。因此，控制公、母牛的繁殖疾病对提高繁殖力十分有益。

（五）采用繁殖新技术

规模化饲养肉牛，可以充分利用繁殖方面的新技术，提高繁

殖效率和能力。

1. 同期发情　同期发情又称同步发情，就是利用某些激素制剂人为地控制并调整一群母畜发情周期的进程，使之在预定时间内集中发情。同期发情可以使母牛群集中发情，有利于人工授精技术的推广，有利于生产的安排和组织（可使母牛配种妊娠、分娩及犊牛的培育在时间上相对集中，便于肉牛的成批生产和提高劳动效率）以及提高繁殖率（能使乏情状态的母牛出现性周期活动）。

同期发情机制是母牛的发情周期从卵巢的功能和形态变化方面可分为卵泡期和黄体期两个阶段。卵泡期是在周期性黄体退化继而血液中孕酮水平显著下降后，卵巢中卵泡迅速生长发育，最后成熟并排卵的时期，这一时期一般是从周期第 18 天至第 21 天。卵泡期之后，卵泡破裂并发育成黄体，随即进入黄体期，这一时期一般从周期第 1 天至第 17 天。黄体期内，在黄体分泌的孕激素的作用下，卵泡发育成熟受到抑制，母畜不表现发情，在未受精的情况下，黄体维持 15~17 天即行退化，随后进入另一个卵泡期。相对高的孕激素水平可抑制卵泡发育和母牛发情，由此可见黄体期的结束是卵泡期到来的前提条件。因此，同期发情的关键就是控制黄体寿命，同时终止黄体期。

用于母牛同期发情处理应用的药物种类很多，方法也有多种，但较适用的是孕激素埋植法和孕激素阴道栓塞法以及前列腺素法。

（1）孕激素埋植法：将一定量的孕激素制剂装入管壁有小孔的塑料细管中，利用套管针或者专门埋植器将药管埋入耳背皮下，经一定天数，在埋植处做切口将药管取出，同时注射孕马血清促性腺激素 500~800 国际单位。也可将药物装入硅橡胶管中埋植，硅橡胶有微孔，药物可渗出。药物用量因种类不同而不同，如 18-甲基炔诺酮为 15~25 毫克。目前国外已生产埋植物制品并在市场上出售。

（2）孕激素阴道栓塞法：栓塞物可用泡沫塑料块或硅橡胶环，后者为一螺旋状钢片，表面敷以硅橡胶。它们包含一定量的孕激素制剂。将栓塞物放在子宫颈外口处，其中的激素即可渗出。处理结束时，将其取出或同时注射孕马血清促性腺激素。

孕激素的处理有短期（9~12 天）和长期（16~18 天）两种。长期处理后，发情同期率较高，但受胎率较低；短期处理后，发情同期率较低，而受胎率接近或相当于正常水平。如在短期处理开始时，肌内注射 3~5 毫克雌二醇（可使黄体提前消退和抑制新黄体形成）及 50~250 毫克的孕酮（阻止即将发生的排卵），这样就可提高发情同期化的程度。但由于使用了雌二醇，故投药后数天内母牛出现发情表现，但并非真正发情，故不要人工授精。使用硅橡胶环时，环内附有一胶囊，内装上述量的雌二醇和孕酮，以代替注射。

孕激素处理结束后，在第 2~4 天内大多数母牛有卵泡发育并排卵。

（3）前列腺素法：前列腺素的投药方法有子宫注入（用输精管）和肌内注射两种。前者用药量少，效果明显，但注入时较为困难；后者操作容易，但用药量需适当增加。

前列腺素处理法只有当母牛在周期第 5~18 天（有功能黄体时期）才能产生发情反应。对于周期第 5 天以前的黄体，前列腺素并无溶解作用。因此，用前列腺素处理后，总有少数母牛无反应，对于这些母牛需做二次处理。有时为使一群母牛有最大程度的同期发情率，第一次处理后，表现发情的母牛不予配种，经 10~12 天后再对全群牛进行第二次处理，这时所有的母牛均处于周期第 5~18 天，故第二次处理后母牛同期发情率显著提高。

前列腺素制剂不同、给药方法不同，其用药剂量也不相同：前列腺素的用量为子宫内注入 3~5 毫克，肌内注射 20~30 毫克；国产甲基前列腺素 $F_{2\alpha}$、前列腺素 $F_{2\alpha}$ 甲酯以及十三去氢前列腺素三种制剂注入子宫颈的用量分别为 1~2 毫克、2~4 毫克和 1~2

毫克。国外生产的高效前列腺素 $F_{2\alpha}$ 类似物制剂肌内注射 0.5 毫克即可。

用前列腺素处理后，一般第 3~5 天母牛出现发情，比孕激素处理晚 1 天，因为从投药到黄体消退需要将近 1 天时间。

有人将孕激素短期处理与前列腺素处理结合起来，效果优于二者单独处理。即先用孕激素处理 5~7 天或 9~10 天，结束前 1~2天注射前列腺素。不论采用何种处理方式，处理结束时配合使用孕马血清促性腺激素，都可提高同期发情率和受胎率。

同期发情处理后，虽然大多数牛的卵泡正常发育并排卵，但不少牛无外部发情症状和性行为表现，或表现非常微弱，其原因可能是激素未达到平衡状态；第二次自然发情时，其外部症状、性行为和卵泡发育则趋于一致。

2. 超数排卵　超数排卵简称超排，就是在母牛发情周期的适当时间注射促性腺激素，使卵巢比自然状况下有更多的卵泡发育并排卵。超数排卵可以诱发多个卵泡发育，增加受胎比例（双胎率提高），提高繁殖率。

（1）药物种类：用于超排的药物大体可分为两类：一类促进卵泡生长发育；另一类促进排卵。前者主要有孕马血清促性腺激素和促卵泡素；后者主要有人绒毛膜促性腺激素和促黄体素。

（2）处理方法：处理时间一般在预计发情到来之前 4 天即发情周期的第 16 天注射促卵泡素或孕马血清促性腺激素，在出现发情的当天注射人绒毛膜促性腺激素。目前各国对供体母牛做超排处理的方法是在供体母牛发情周期的中期肌内注射孕马血清促性腺激素，以诱导母牛有多数卵泡发育，两天后肌内注射前列腺素 $F_{2\alpha}$。或其类似物以消除黄体，2~3 天发情。为了使排出的卵细胞有较多的受精机会，一般在发情后授精 2~3 次，每次间隔 8~12 小时。

我国内蒙古自治区制定了超数排卵的地方标准。促卵泡素 5 天注射法：以母牛发情当天作为周期的 0 天，在母牛发情周期的第9天，每天早（7：00~8：00）和晚（19：00~20：00）各注射1次促卵泡素，连续5天，递减注射。

影响超数排卵效果的因素很多，有许多仍不十分清楚。一般不同品种不同个体用同样的方法处理，其效果差别很大。青年母牛超数排卵效果优于经产母牛。此外，使用促性腺激素的剂量，前次超排至本次发情的间隔时间、采卵时间等均可影响超排效果。如反复对母牛进行超排处理，需间隔一定时间。一般第2次超排应在首次超排后60~80天进行，第3次超排应在第2次超排后100天进行。增加用药剂量或更换激素制剂，药量过大、过于频繁地对母畜进行超排处理，则不仅超排效果差，还可能导致卵巢囊肿等病变。

3. 诱发发情 诱发发情是家畜繁殖控制的一种技术，它是指母牛在乏情期（如泌乳期生理性乏情、生殖病理性乏情）借助外源激素或其他方法人为引起母牛发情并进行配种，从而缩短母牛繁殖周期的一种技术。根据母牛的不同状况，可采用如下方法。

（1）生长到初情期仍不见初次发情的青年母牛：可用“三合激素”（雌激素、雄激素和孕激素的配伍制剂）处理，剂量一般为3~4支/头。或用18-甲基炔诺酮15~25毫克/头进行皮下埋植，12周后取出，同时注射800~1 000国际单位的孕马血清促性腺激素。

（2）泌乳期乏情的母牛：应促使犊牛断奶并与母牛隔离，同时肌内注射100~200国际单位促卵泡素，每天或隔天1次。每次注射后需做检查，如无效可连续应用2~3次，直至有发情表现为止。

（3）患持久黄体或黄体囊肿的母牛：可用前列腺$F_{2\alpha}$进行治疗。前列腺素的作用是溶解黄体，从而引起发情。前列腺素的用量：子宫内灌注，1毫升/头；肌内注射，2毫升/头。

另外，肌内注射初乳20毫升的同时，注射新斯的明10毫克，在发情配种时再注射促性腺激素释放激素（GnRH）类似物

(如 LRH-A_1) 100微克，也可诱导母牛发情并排卵。

4. 胚胎移植 胚胎移植又称受精卵移植，就是将一头母畜(供体) 的受精卵移植到另一头母畜 (受体) 的子宫内，使之正常发育，俗称“借腹怀胎”。胚胎移植不仅可以充分发挥优良母牛的繁殖潜力(一般情况下，一头优良成年母牛一年只能繁殖一头犊牛，应用胚胎移植技术，一年可得到几头至几十头优良母牛的后代，大大加速了良种牛群的建立和扩大)，而且可以诱发肉牛产双胎(对发情的母牛配种后再移植一个胚胎到排卵对侧子宫角内。这样配种后未受孕的母牛可能因接受移植的胚胎而妊娠，而配种后受体母牛则由于增加了一个移植的胚胎而怀双胎。另外，也可对未配种的母牛在两侧子宫角各移植一个胚胎而怀双胎，从而提高生产效率)。

(1) 胚胎移植的生理基础：一是母牛发情后生殖器官的孕角发育。在发情后的最初一个时期 (周期性黄体期)，不论是否已受精，母牛生殖系统均处于受精后的生理状态下。在生理现象上，妊娠与未孕并无区别。所以，发情后的母牛生殖器官的孕向变化是能否进行胚胎移植 (使不配种的受体母牛可以接受胚胎) 并为胚胎发育提供各种条件的主要生理学依据。二是早期胚胎的游离状态。胚胎在发育早期有相当一段时间 (附植于子宫之前) 是独立存在的，它的发育基本上靠本身储存的养分，还未和子宫建立实质性联系。所以，在离开活体的情况下，在短时间内可以存活。当放回与供体相同的环境中，即可继续发育。三是胚胎移植不存在免疫问题。一般来说，在同一物种之内，受体母牛的生殖道 (子宫和输卵管) 对于具有外来抗原物质的胚胎和胎膜组织并没有免疫排斥现象。这一点对胚胎由一个体移植给另一个体后而继续发育极为有利。四是胚胎和受体的联系。移植的胚胎，在一定时期会和受体子宫内膜建立生理上和组织上的联系，从而保证了以后的正常发育。此外，受体并不会对胚胎产生遗传上的影响，不会影响胚胎固有的优良性状。

（2）胚胎移植的操作原则：一是胚胎移植前后所处环境的一致性，即胚胎移植后的生活环境与胚胎的发育阶段相适应。它包括生理上的一致性（即供体和受体在发情时间上的一致性）和解剖位上的一致性（即移植后的胚胎与移植前所处的空间环境的相似性）以及种属一致性（即供体与受体应属同一物种，但并不排除种间移植成功的可能性）。二是胚胎收集期限。胚胎收集和移植的期限（胚胎的日龄）不能超过周期黄体的寿命，最迟要在周期黄体退化之前数天进行移植。通常是在供体发情配种后3~5天内收集和移植胚胎。三是避免不良因素的影响。在全部操作过程中，胚胎不应受到任何不良因素（物理、化学、微生物因素）的影响而危及生命力。移植的胚胎必须经鉴定并认定为发育正常者。

（3）胚胎移植的基本程序：胚胎移植的基本程序包括供体超排与授精，受体同期发情处理、采卵、检卵和移植。超排和同期发情处理见前面。

1）第一步，胚胎回收（采卵）。从供体收集胚胎的方法有手术法和非手术法两种。

A. 手术法：按外科剖腹术的要求进行术前准备。手术部位位于右肋部或腹下乳房至脐部之间的腹白线处，切开。伸进食指找到输卵管和子宫角并引出切口外。如果在输精后3~4天采卵，受精卵还未移行到子宫角，可采用输卵管冲卵的方法：将一直径2毫米、长约10厘米的聚乙烯管从输卵管腹腔口插入2~3厘米，另用注射器吸取5~10毫升30℃左右冲卵液，连接7号针头，在子宫角前端刺入，再送入输卵管峡部，注入冲卵液。穿刺针头应磨钝，以免损伤子宫内膜；冲洗速度应缓慢，使冲洗液连续地流出。如果在输精后5天收胚，还必须做子宫角冲胚。即用10~15毫升冲卵液由宫管结合部子宫角上部向子宫角分叉部冲洗。为了使冲卵液不致由输卵管流出，可用止血钳夹住宫管结合部附近的输卵管，在子宫角分叉部插入回收针，并用肠钳夹住子宫与回收

针后部，固定回收针并使冲卵液不致流入子宫体内。

B. 非手术法：非手术采卵一般在输精后5~7天进行。可采用二路导管冲卵器。二路导管冲卵器是由带气囊的导管与单路导管组成。导管中一路为气囊充气用，另一路为注入和回收冲卵液用。

导管中插1根金属通杆以增加硬度，使之易于通过子宫颈。一般用直肠把握法将导管经子宫颈导入子宫角。为防止子宫颈紧缩及母牛努责不安，采卵时可在腰荐或尾椎间隙用2%的普鲁卡因或利多卡因5~10毫升进行硬膜外腔麻醉。操作前洗净外阴部并用乙醇消毒。为防止导管在阴道内被污染，可用外套膜（有商品出售）套在导管外，当导管进入子宫颈后，扯去套膜。将导管插入一侧子宫角后，从充气管向气囊充气，使气囊胀起并触及子宫角内壁，以防止冲卵液倒流。然后抽出通杆，经单路导管向子宫角注入冲卵液，每次15~50毫升，冲洗5~6次，并将冲卵液收集在漏斗形容器中。为更多地回收冲卵液，可在直肠内轻轻按摩子宫角。用同样方法冲洗对侧子宫角。

冲卵液多数为组织培养液，如林格氏液、杜氏磷酸盐缓冲液（DPBS）、布林斯特氏液（BMOC-3）和199组织液（TCM—199）等。常用的为杜氏磷酸盐缓冲液，加入0.4%的牛血清白蛋白或1%~10%犊牛血清。

冲卵液温度应为35~37℃，每毫升要加入青霉素1 000国际单位，链霉素500~1 000微克，以防止生殖道感染。

2）第二步，胚胎检查。

A. 检卵：将收集的冲卵液于37℃温箱内静置10~15分钟。胚胎沉底后，移去上层液。取底部少量液体移至平皿内，静置后在实体显微镜下先在低倍（10~20倍）下检查胚胎数量，然后在较大倍数（50~100倍）下观察胚胎质量。

B. 吸卵：吸卵是为了移取、清洗、处理胚胎，要求目标准确，速度快，带液量少，无丢失。可用1毫升的注射器装上特别的吸头进行吸卵，也可使用自制的吸卵管。

C. 胚胎质量鉴定：正常发育的胚胎，其中细胞（卵裂球）外形整齐，大小一致，分布均匀，外膜完整。无卵裂现象（未受精）卵和异常卵（外膜破裂、卵裂球破裂等）都不能用于移植。

3）第三步，胚胎移植。

A. 手术移植：先将受体母牛做好术前准备。已配种母牛，在右肋部切口，找到非排卵侧子宫角，再把吸有胚胎的注射器或移卵管刺入子宫角前端，注入胚胎；未配母牛在每侧子宫角各注入1个胚胎，然后将子宫复位，缝合切口。

B. 非手术移植：非手术移植一般在发情后第6~9天（即胚泡阶段）进行，过早移植则会影响受胎率。在非手术移植中采用胚胎移植枪和0.25毫升细管移植的效果较好。将细管截取适量，吸入少许保存液，吸一个气泡，然后吸入含胚胎的少许保存液，再吸入一个气泡，最后再吸取少许保存液。将装有胚胎的吸管装入移植枪内，通过子宫颈插入子宫角深部，注入胚胎。非手术移植要严格遵守无菌操作规程，以防生殖道感染。

第二节　肉牛的饲养管理

依据肉牛生长发育规律，选择适宜的品种、提供良好的环境条件、科学饲养管理，最大限度地发挥肉牛的生长潜力，使肉牛长得更快。

一、肉牛的生长发育规律

肉牛生长发育的最直接指标就是体重，肉犊牛体重增长的规律可分为体重增长的一般规律、体重增长的平衡性以及补偿增长规律。生产上应根据肉犊牛的体重增长规律来提供充足的营养，使其能够快速地生长发育，以达到良好的饲养效果，从而提高肉牛养殖经济效益。

（一）肉犊牛体重增长的一般规律

肉犊牛体重增长的一般规律可分为出生前的体重增长规律和出生后的体重增长规律。在犊牛出生前，妊娠期的前四个月胎儿的生长速度较为缓慢，以后逐渐加快，妊娠后期是胎儿体重增长最快的时期。肉犊牛的大部分体重都是在母牛妊娠后期增长的。犊牛在胎儿时期各阶段的生长发育是不均衡的，其中用来维持生命需要的头、内脏、四肢骨骼等重要器官的生长发育速度较快，而肌肉和脂肪的生长发育速度较慢。因此，一般不将初生的犊牛用来肥育，因为这样饲养不够经济。

胎儿出生后，在营养充足的情况下，体重的增长规律在性成熟时是呈加速增长的，发育成熟后增重的速度会逐渐变慢，所以肉牛在 12 月龄前生长速度较快，随后会逐渐减慢，而这一阶段的采食量会逐渐增大，如果继续饲喂不但不会获得较高的产肉量，反而会造成饲料的浪费。因此，当肉牛在体成熟达到 1. 5~2 岁时进行销售、屠宰较为经济。

（二）肉犊牛体重增长的不平衡性

肉犊牛的体重增长是不平衡的，这是肉牛体重增长规律的主要特点之一，这种不平衡性主要表现在犊牛从初生到 6 月龄的生长发育速度要比 6~12 月龄的生长发育速度快得多，到了 12 月龄以后，生长速度开始明显减慢，在接近成熟后的生长速度则更慢。例如，夏洛莱牛从出生到 6 月龄的平均日增重为 1. 15~1. 18 千克，而到了 6~12 月龄则下降到 0. 5 千克。肉牛每天摄入的饲料主要用于维持生命活动和基础代谢的需要，剩余的部分则被用来增重，所以体重增长速度快的牛用于维持需要的饲料的养分占总养分的比例相对要少，饲料的报酬率高。研究表明，平均日增重 1. 1 千克的犊牛维持需要的饲料量占总饲料量的 38%，平均日增重为 0. 8 千克的犊牛维持需要的饲料量则为 47%，所以在肉牛养殖生产中要掌握肉牛生长发育的不平衡性这一特点，在其生长发育快速的阶段给予充足的营养物质，以保证肉牛快速增长，提高养殖效率。

（三）肉犊牛体重增长的补偿增长

在肉犊牛生长发育的阶段，如果营养不足会导致其生长发育速度下降，当在后期的某一阶段恢复高营养供给后，其生长发育速度要比其他正常饲养的肉牛快，在经过一段时间的饲养后体重可恢复正常，肉牛的这种生长特性就称为补偿增长。这就是肥育架子牛可获得良好经济效益的主要原因，因为在肉牛的补偿阶段，补偿生长的牛生长速度、采食量以及饲料的利用率等这几项指标都要高于正常生长发育的肉牛。虽然如此，但是由于补偿生长的牛在达到与正常生长的牛相同的体重所需要的时间较长，即使饲料的利用率较高，但是在整个饲养周期里饲料的转化率较低。另外，补偿生长的牛即使在饲养周期结束后可以达到体重要求，但是体组织仍然会受到一定程度的影响，表现在屠宰后补偿牛的骨成分较高、脂肪成分较低。

值得注意的是，肉犊牛并不是在任何情况下都可以获得补偿生长。在生长发育早期，当营养供给严重不足时，会导致增长速度受到严重的影响，而使犊牛易形成僵牛。另外，如果犊牛长期处于低营养水平的饲养条件，则获得补偿生长较为困难，即使可以补偿生长，效果也较差。因此，在肉牛的饲养管理过程中要想利用肉牛补偿生长这一规律，要注意肉牛生长受阻的时间最长不能超过 6 个月，并且生长受阻的时间最好不要选择在胚胎期以及出生到 3 月龄这段时期，否则补偿效果不好。

二、影响肉牛生长的因素

（一）品种和类型

不同品种和类型的牛产肉性能差异很大，这是影响肥育效果的重要因素之一。肉用牛比肉乳兼用牛、乳用牛和役用牛能较快地结束生长，因而能进行早期肥育，提前出栏，节约饲料，同时能获得较高的屠宰率和胴体出肉率。肉的质量越好，胴体中所含

不可食部分（骨和结缔组织）越少，同时脂肪能够较均匀地在体内积储，使肉形成大理石状花纹，因而肉味鲜美。肉牛在肥育后屠宰率为60%~65%，高者达68%~72%，而兼用品种牛为55%~60%，肉乳兼用的西门塔尔牛为62%；乳用品种牛未肥育时屠宰率为35%~43%，肥育后50%。

役用品种牛未经肥育和肥育后各种牛差异也很大，如老残牛屠宰率为55.11%~57.19%，南阳牛为42.5%，秦川牛为41.78%，甘肃黄牛一般为40%，改良后可达50%以上。改良后的西黄F1代，利西黄、短西黄、西黄F_2代，18月龄开始肥育，经80天后，屠宰率分别为54.21%、56.06%、54.78%和55.58%。同一品种或类型中不同的体型，产肉性能也会不同。

（二）年龄

年龄不同，屠体品质也不同，幼龄牛肉纤维细嫩，水分含量高（初生犊牛肉水分含量70%以上），脂肪含量少，味鲜、多汁，随年龄增长，纤维变粗，水分含量减少（两岁阉牛胴体水分为45%），脂肪含量增加，不同年龄牛的售价也有很大差异。年龄不同，增重速度也不同，出生后第一年内器官和组织生长最快，以后速度减缓，而第二年的增重为第一年的70%，第三年为第二年的50%，因此肉牛以1岁或最多不超过两岁屠宰为好。同时幼牛维持消耗少，单位增重所耗饲料少，饲料利用率高。体重增长主要是肌肉、骨骼和各器官的生长。而年龄大的牛则相反，体重增长主要靠脂肪沉积，其热能消耗约为肌肉的7倍。因此，幼牛的肥育较老年牛更为经济。

（三）性别

性别对体型、胴体形状、结构和肥度、肉的品质都有很大的影响。消费者在喜好上有选择性，国内外商业价格也有较大差异，因此往往将肉用牛按性别和大小分为五类。早期去势公牛（阉小公牛）指在性成熟前未表现公牛特征时去势的公牛。这是市场供应最多的牛。小母牛（没有怀孕或处于怀孕期尚未发育结束的母牛）适于短期肥育，可早结束发育，提早上市。阉大公牛（已表现雄性特征和性成熟后去势的公牛）、公牛（未去势的公牛）、母牛（已分娩1胎或1胎以上，以及初胎怀孕后期，虽未怀孕已结束发育，具备成年母牛形态的牛）增重成本较1岁牛增加50%~100%（肥育为脂肪堆积），只适于短期肥育上市。

性别不同，增重速度也不同。公牛增重速度最快，阉牛次之，母牛最低。特别是育成公牛和阉牛相比，生长率高7%~8%，饲料报酬较高（长1千克肉所需饲料低12%），眼肌面积大，胴体瘦肉含量多，最佳屠宰体重高6%~10%，达到相同胴体质量时活重较大，屠宰率高，脂肪少，可食肉比例高，因而商品价值高。国外有提倡肥育公牛的趋势，但肉质不及阉牛好。

母牛和阉牛、公牛的肉质相比，其肌纤维细嫩，结缔组织少，肉味好，易肥育。但缺点是肥育生长速度慢，易受发情干扰。在肥育时可采用肥育后期放入公牛配种使之怀孕或摘除卵巢以消除发情干扰。淘汰母牛和老龄母牛肥育时肉质差，增重多为脂肪，成本高，但可以充分利用粗饲料的各种残渣，相对节约开支，但肥育期不宜过长，体型较为丰满时屠宰为最适宜。

（四）饲养水平和饲养状况

饲养水平和饲养状况是提高肉牛产量和质量最主要的因素，正确地进行饲养，组织安排放牧肥育和舍饲肥育是肉牛高产的决定性环节。试验证明，饲喂营养丰富的幼年阉牛比饲喂营养贫乏的幼年阉牛体重、胴体重、肉和油脂产量等都高出1倍多。另外，正确地组织放牧和利用草场，100~150天能增加体重100~150千克，一般幼牛体重增加60%~70%，成年牛体重增加40%~50%。

（五）环境条件

良好的环境条件和肥沃的土地可以生产丰富优质的牧草，减少牛的维持需要，从而提高产肉性能和品质，而低温、山地和劣

质草场，则往往限制牛的生产性能。据英国肉类和家畜委员会统计，在海拔3 000米以上未经改良草场的阉牛和母牛200日龄体重分别比海拔100米以下围栏人工草场的阉牛和母牛低54千克和47千克，各种杂种牛200日龄优势体重减少9.1千克。据此，他们认为环境的影响超过品种的影响。由此可见，在肉牛生产中创造良好的饲养管理条件是十分必要的。

（六）杂交

杂交可以产生活力、适应性、生长发育、产肉性能等方面的杂种优势，肉牛生产中已广泛利用经济杂交来提高产肉性能。俄罗斯研究了100多个品种间的杂交方法，产肉性能比纯种提高10%~15%；美国的试验证明杂种牛比纯种牛多产肉15%~20%，三品种杂交又比两品种杂交多产肉5%左右。

（七）双肌肉的发育

近年来在肉牛的选种工作中对肌肉的发育都很重视，双肌是对肉牛臀部肌肉过度发育的形象称呼。早在200年前人们已发现牛的肌肉发育有双肌现象，在短角、海福特、夏洛莱等品种中均有出现，目前以在夏洛莱牛中最多，公牛较母牛多。双肌有如下特点：一是以膝关节为圆心至臀端为半径画一圆，双肌的臀部外缘正好与圆周吻合，但非双肌的牛的臀部外缘则在圆周以内。双肌牛由于后躯肌肉过度发育，因此能看出肌肉间有明显的凹陷沟痕，行走时肌肉移动明显且后腿向前向两外侧突出，尾根突出，尾根附着向前。二是双肌牛沿脊柱两侧和背腰的肌肉很发达，形成“复腰”，腹部上收，体躯较长。三是肩区肌肉较发达，但不如后躯，肩肌之间有凹陷。颈短较厚，上部呈弓形。四是双肌牛生长快，早熟。

双肌的特性随牛的成熟而变得不明显。公牛的双肌比母牛明显。双肌牛胴体的特点是脂肪沉积少而肌肉多。据测定，双肌牛胴体的脂肪比正常牛少3%~6%，瘦肉多8%~11.8%，骨少2.3%~5%，个别双肌牛的肌肉可比正常牛多20%；双肌牛的主要缺点是繁殖力差，怀孕期较长，难产多。

（八）肥育程度

肥育程度也是影响牛肉产量和质量的首要因素。只有外表肥育程度好的牛，才是体重大和售价高的牛。肉产量高和质量好的牛，高等级胴体和优质切块的比例也高。

三、肉牛的选种和经济杂交

（一）肉牛的选种方法

肉牛的选择包括自然选择和人工选择两种方式。自然选择是指随着自然环境的变迁，适者生存，不适者淘汰的一种选择方式；人工选择是指根据人们的各种需要，对肉牛进行有目的的选择的一种方式。

肉牛选择的一般原则为“选优去劣，优中选优”。种公牛和种母牛的选择，是从品质优良的个体中精选出最优个体，即“优中选优”。而对种母牛大面积地普查鉴定、评定等级，及时淘汰劣等，则又是“选优去劣”的过程。在肉牛公母牛的选择中，种公牛的选择对牛群的改良起着关键作用。

肉牛选择的途径主要包括系谱、本身、后裔和旁系选择四项。种公牛的选择，首先是审查系谱，其次是审查该公牛外貌表现及发育情况，最后还要根据种公牛的后裔测定成绩，以断定其遗传性是否稳定。对种母牛的选择则主要根据其本身的生产性能或与生产性能相关的一些性状，此外还要参考其系谱、后裔及旁系的表现情况。

1. 系谱选择　通过系谱记录资料是比较牛只优劣的重要途径。在肉牛业中，对犊牛的选择，并考察其父母、祖父母及外祖父母的性能成绩，对提高选种的准确性有重要作用。据资料表明，种公牛后裔测定的成绩与其父亲后裔测定成绩的相关系数为0.43，与其外祖父后裔测定成绩的相关系数为0.24，而与其母亲1~5个泌乳期产奶量之间的相关系数只有0.21、0.16、0.16、

0.28、0.08。由此可见，估计种公牛育种值时，对来自父亲的遗传信息和来自母亲的遗传信息不能等量齐观。审查肉牛系谱时，对肉牛的双亲及其祖代的审查，重点在各阶段的体重与增重、饲料报酬及与肉用性能有关的外貌表现，同时须查清先代是否携带致死、半致死等其他不良基因。系谱选择应注意如下几点。

（1）重点考虑其父母亲的品质：祖先中父母亲品质的遗传对后代影响最大，其次为祖父母，血统越远影响越小。系谱中母亲生产力大大超过全群平均数，父亲又是经过后裔测定证明是优良的，这样选留的种牛可成为良种牛。

（2）不可忽视其他祖先的影响：不可只重视父母亲的成绩而忽视其他祖先的影响，后代有些个别性状受隔代遗传影响，如受祖父母远亲的影响。

（3）注意遗传的稳定性：如果各代祖先的性状比较整齐，而且有直线上升趋势，这个系谱是较好的，选留该牛比较可靠。

（4）其他方面：以生产性能、外形为主作全面比较，同时注意有无近交和杂交、有无遗传缺陷等。

2. 本身选择 本身选择又称性能测定，就是根据种牛本身一种或若干种性状的表型值判断其种用价值，从而确定个体是否选留。当小牛长到1岁以上，就可以直接测量其某些经济性状，如1岁活重、肉牛肥育期增重效率等。而对于胴体性状，则只能借助如超声波测定仪等设备进行辅助测量，然后对不同个体做出比较。对遗传力高的性状，适宜采用这种选择途径。具体做法是：可以在环境一致并有准确记录的条件下，与所有牛群的其他个体进行比较，或与所在牛群的平均水平比较。有时也可以与鉴定标准比较。

（1）肉牛的体型外貌：体型呈长方形。体躯低垂，四肢较短，颈短而宽，鬐甲平广、宽厚，背腰平宽，胸宽深，腹部紧凑，尻部宽平，股部深。头宽颈粗，无论侧望、俯望、前望、后望，体躯部分都呈明显的长方形、圆筒状。

(2) 肉用种公牛的选择：种公牛本身的表现主要包括生长发育、体质外貌、体尺体重、早熟性以及精液质量等性状。

肉用种公牛的体型外貌要求其体型大小适中，全身结构匀称，外形和毛色符合品种要求，雄性特征明显，无明显的外貌缺陷。生殖器官发育良好，睾丸大小正常，有弹性。凡是体型外貌有明显缺陷的，生殖器官畸形的或睾丸大小不一的等均不宜作种用。肉用种公牛的外貌评分不得低于一级，核心公牛要求特级。

除外貌外，还要测量种公牛的体尺和体重，按照品种标准分别评出等级。另外，还需要检查其精液质量，正常情况下鲜精活力不低于0.7，死亡、畸形精子过多者（高于20%）不宜作为种用。

(3) 肉用种母牛的选择：种母牛本身性能主要包括体型外貌、体尺体重、生产性能、繁殖性能、生长发育、早熟性与长寿性等。

1）体型外貌：肉用种母牛体型外貌必须符合肉牛外貌特点的基本要求。

2）体尺体重：肉牛的体尺体重与其肉用性能有密切关系。选择肉牛时，要求生长发育快，各期（初生、断奶、周岁、18月龄）体重大、增重快、增重效率高。初生重较大的牛，以后生长发育较快，故成年体重较大。犊牛断奶体重取决于母牛产奶量的多少。周岁重和18月龄体重对选肉用后备母牛及公牛很重要，它能充分看出其增重的遗传潜力。

肉牛的各性状之间具有遗传相关性，在选种上利用遗传相关性就能提高选种效果。对一些遗传力较低的性状，如果能找出与该性状遗传相关性较高的另一个高遗传力性状，通过对这个高遗传力性状的选择，就能间接地提高低遗传力性状。此外，有些性状的测定比较复杂，条件不具备时可以不必直接进行测定，而通过间接选择去提高。如饲料利用率是肉牛生产中很重要的经济性

状，但测定较费时费力，而增重速度的测定就很容易做到，饲料利用率与增重速度之间具有高度的遗传正相关性。因此，通过增重速度的选择就能使饲料利用率在较大程度上得到改进。

3）肉用性能：对肉牛产肉性能的选择，除外貌、产奶性能、繁殖力之外，重点是生长发育和产肉性能两项指标。

A. 生长发育性能：生长发育性能包括初生重、断奶重、日增重各阶段的体尺和外貌评分。肉牛生长发育性状的遗传力见表5-11。

表5-11　肉牛生长发育性状的遗传力

性状	初生重	断奶重	哺乳期日增重	断奶外貌评分	周岁及周岁半活重
遗传力	0.25	0.35	0.50	0.52	0.50

由于肉牛生长发育性状的遗传力属中等遗传力，根据个体本身表型值选择能收到较好的效果，如果结合家系选择则效果更好。

B. 产肉性能：主要包括宰前重、胴体重、净肉重、屠宰率、净肉率、肉骨比、肉脂比、眼肌面积、皮下脂肪厚度等。肉牛产肉性能的遗传力见表5-12。

表5-12　肉牛产肉性能的遗传力（参考值）

性状	宰前重	胴体重	胴体等级	屠宰率	净肉率	眼肌面积	脂肪厚度
遗传力	0.7	0.65~0.70	0.45~0.50	0.45~0.50	0.50	0.60~0.70	0.35~0.50

由表5-12可知，肉牛产肉性能的遗传力都比较高，对于产肉性能的选择主要根据种牛半同胞资料进行选择。

4）繁殖性能：主要包括受胎率、产犊间隔、发情的规律性、产犊能力以及多胎性。

A. 受胎率：受胎率的遗传力很低。在正常情况下，每次怀犊的配种次数愈少愈好，而其遗传力一般小于0.15。

B. 产犊间隔：即连续两次产犊间隔的天数，其遗传力很低，1~6 胎为 0.32，一生分娩次数的遗传力为 0.37。一般要求一年产一犊。

C. 60~90 天不返情率：人工授精时不返情率平均为 65%~70%，其遗传力约为 0.20。

D. 产犊能力：选择种公牛的母亲时，应选年产一犊、顺产和难产率低的母牛，一般要求肉乳兼用品种的初胎母牛，其难产率不超过 2.4%，二胎以上母牛不超过 1.3%。

E. 多胎性：母牛的孪生，即多产性，在一定程度上也能遗传给后代。据统计，双生率随母牛年龄上升而增多，8~9 岁时最高，并因品种不同而异，其中夏洛莱牛的双胎率为 6.55%，西门塔尔牛为 5.12%，中国荷斯坦牛为 2.35%~3.39%。

5）早熟性：早熟性是指牛的性成熟较早，它可较快地完成身体的发育过程，可以提前利用，节省饲料，经济价值较高。早熟性受环境影响较大。如秦川牛属晚熟品种，但在较好的饲养管理条件下，可以较大幅度地提高其早熟性，育成母牛平均在9.3±0.9 月龄（最早 7 月龄）即开始发情，育成公牛 12 月龄即可射出能供干冰（-79℃）冷冻的成熟精子。

3. 后裔测验（成绩或性能试验） 后裔测验是根据后裔各方面的表现情况来评定种公牛好坏的一种鉴定方法，这是多种选择途径中最为可靠的选择途径。具体方法是将选出的种公牛与一定数量的母牛配种，对犊牛成绩加以测定，从而评价使（试）用种牛品质优劣的程序。

4. 旁系选择（同胞或半同胞牛选择） 旁系是指所选择个体的兄弟、姐妹、堂表兄妹等。利用旁系材料的主要目的是从侧面证明一些由个体本身无法查知的性能（如公牛的泌乳能力、配种能力等）。此法与后裔测定相比较，可以节省时间。

肉用种公牛的肉用性状，主要根据半同胞材料进行评定。应用半同胞材料估计后备公牛育种值的优势，可对后备公牛进行早

期鉴定。

（二）肉牛的经济杂交方法

该法多用于商品生产的牛场，特别是用于黄牛改良、肉牛改良和奶牛的肉用生产。目的是利用杂交优势，获得具有高度经济利用价值的杂交后代，以增强商品肉牛的数量和降低生产成本，获得较好的经济效益。生产中，简便实用的杂交方式主要有二元杂交、三元杂交。

1. 二元杂交　又称两品种固定杂交或简单杂交，即利用两个不同品种（品系）的公母牛进行固定不变的杂交，利用一代杂种的杂种优势生产商品牛。这种杂交方法简单易行，杂交一代都是杂种，具有杂种优势的后代比例高，杂种优势率最高。这种杂交方式的最大缺点是不能充分利用繁殖性能方面的杂种优势。通常以地方品种或培育品种为母本，只需引进一个外来品种作父本，数量不用太多，即可进行杂交。如利用西门塔尔牛或夏洛莱牛杂交本地黄牛。其杂交模式如图 5-1。

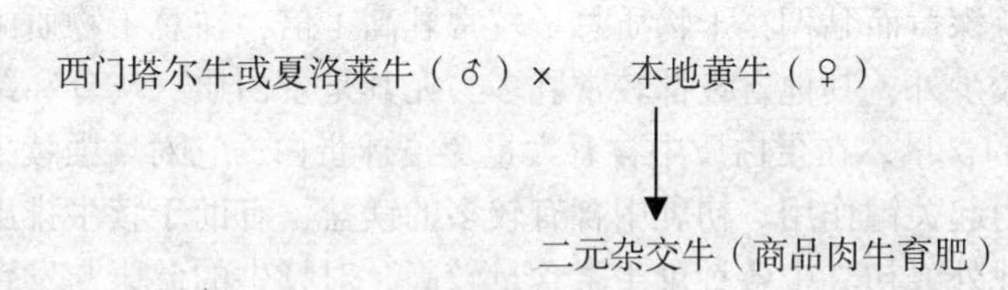

图 5-1　二元杂交模式

2. 三元杂交　又称三品种固定杂交。从两个品种杂交的杂种一代母牛中选留优良的个体，再与另一品种的公牛进行杂交，所生后代全部作为商品肉牛肥育。第一次杂交所用的公牛品种称为第一父本，第二次杂交利用的公牛称为第二父本或终端父本。这种杂交方式由于母牛是一代杂种，具有一定的杂种优势，再杂交可望得到更高的杂种优势，所以三品种杂交的总杂种优势要超过两品种。其杂交模式如图 5-2。

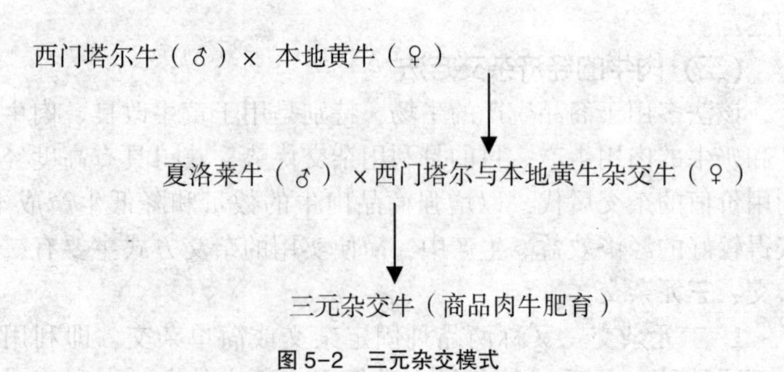

图 5-2　三元杂交模式

四、犊牛的饲养管理

犊牛系指初生至断乳前这段时期的小牛。肉用牛的哺乳期通常为 6 个月。

（一）犊牛的饲养

1. 早喂初乳　初乳是母牛产犊后 5~7 天内所分泌的乳汁。初乳色深黄而黏稠，干物质总量较常乳高 1 倍，在总干物质中除乳糖较少外，其他含量都较常乳多，尤其是蛋白质、灰分和维生素 A 的含量。在蛋白质中含有大量免疫球蛋白，它对增强犊牛的抗病力起关键作用。初乳中含有较多的镁盐，有助于犊牛排出胎便，此外，初乳中各种维生素含量较高，对犊牛的健康与发育有着重要的作用。

犊牛出生后应尽快让其吃到初乳。一般犊牛生后 0.5~1 小时，便能自行站立，此时要引导犊牛接近母牛乳房寻食母乳，若有困难，则需人工辅助哺乳。若母牛健康，乳房无病，农家养牛时可令犊牛直接吮吸母乳，随母牛自然哺乳。

若母牛产后生病死亡，可由同期分娩的其他健康母牛代哺初乳。在没有同期分娩母牛初乳的情况下，也可喂给牛群中的常乳，但每天需补饲 20 毫升的鱼肝油，另给 50 毫升的植物油以起到初乳的轻泻作用。

2. 饲喂常乳　可以采用随母哺乳法、保姆牛法和人工哺乳法给哺乳犊牛饲喂常乳。

（1）随母哺乳法：让犊牛和其生母在一起，从哺喂初乳至断奶一直自然哺乳。为了给犊牛早期补饲，促进犊牛发育和诱发母牛发情，可在母牛栏的旁边设一犊牛补饲间，短期使母牛与犊牛隔开。

（2）保姆牛法：选择健康无病、气质安静、乳及乳头健康、产奶量中下等的奶牛（若代哺犊牛仅 1 头，选同期分娩的母牛即可，不必非用奶牛）做保姆牛，再按每头犊牛日食 4~4.5 千克乳量的标准选择数头年龄和气质相近的犊牛固定哺乳，将犊牛和保姆牛管理在隔有犊牛栏的同一牛舍内，每天定时哺乳 3 次。犊牛栏内要设置饲槽及饮水器，以利于补饲。

（3）人工哺乳法：对找不到合适的保姆牛或奶牛场淘汰犊牛的哺乳多用此法。新生犊牛结束 5~7 天的初乳期以后，可人工哺喂常乳。犊牛的参考哺乳量见表 5-13。哺乳时，可先将装有牛乳的奶壶放在热水中进行加热消毒（不能直接放在锅内煮沸，以防过热后导致蛋白凝固和影响酶的活性），待冷却至 38~40℃时哺喂，5 周龄以内每天喂 3 次；6 周龄以后每天喂 2 次。喂后立即用消过毒的毛巾擦嘴，缺少奶壶时也可用小奶桶哺喂。

表 5-13　不同周龄犊牛的日哺乳量（单位：千克）

类别	周龄						全期用奶
	1~2	3~4	5~6	7~9	10~13	14 以后	
小型牛	4.5~6.5	5.7~8.1	6.0	4.8	3.5	2.1	540
大型牛	3.7~5.1	4.2~6.0	4.4	3.6	2.6	1.5	400

3. 早期补饲植物性饲料　采用随母哺乳时，应根据草场质量对犊牛进行适当的补饲，既有利于满足犊牛的营养需要，又有利于犊牛的早期断奶；人工哺乳时，要根据饲养标准配合日粮，早期让犊牛采食干草、精饲料等植物性饲料。

（1）干草：犊牛从7~10日龄开始，训练其采食干草。在犊牛栏的草架上放置优质干草，供其采食咀嚼，可防止其舔食异物，有利于促进犊牛发育。

（2）精饲料：犊牛生后15~20天，开始训练其采食精饲料（精饲料配方见表5-14）。初喂精饲料时，可在犊牛喂完奶后，将犊牛料涂在犊牛嘴唇上诱其舔食，经2~3天后，可在犊牛栏内放置饲料盘，放上犊牛料任其自由舔食。因初期采食量较少，料不应放多，每天必须更换，以保持饲料及料盘的新鲜和清洁。最初每头日喂干粉料10~20克，数天后可增至80~100克，等适应一段时间后再喂以混合湿料，即将干粉料用温水拌湿，经糖化后饲喂。湿料给量可随日龄的增加而逐渐加大。

表5-14 犊牛的精饲料配方

组成/%	配方1	配方2	配方3	配方4
干草粉颗粒	20	20	20	20
玉米粗粉	37	22	55	52
糠粉	20	40	—	—
糖蜜	10	10	10	10
饼粕类	10	5	12	15
磷酸二氢钙	2	2	2	2
其他微量盐类	1	1	1	1
合计	100	100	100	100

（3）多汁饲料：从出生后20天开始，在混合精料中加入20~25克切碎的胡萝卜，以后逐渐增加。无胡萝卜，也可饲喂甜菜和南瓜等，但喂量应适当减少。

（4）青贮饲料：从2月龄开始喂给。最初每天100~150克，3月龄可增至1.5~2.0千克，4~6月龄增至4~5千克。

4. 饮水 牛奶中的含水量不能满足犊牛正常代谢的需要，必须训练犊牛尽早饮水。最初饮36~37℃的温开水，10~15日龄后可改饮常温水，1月龄后可在运动场内备足清水任其自由

饮用。

5. 补饲抗生素 为预防犊牛拉稀，可补饲抗生素。每天补饲1万国际单位/头的金霉素，30日龄以后停喂。

（二）犊牛的管理

1. 注意保温、防寒 特别在我国北方，冬季天气严寒风大，要注意犊牛舍的保暖，防止贼风侵入。在犊牛栏内要铺柔软、干净的垫草，保持舍温在0℃以上。

2. 去角 对于将来做肥育的犊牛和群饲的牛去角更有利于管理。去角的适宜时间多在生后7~10天，常用的去角方法有电烙法和固体氢氧化钠法两种。电烙法是将电烙器加热到一定温度后，牢牢地压在角基部直到其下部组织烧灼成白色为止（不宜太久太深，以防烧伤下层组织），再涂以青霉素软膏或硼酸粉。后一种方法应在晴天且哺乳后进行，先剪去角基部的毛，再用凡士林涂一圈，以防后续药液流出，伤及头部或眼部，然后用氢氧化钠稍湿水涂擦角基部，至表皮有微量血渗出为止。在伤口未变干前不宜让犊牛吃奶，以免腐蚀母牛乳房的皮肤。

3. 母仔分栏 在小规模拴系式的母牛舍内，一般都设有产房及犊牛栏，但不设犊牛舍。在规模大的牛场或散放式牛舍，才另设犊牛舍及犊牛栏。犊牛栏分单栏和群栏两类，犊牛出生后即在靠近产房的单栏中饲养，每栏一犊，隔离管理，一般1月龄后才过渡到群栏。同一群栏内的犊牛月龄应一致或相近，因不同月龄的犊牛除在饲料条件的要求上不同以外，对于环境温度的要求也不相同，若混养在一起，对饲养管理和健康都不利。

4. 刷拭 在犊牛期，由于基本上采用舍饲方式，因此皮肤易被粪及尘土所黏附而形成皮垢，这样不仅降低皮毛的保温与散热力，使皮肤血液循环恶化，而且也易患病。为此，对犊牛每天必须刷拭一次。

5. 运动与放牧 犊牛从出生后8~10日龄起，即可开始让其在犊牛舍外的运动场做短时间的运动，以后可逐渐延长运动时间。如果犊牛出生在温暖的季节，开始运动的日龄还可适当提前，但需根据气温的变化，掌握每天的运动时间。

在有条件的地方，可以从生后第 2 个月开始放牧，但在 40 日龄以前，犊牛对青草的采食量极少，在此时期与其说放牧不如说是运动。运动对促进犊牛的采食量和健康发育都很重要。在管理上应安排适当的运动场或放牧场，场内要常备清洁的饮水，在夏季必须有遮阳条件。

五、肉牛的肥育

根据不同分类方法肉牛肥育可分为如下几个体系：按性能划分，可分为普通肉牛肥育和高档肉牛肥育；按年龄划分，可分为犊牛肥育、青年牛肥育、成年牛肥育、淘汰牛肥育；按性别划分，可分为公牛肥育、母牛肥育、阉牛肥育；按饲料类型划分，可分为精料型直线肥育、前粗后精型架子牛肥育。

（一）肉牛肥育方式

肉牛肥育方式一般可分为放牧肥育、半舍饲半放牧肥和舍饲肥育三种。

1. 放牧肥育　放牧肥育是指从犊牛到出栏牛，完全采用草地放牧而不补充任何饲料的肥育方式，也称草地畜牧业。这种肥育方式适于人口较少、土地充足、草地广阔、降水量充沛、牧草丰盛的牧区和部分半农半牧区。例如新西兰肉牛肥育基本上以这种方式为主，一般自出生到饲养至 18 个月龄，体重达 400 千克便可出栏。

如果有较大面积的草山草坡可以种植牧草，在夏天青草期除供放牧外，还可保留一部分草地，收割调制青干草或青贮料作为越冬饲用。这种方式也可称为放牧肥育，且最为经济，但饲养周期长。

2. 半舍饲半放牧肥育　夏季青草期牛群采取放牧肥育，寒冷干旱的枯草期把牛群圈养于舍内，这种半集约式的肥育方式称

为半舍饲半放牧肥育。

此法通常适用于热带地区，因为当地夏季牧草丰盛，可以满足肉牛生长发育的需要，而冬季低温少雨，牧草生长不良或不能生长。在我国东北地区，也可采用这种方式。但由于牧草不如热带丰盛，故夏季一般采用白天放牧、晚间舍饲，并补充一定精料，冬季则全天舍饲。

采用半舍饲半放牧肥育应将母牛控制在夏季牧草期开始时分娩，犊牛出生后，随母牛放牧自然哺乳，这样母牛在夏季有优良青嫩牧草可供采食，其泌乳量充足，能哺育出健康犊牛。当犊牛生长至5~6个月龄时，断奶重达100~150千克，随后采用舍饲，补充一点精料过冬。在第二年青草期，采用放牧肥育，冬季再回到牛舍舍饲3~4个月即可达到出栏标准。此法的优点是：可利用最廉价的草地放牧，犊牛断奶后可以低营养过冬，第二年在青草期放牧能获得较理想的补偿增长。在屠宰前经3~4个月的舍饲肥育，胴体优良。

3. 舍饲肥育　肉牛从出生到屠宰全部实行圈养的肥育方式称为舍饲肥育。舍饲的突出优点是使用土地少，饲养周期短，牛肉质量好，经济效益高。缺点是投资多，需较多的精料。适用于人口多、土地少、经济较发达的地区。美国盛产玉米且价格较低，舍饲肥育已成为美国的一大特色。舍饲肥育方式又可分为拴饲和群饲。

（1）拴饲：舍饲肥育较多的肉牛时，每头牛分别拴系给料称为拴饲。其优点是便于管理，能保证同期增重，饲料报酬高。缺点是运动少，影响生理发育，不利于肥育前期增重。一般情况下，给料量一定时，拴饲效果较好。

（2）群饲：群饲问题是由牛群数量多少、牛床大小、给料方式及给料量引起的。一般变6头为一群，每头所占面积4平方米。为避免斗架，肥育初期可多些，然后逐渐减少头数。或者在给料时，用链或联动式颈枷保定。如在采食时不保定，可设简易牛栏像小室那样，将牛分开自由采食，以防止抢食而造成增重不均。但如果发现有被挤出采食行列而怯食的牛，应另设饲槽单独喂养。群饲的优点是节省劳动力，牛不受约束，有利于生理发育。缺点是一旦抢食，体重会参差不齐；在限量饲喂时，将应该用于增重的饲料用到运动上，导致降低了饲料报酬。当饲料充分时自由采食，群饲效果较好。

（二）犊牛肥育

犊牛肥育又称小肥牛肥育，是指犊牛出生后 5 个月内，在特殊饲养条件下，肥育至 90~150 千克时屠宰，生产出风味独特，肉质鲜嫩、多汁的高档犊牛肉。犊牛肥育以全乳或代乳品为饲料，在缺铁条件下饲养，肉色很淡，故又称“白牛”生产。

1. 犊牛的选择

（1）品种：一般利用奶牛业中不作种用的公犊进行犊牛肥育。在我国，多数地区以黑白花奶牛公犊为主，主要原因是黑白花奶牛公犊前期生长快、肥育成本低且便于组织生产。

（2）性别、年龄与体重：一般选择初生重不低于 35 千克、无缺损、健康状况良好的初生公牛犊。

（3）体型外貌：选择头方大、前管围粗壮、蹄大的犊牛。

2. 饲养管理

（1）饲料：由于犊牛吃了草料后肉色会变暗，不受消费者欢迎，为此犊牛肥育不能直接饲喂精料、粗料，应以全乳或代乳品为饲料。代乳品参考配方见表 5-15。

表 5-15　代乳品参考配方

配方	组成
丹麦配方	脱脂乳 60%~70%，猪油 15%~20%，乳清 15%~20%，玉米粉 1%~10%，矿物质、微量元素 2%
日本配方	脱脂奶粉 60%~70%，鱼粉 5%~10%，豆饼 5%~10%，油脂 5%~10%

（2）饲喂：犊牛的饲喂应实行计划采食。以代乳品为饲料的饲喂计划见表 5-16。

表 5-16 代乳品饲喂量

周龄	代乳品/克	水/千克	代乳品：水
1	300	3	100
2	660	6	110
8	1 800	12	145
12~14	3 000	16	200

注：1~2 周代乳品温度为 38℃左右，以后为 30~35℃

饲喂全乳，也要加喂油脂。为更好地消化脂肪，可将牛乳均质化，使脂肪球变小，如能喂当地的黄牛乳、水牛乳，效果会更好。饲喂时用奶嘴，每天喂 2~3 次，每天喂量最初 3~4 千克，以后逐渐增加到 8~10 千克，4 周龄后喂到能吃多少就吃多少。

（3）管理：严格控制饲料和水中铁的含量，强迫牛在缺铁条件下生长；控制牛与泥土、草料的接触，牛栏地板尽量采用漏粪地板，如果是水泥地面应加垫料，垫料要用锯末，不要用秸秆、稻草，以防被采食；饮水充足，定时定量；有条件时，犊牛应单独饲养，如果几个犊牛圈养，应带笼嘴，以防吸吮耳朵或其他部位；舍温要保持在 14~20℃，通风良好；要吃足初乳，最初几天还要在每千克代乳品中添加 40 毫克抗生素以及维生素 A、维生素 D、维生素 E，2~3 周时要经常检查体温和采食量，以防发病。

（4）屠宰月龄与体重：犊牛饲喂到 1.5~2 月龄，体重达到 90 千克时即可屠宰。如果犊牛增长率很好，进一步饲喂到 3~4 个月龄，体重 170 千克时屠宰，也可获得较好效果。但屠宰月龄超过 5 月龄以后，单靠牛乳或代乳品增长效果就差了，且年龄越大、牛肉越显红色，肉质较差。

（三）青年牛肥育

青年牛肥育主要是利用幼龄牛生长快的特点，在犊牛断奶后直接转入肥育阶段，给以高水平营养，进行直线持续强度肥育，13~24 月龄前出栏，出栏体重达到 360~550 千克。这类牛肉鲜嫩多汁、脂肪少、适口性好，是上等牛肉。

1. 舍饲强度肥育 青年牛的舍饲强度肥育一般分为适应期、增肉期和催肥期三个阶段。

（1）适应期：刚进舍的断乳犊牛不适应环境，一般要有 1 个月左右的适应期。应让其自由活动，充分饮水，饲喂少量优质青草或干草，麸皮每天每头 0.5 千克，以后逐步加麸皮喂量。当犊牛能进食麸皮 1~2 千克时，逐步换成肥育料。其参考配方如下：酒糟 5~10 千克，干草 15~20 千克，麸皮 1~1.5 千克，食盐 30~35 克。

（2）增肉期：一般为 7~8 个月，分为前后两期。前期日粮参考配方为：酒糟 10~20 千克，干草 5~10 千克，麸皮、玉米粗粉、饼类各 0.5~1 千克，尿素 50~70 克，食盐 40~50 克。喂尿素时将其溶解在水中，与酒糟或精料混合饲喂。切忌放在水中让牛饮用，以免中毒。后期参考配方为：酒糟 20~25 千克，干草 2.5~5 千克，麸皮 0.5~1 千克，玉米粗粉 2~3 千克，饼类 1~1.3 千克，尿素 125 克，食盐 50~60 克。

（3）催肥期：此期主要是促进牛体膘肉丰满，沉积脂肪，一般为 2 个月。日粮参考配方如下：酒糟 20~30 千克，干草 1.5~2千克，麸皮 1~1.5 千克，玉米粗粉 3~3.5 千克，饼类 1.25~1.5 千克，尿素 150~170 克，食盐 70~80 克。为提高催肥效果，可使用瘤胃素，每天 200 毫克，混于精料中饲喂，体重可增加 10%~20%。

肉牛舍饲强度肥育要掌握短缰拴系（缰绳长 0.5 米）、先粗后精，最后饮水，定时定量饲喂的原则。每天饲喂 2~3 次，饮水 2~3 次。喂精料时应先取酒糟用水拌湿，或干、湿酒糟各半混匀，再加麸皮、玉米粗粉和食盐等。牛吃到最后时加入少量玉米粗粉，使牛把料吃净。饮水在给料后 1 小时左右进行，要给

15~25℃的清洁温水。

舍饲强度肥育的肥育场有四种：①全露天肥育场，无任何挡风屏障或牛棚，适于温暖地区；②全露天肥育场，有挡风屏障；③有简易牛棚的肥育场；④全舍饲肥育场，适于寒冷地区。以上形式应根据投资能力和气候条件而定。

2. 放牧补饲强度肥育　它是指犊牛断奶后进行越冬舍饲，到第二年春季结合放牧适当补饲精料。这种肥育方式精料用量少，每增重1千克约消耗精料2千克。但日增重较低，平均日增重在1千克以内。15个月龄体重为300~350千克，8个月龄体重为400~450千克。放牧补饲强度肥育饲养成本低，肥育效果较好，适合于半农半牧区。

进行放牧补饲强度肥育，应注意不要在出牧前或收牧后立即补料，应在回舍后数小时补饲，否则会减少放牧时牛的采食量。当天气炎热时，应早出晚归，中午多休息，必要时夜牧。当补饲时，如粗料以秸秆为主，其精料参考配方如下：1~5月，玉米面60%、油渣30%、麦麸10%；6~9月，玉米面70%、油渣20%、麦麸10%。

3. 谷实饲料肥育　谷实饲料肥育是一种强化肥育的方法，要求完全舍饲，使牛在不到1周岁时活重达到400千克以上，平均日增重达1 000克以上。要达到这个指标，可在1.5~2个月龄时断奶，喂给含可消化粗蛋白质17%的混合精料日粮，使犊牛在近12周龄时体重达到110千克。之后用含可消化粗蛋白质14%的混合料，喂到6~7月龄时，体重达250千克。然后将可消化粗蛋白质再降到11.2%，使牛在接近12月龄时体重达400千克，公犊牛甚至可达450千克。谷实强化肥育的精料报酬见表5-17。

表 5-17　不同月龄牛精料报酬

阶段	日增重/千克		千克增重需混合料/千克	
	公犊	阉牛犊	公犊	阉牛犊
5 周龄前	0.45	0.45	—	—
6 周～3 月龄	1.00	0.90	2.7	2.8
3～6 月龄	1.30	1.20	4.0	4.3
6 月～屠宰龄	1.40	1.30	6.1	6.6

用谷实强化催肥，每千克增重需 4～6 千克精料，原由粗料提供的营养改为由谷实（如大麦或玉米）和高蛋白质精料（如豆饼类）提供。典型试验和生产总结证明，如果用糟渣料和氮素、无机盐等为主的日粮，每千克增长仍需 3 千克精料。因此，谷实催肥在我国不可取，或只可短期采用以弥补粗料的不足。

从品种上考虑，要达到这种高效的肥育效果必须是大型牛种及其改良牛，一般黄牛品种是无法达到的。为降低精料消耗，可选用以下代用品。

（1）尿素代替蛋白质饲料：牛的瘤胃微生物能利用游离氨合成蛋白质，所以饲料中添加尿素可以代替一部分蛋白质。添加时应掌握以下原则：一是只能在瘤胃功能成熟后添加。按牛龄估算应在生后 3 个半月以后。实践中多按体重估算，一般牛要求重 200 千克，大型牛则要达 250 千克。过早添加会引起尿素中毒。二是不得空腹饲喂，要搭配精料。三是精料要低蛋白质含量。精料蛋白含量一般应低于 12%，超过 14%则尿素不起作用。四是限量添加。尿素喂量一般占饲料总量的 1%，成牛可达 100 克，最多不能超过 200 克。

（2）块根块茎代替部分谷实料：按干物质计算，块根与相应谷实所含代谢能相等，成本低。甜菜、胡萝卜、马铃薯都是很好的代用料。1 岁以内，体重低于 250 千克的牛最多能用块根饲

料代替一半精料；体重 250 千克以上可大部分或全部用块根饲料代替精饲料。但由于全部用块根饲料代替精料要增加管理费且需调整其他营养成分，在实践中应用的不多。

（3）粗饲料代替部分谷实料：用较低廉的粗饲料代替精料可节省精料，降低成本。尤其是用干草粉、谷糠秕壳可收到较好的效果，但不能过多，一般以 15%为宜，过多会降低日增重，延长育肥期，影响牛肉嫩度。

利用秸秆代替部分精料在国内已大量应用，特别是麦秸、氨化玉米秸的应用更为广泛，并已取得良好效果。粉碎后，应加入一定量的无机盐、维生素，若能加工成颗粒饲料，效果会更好。

4. 以粗饲料为主的肥育法

（1）以青贮玉米为主的肥育法：青贮玉米是高能量饲料，蛋白质含量较低，一般不超过 2%。以青贮玉米为主要成分的日粮，要获得高日增重，要求搭配 1.5 千克以上的混合精料。其参考配方见表 5-18（肥育期为 90 天，每阶段各 30 天）。

表 5-18 体重 300~350 千克肥育牛参考配方

饲料/千克	一阶段	二阶段	三阶段
青贮玉米	30	30	25
干草	5	5	5
混合	0.5	1.0	2.0
食盐	0.03	0.03	0.03
无机盐	0.04	0.04	0.04

以青贮玉米为主的肥育法，增重的高低与干草的质量、混合精料中豆粕的含量有关。如果干草是苜蓿、沙打旺、红豆草、串叶松香草或优质禾本科牧草，精料中豆粕含量占一半以上，则日增重可达 1.2 千克以上。

（2）以干草为主的肥育法：在盛产干草的地区，秋冬季能够储存大量优质干草，可采用干草肥育。具体方法是：优势干草随意采食，每天加1.5千克精料。干草的质量对增重效果起关键性作用，大量的生产实践证明，豆科和禾本科混合干草饲喂效果较好，而且还可节约精料。

（四）架子牛快速肥育

架子牛快速育肥也称后期集中肥育，是指犊牛断奶后在较粗放的饲养条件下饲养到2~3周岁，体重达到300千克以上时，采用强度肥育方式集中肥育3~4个月，充分利用牛的补偿生长能力达到理想体重和膘情后屠宰。这种肥育方式成本低，精料用量少，经济效益较高，应用较广。

1. 育肥前的准备　购牛前1周，应将牛舍粪便清除，用水清洗后，然后用2%的氢氧化钠溶液对牛舍地面、墙壁进行喷洒消毒，接着用0.1%的高锰酸钾溶液对器具进行消毒，最后再用清水清洗1次。如果是敞圈牛舍，冬季应扣塑料薄膜暖棚，夏季应搭棚遮阳，通风良好，使其温度不低于5℃。

2. 架子牛的选购　架子牛的优劣直接决定着肥育效果与效益。应选夏洛莱牛、西门塔尔牛等国际优良品种与本地黄牛的杂交后代，年龄在1~3岁，体型大，皮松软（用手摸摸脊背，若其皮肤松软有弹性，像橡皮筋；或将手插入后裆，一抓一大把，皮多松软，这样的牛上膘快、增肉多），膘情较好，体重在250~300千克，健康无病。

3. 驱虫　架子牛入栏后应立即进行驱虫。常用的驱虫药物有阿弗米丁、丙硫苯咪唑、敌百虫、左旋咪唑等。应在空腹时进行，以利于药物吸收。驱虫后，架子牛应隔离饲养2周，其粪便消毒后，进行无害化处理。

4. 健胃　驱虫3日后，为增加食欲，改善消化功能，应进行一次健胃。常用于健胃的药物是人工盐，其口服剂量为每头每次60~100克。

5. 饲养

（1）适应期的饲养：从外地引来的架子牛，由于各种条件的改变，要经过1个月的适应期。首先让牛安静地休息几天，然后饮1%的食盐水，喂一些青干草及青鲜饲料。对大便干燥、小便赤黄的牛，用牛黄清火丸调理肠胃。15天左右进行体内驱虫和疫苗注射，并开始采用秸秆氨化饲料（干草）+青饲料+混合精料的肥育方式，可取得较好的效果，日粮精料量0.3~0.5千克/头，10~15天内增加到2千克/头（精料配方：玉米70%、饼粕类20.5%、麦麸5%、贝壳粉或石粉3%、食盐1.5%，若有专门添加剂更好。注意，棉籽饼和菜籽饼必须经脱毒处理后才能使用）。

（2）过渡肥育期的饲养：经过1个月的适应，开始向强化催肥期过渡。这一阶段是牛生长发育最旺盛的时期，一般为2个月。每天喂上述的精料配方，开始为2千克/天，逐渐增加到3.5千克/天，直到体重达到350千克，这时每天喂精料2.5~4.5千克。也可每月称重1次，按活体重1%~1.5%逐渐增加精料。粗、精饲料比例开始可为3∶1，中期为2∶1，后期为1∶1。每天的6时和17时分两次饲喂。投喂时绝不能一次添加，要分次勤添，先喂一半粗饲料，再喂精料，或将精料拌入粗料中投喂。并注意随时拣出饲料中的钉子、塑料等杂物。喂完料后1小时，把清洁水放入饲槽中自由饮用。

（3）强化催肥期饲养：经过过渡生长期，牛的骨架基本定型，到了最后强化催肥阶段。日粮以精料为主，按体重的1.5%~2%喂料，粗、精比1∶（2~3），体重达到500千克左右适时出栏。另外，喂干草2.5~8千克/天。精料配方：玉米81.5%、饼粕类11%、尿素3%、骨粉1%、石粉1.7%、食盐1%、碳酸氢钠0.5%、添加剂0.3%。肥育前期，每天饮水3次，后期饮水4次，一般在饲喂后饮水。

我国架子牛肥育的日粮以青粗饲料或酒糟、甜菜渣等加工副产品为主，适当补饲精料。精粗饲料比例按干物质计算，为1∶(1.2~1.5)，每天干物质采食量为体重的2.5%~3%。其参考配方见表5-19。

表5-19 日粮配方表

	干草或青贮玉米秸/千克	酒糟/千克	玉米粗粉/千克	饼类/千克	盐/克
1~15天	6~8	5~6	1.5	0.5	50
16~30天	4	12~15	1.5	0.5	50
31~60天	4	16~18	1.5	0.5	50
61~100天	4	18~20	1.5	0.5	50

6. 管理 肥育架子牛应采用短缰拴系，限制活动。缰绳长以0.4~0.5米为宜，使牛不易趴卧，俗称“养牛站”。饲喂要定时定量，先粗后精，少给勤添。每天上、下午各刷拭一次。经常观察粪便，如粪便无光泽，说明精料少；如便稀或有料粒，则精料太多或消化不良。

六、肉牛肥育新技术

（一）使用增重剂

1. 增重剂的使用效果 不同性激素配合使用可以明显提高增重效果。用己烯雌酚埋植，一般可使阉犊牛断奶重提高5%，母犊牛提高7%~8%。用二羟基苯酸丙酯，一般可使肉用犊牛增重5%~25%，处理放牧条件下的肥育阉牛增重11.9%~24.5%。复合增重剂的应用效果一般高于单一成分的增重剂。许多试验发现，雄雌激素配合使用时增重效果是累加的。用合成的十六甲地孕酮给肥育小母牛口服（剂量0.25~0.5毫克）增重11.2%，比己烯雌酚提高6.9%。给短角牛和蒙古牛杂交二代阉牛埋植雌二醇200，在放牧结合补饲条件下，体重增加15.3%。

2. 增重剂的使用方法　主要为皮下埋植，效果较好。在用量上，一般很少。每头牛一次仅埋植 20~30 毫克，但其作用可维持 3~4 个月。埋植方法是应用特制的埋植器（枪），选择耳背距耳根 2.5 厘米处，使用锋利针头，刺入皮下至软骨以上，针头应拉回 1 厘米，再注进药丸，以保证药丸完整。

3. 影响增重剂应用效果的因素

（1）畜体本身：肥育家畜的畜种、性别、年龄等都影响着增重剂的增重效果。一般来说，增重剂对阉牛的增重效果最大，其次是母牛、公牛；在其他条件相同时，年龄不同的家畜对增重剂的反应也不同。犊牛的应用效果受年龄的影响十分显著。5 周龄处理增重效果最小。已烯雌酚处理时周龄越大，增重效果越明显，因此对犊牛的性激素处理不宜过早。

（2）日粮：增重剂的应用效果受日粮能量、蛋白质水平的影响，由于增重的基本作用是增加体内能、氮的沉积，当日粮能量、蛋白质不能满足需要时则会影响其增重效果。增重剂与离子载体联用，效果最好。在埋植增重剂情况下，饲料中添加拉沙里菌素、莫能菌素、阿伏霉素等，可显著提高日增重。离子载体影响瘤胃消化终产物，加强反刍家畜消化过程，提高能量形成。但这类饲料添加剂不能在放牧场投喂。

（3）增重剂种类、剂量及施药途径：不同种类的增重剂应用效果有很大差异，即便是同一增重剂，剂量不同其作用效果也不一样。剂量过小，达不到增重的目的；剂量过大，增重效果也不一定大，而且还增加家畜体组织中激素及其代谢物的残留量。

（4）重复埋植：诸多试验证明，重复埋植可延长增重剂的利用时间，能提高其增重效果。维来柯等肉用牛在屠宰前 4 周和 8 周重复埋植醋酸三烯去甲睾酮，效果比一次埋植提高 5.98%。

第六章　肉牛生态养殖的成本管理

【提示】产品的生产过程就是物资的耗费过程，企业要生产产品，就会发生各种物资耗费。生产过程的耗费包括劳动对象（如饲料）的耗费、劳动手段（如生产工具）的耗费以及劳动力的耗费等。在产品产量一定的情况下，降低生产消耗就可以增加效益；在消耗一定的情况下，增加产品产量也可以增加效益；同样规模的肉牛养殖企业，生产水平和管理水平高，产品数量多，各种消耗少，就可以获得更好的效益。

第一节　加强生产运行过程的管理

一、科学制订劳动定额和操作规程

（一）定额管理

定额管理就是对肉牛场工作人员明确分工、责任到人，以达到充分利用劳动力，不断提高劳动生产效率的目的。定额是编制生产计划的基础。在编制计划的过程中，对人力、物力、财力的配备和消耗，产供销的平衡，经营效果的考核等计划指标，都是根据定额标准进行计算和研究确定的。只有合理的定额，才能制订出先进可靠的计划。如果没有定额，就不能合理地进行劳动力的配备和调度，物资的合理储备和利用，资金的利用和核算就没

有根据，生产就不合理。定额是检验的标准，在一些计划指标的检查中，要借助定额来完成。在计划检查中，检查定额的完成情况，通过分析来发现计划中的薄弱环节。同时定额也是劳动报酬分配的依据，可以在很大程度上提高劳动生产率。

1. 定额的种类　见表 6–1。

表 6–1　定额的种类

定额种类	定义
人员分配定额	完成一定任务应配备的生产人员、技术人员和服务人员标准
机械设备定额	完成一定生产任务所必需的机械、设备标准或固定资产利用程度的标准
物资储备定额	按正常生产需要的零配件、燃料、原材料和工具等物资的必需库存量
饲料储备定额	按生产需要来确定饲料的生产量，包括各种精饲料、粗饲料、矿物质及预混合饲料储备和供应量
产品定额	皮、奶、肉产品的数量和质量标准
劳动定额	生产者在单位时间内完成符合质量标准的工作量，或完成单位产品或工作量所需要的工时消耗，又可称工时定额
财务定额	生产单位的各项资金限额和生产经营活动中的各项费用标准，包括资金占用定额、成本定额和费用定额等

2. 牛场的主要生产定额

（1）劳动定额：劳动定额是在一定生产技术和组织条件下，为生产一定合格的产品或完成一定工作量所规定的必需劳动消耗，是计量产量、成本、劳动效率等各项经济指标和编制生产、成本和劳动等计划的基础依据。牛场应依据不同的劳动作业、劳动强度、劳动条件等制订相应的工种定额。

表 6-2 劳动定额标准

工种	工作内容	每人定额	工作条件
饲养犊牛	负责饲喂，饲槽和牛床卫生，牛蹄刷拭以及观察牛只的食欲	哺乳犊牛 4 月龄断奶。成活率不低于 95%，日增重 800~900 克，管理 35~40 头	随母哺乳，配合人工哺乳
幼牛肥育		日增重 1 000 ~ 1 200 克，14 ~ 16 月龄体重达到 450 ~ 500 千克，管理 40 ~ 50 头	人工
架子牛育肥		日增重 1 200 ~ 1 300 克，育肥 3~5 个月，体重达到 500 ~ 600 千克，管理 35~40 头	人工
饲料加工供应	饲料称重入库，加工粉碎，清除异物，配制混合，按需要供给各牛舍	管理 120 ~ 150 头	手工和机械相结合
配种	按配种计划适时配种，肉用繁殖母牛保证受胎率在 75%以上，受胎母牛平均使用冻精不超过 2.5 粒（支）	管理 250 头	人工授精
兽医	检疫、治疗，接产，医药和器械购买、保管及修蹄，牛舍消毒	管理 200 ~ 250 头	手工
清洁工	负责运动场粪尿清理以及周围环境卫生	管理 120 ~ 150 头	手工

（2）饲料消耗定额：饲料消耗定额是生产单位增重所规定的饲料消耗标准，是确定饲料需要量、合理利用饲料、节约饲料和实行经济核算的重要依据。在制订饲料消耗定额时，要考虑牛的性别、年龄、生长发育阶段、体重或日增重、饲料种类和日粮组成等。全价合理的饲养是节约饲料和取得经济效益的基础。

饲料消耗定额的制订方法：肉牛维持和生产产品，需要从饲料中摄取营养物质。由于肉牛品种、性别和年龄、生长发育阶段及体重不同，其营养需要量亦不同。因此，在制订不同类别肥育牛的饲料消耗定额时，首先应查找其饲养标准中对各种营养成分的需要量，参照不同饲料的营养价值确定日粮的配给量；再以日粮的配给量为基础，计算不同饲料在日粮中的占有量；最后再根据占有量和牛的年饲养头日数即可计算出年饲料的消耗定额。由于各种饲料在实际饲喂时都有一定的损耗，还需要加上一定的损耗量。

一般情况下，肉牛每头每天平均需 2 千克优质干草，25 千克鲜玉米（秸）青贮；肥育架子牛每头每天平均需精料按体重的 1.2%配给，直线肥育需要按体重的 1.3%～1.4%定额，放牧补饲按增重 1 千克添加 2 千克精料，生产上一定要定额精饲料，确定增重水平，粗料、辅料不定额。

（3）成本定额：成本定额通常指肥育牛生产 1 千克增重所消耗的生产资料和所付的劳动报酬的总和，其包括各种肥育牛的饲养日成本和增重单位成本。

牛群饲养日成本等于牛群饲养费用除以牛群饲养头日数。牛群饲养费定额，即构成饲养日成本各项费用定额之和。牛群和产品的成本项目包括：工资和福利费、饲料费、燃料费和动力费、医药费、牛群摊销、固定资产折旧费、固定资产修理费、低值易耗品费、其他直接费用、共同生产费、企业管理费等。这些费用定额的制订，可参照历年的实际费用、当年的生产条件和计划来确定。

对班组或定员进行成本定额是计算生产作业时所消耗的生产数据和付出劳动报酬的总和。肉牛生产成本主要有饲养成本、增重成本、活重成本和牛肉成本，其中重点是增重成本。

3. 定额的修订 修订定额是搞好计划的一项很重要的内容。定额是在一定条件下制订的反映了一定时期的技术水平和管理水平的一个指标。生产的客观条件不断发生变化，因此定额也应及

时修订。在编制计划前，必须对定额进行一次全面的调查、整理、分析，对不符合新情况、新条件的定额进行修订，并补充齐全的定额和制定新的定额标准，使计划的编制有理有据。

（二）牛场管理制度

制度管理是做好牛场管理不可缺少的手段。主要包括考勤制度、劳动纪律、生产责任制、劳动保护、劳动定额、奖惩制度等。制度的建立，一是要符合牛场的劳动特点和生产实际；二是内容具体化，用词准确，简明扼要，质和量的概念必须明确；三是要经全场职工认真讨论通过，并经场领导批准后公布执行；四是必须具有严肃性，一经公布，全场干部职工必须认真执行，不搞特殊化；五是必须具备连续性，应长期坚持，并在生产中不断完整。

1. 技术操作规程　技术操作规程是牛场生产中按照科学原理制订的日常作业的技术规范。肉牛群管理中的各项技术措施和操作等均通过技术操作规程加以贯彻。同时，它也是检验生产的依据。不同饲养阶段的牛群，按其生产周期制订不同的技术操作规程，如犊牛技术操作规程、育成牛技术操作规程和肥育牛技术操作规程。

技术操作规程的主要内容是：对饲养任务提出生产指标，使饲养人员有明确的目标；指出不同饲养阶段牛群的特点及饲养管理要点；按不同的操作内容分段列条、提出切合实际的要求等。

技术操作规程的指标要切合实际，条文要简明具体，易于落实执行。

2. 每日工作程序　规定各类牛舍每天从早到晚的各个时间段内的常规操作，使饲养管理人员有规律地完成各项任务。

3. 综合防疫制度　为保证牛群的健康和安全生产，场内必须制订严格的防疫措施，包括对场内外人员、车辆、场内环境及时或定期的消毒，牛舍在空出后要冲洗、消毒，各类牛群的检疫、免疫，对寄生虫病原的定期检查、灭鼠及夏秋季节的灭蚊蝇等。

二、肉牛场的计划管理

计划管理就是根据肉牛场情况和市场预测合理地制订生产计划并将其落到实处。制订计划就是对肉牛场的投入、产出及其经济效益做出科学的预见和安排。计划是决策目标的具体化，它分为长期计划、年度计划、阶段计划等。

（一）编制计划的原则

肉牛场要编制科学合理、切实可行的生产经营计划，必须遵循以下原则。

1. 整体性原则　编制的肉牛场经营计划一定要服从和适应国家的肉牛产业发展规划，满足社会对肉牛产品的要求。因此，在编制计划时，必须在国家肉牛产业发展规划的指导下，根据市场需要，围绕肉牛场经营目标，处理好国家、企业、劳动者三者的利益关系，统筹兼顾，合理安排。作为行动方案，不能仅提出和规定一些方向性的问题，而应当规定详尽的经营步骤、措施和行为等内容。

2. 适应性原则　肉牛生产是自然再生产和经济再生产、植物第一性生产和动物第二性生产交织在一起的复杂的生产过程，生产经营范围广泛，其不可控影响因素较多。因此，计划要有一定弹性，以适应内部条件和外部环境条件的变化。

3. 科学性原则　编制肉牛场生产经营计划要有科学态度，一切从实际出发，深入调查分析有利条件和不利因素，进行科学的预测和决策，使计划尽可能地符合客观实际，符合经济规律。编制计划使用的数据资料要准确，计划指标要科学，不能太高，也不能太低。要注重市场，以销定产，即要根据市场需求倾向和容量来安排组织肉牛场的经营活动，充分考虑消费者需求以及潜在的竞争对手，以避免供过于求，造成经济损失。

4. 平衡性原则 肉牛场安排计划要统筹兼顾，综合平衡。肉牛场生产经营活动与各项计划、各个生产环节、各种生产要素以及各个指标之间，应相互联系、相互衔接、相互补充。所以，应当把它们看作是一个整体，各个计划指标要平衡一致，使肉牛场各个方面、各个阶段的生产经营活动协调一致，使之能够充分发挥肉牛场的优势，达到各项指标和完成各项任务。因此，要注重两个方面：一是加强调查研究，广泛收集资料数据，进行深入分析，确定可行的、最优的方案。二是计划指标要综合平衡，留有余地，不能破坏肉牛场的长期协调发展，也不能满打满算，使肉牛场生产处于经常性的被动局面。

（二）编制计划的方法

肉牛业计划编制的常用方法是平衡法，是通过对指导计划任务和完成计划任务所必须具备的条件进行分析、比较，以求得两者的相互平衡。畜牧业企业在编制计划的过程中，重点要做好草原（土地）、劳力、机具、饲草饲料、资金、产销等平衡工作。利用平衡法编制计划主要是通过一系列的平衡表来实现的，平衡表的基本内容包括需要量、供应量、余缺三项。具体运算时一般采用下列平衡公式：

期初结存数+本期计划增加数=本期需要数+结余数

上式三部分，即供应量（期初结存数+本期计划增加数）、需要量（本期需要量）和结余数构成平衡关系，进行分析比较，调整计划指标，以实现平衡。

（三）编制计划的程序

编制经营计划必须按照一定程序进行，其基本程序如下。

1. 做好各项准备工作 主要是总结上一计划期计划的完成情况，调查市场的需要情况，分析本计划期内的利弊情况，即做好总结、资料收集、分析形势、核实目标、核定计划量等工作。

2. 编制计划草案　主要是编制各种平衡表，试算平衡，调整余额，提出计划大纲，组织修改补充，形成计划草案。

3. 确定计划方案　组织讨论计划草案，并由有关部门审批，形成正式计划方案。一套完整的企业计划，通常由文字说明的计划报告和一系列计划指标组成的计划表两部分构成。计划报告也叫计划纲要，是计划方案的文字说明部分，是整个计划的概括性描述。一般包括以下内容：分析企业上期肉牛生产发展情况，概括总结上期计划执行中的经验和教训；对当前肉牛生产和市场环境进行分析；对计划期肉牛生产和畜产品市场进行预测；提出计划期企业的生产任务、目标和计划的具体内容，分析实现计划的有利条件和不利因素；提出完成计划所要采取的组织管理措施和技术措施。计划表是通过一系列计划指标反映计划报告规定的任务、目标和具体内容的形式，是计划方案的重要部分。

（四）肉牛场主要生产计划

1. 产品产量计划　计划经济条件下传统产量计划是依据牛群周转计划而制订的。而市场经济条件下必须反过来计算，即以销定产，以产量计划倒推牛群周转计划。按肉牛场不同产品产量计划可以细分为种牛供种计划、犊牛生产计划和肉牛出栏计划等。

2. 牛群周转计划　养牛场生产中，牛群因购、销、淘汰、死亡、犊牛出生等原因，在一定时间内，牛群结构有增减变化，称为牛群周转计划。肉牛群周转计划是制订其他各项计划的基础，只有制订好周转计划，才能制订饲料计划、产品计划和引种计划。通过牛群周转计划的实施，使牛群结构更加合理，提高投入产出比，提高经济效益。制订牛群周转计划，应综合考虑牛舍、设备、人力、成活率、淘汰和转群移舍时间、数量等，保证各牛群的增减和周转能够完成规定的生产任务，同时最大限度地降低各种劳动消耗（表 6-3）。

表 6–3 肉牛群的周转计划

日期	年初数/头	本年增加/头			本年减少/头			年末数/头
		繁殖	购进	转入	出售	转出	淘汰或死亡	

3. 牛场饲料供应计划 为使肉牛生产有可靠的饲料基础，每个牛场都要制订饲料供应计划。编制饲料供应计划时，要根据牛群周转计划，按全年牛群的年饲养天数乘各种饲料的日消耗定额，再增加5%~10%的损耗量，确定全年各种饲料的总需要量；要考虑牛场发展增加肉牛数量时的所需量，对于粗饲料要考虑一年的供应计划，对于精料、糟渣类料要留足1个月的量或保证相应的流动资金，精饲料中各种饲料的供应是在确定精料的基础上按能量饲料（玉米）、蛋白质补充料、辅料（麸皮）、矿物质料之比为60∶30∶20∶8考虑。其中，矿物质料包括食盐、石粉、碳酸氢钠、磷酸氢钙、微量元素预混料等，可按上述等同比例考虑。

表 6–4 肉牛场饲料供应计划 （单位：千克）

类别	数量/头	粗饲料		青贮饲料	能量饲料	蛋白补充料			辅料	其他饲料	矿物质饲料					
		秸秆	干草			油粕类	副产品	其他			盐	石粉	碳酸氢钠	磷酸氢钙	微量元素预混料	其他

4. 疫病防治计划　肉牛场疫病防治计划是指一个年度内对牛群疫病防治所做的预先安排。肉牛场的疫病防治是保证其生产效益的重要条件，也是实现生产计划的基本保证。肉牛场实行“预防为主，防治结合”的方针，建立一套综合性的防疫措施和制度。其内容包括牛群的定期检查、牛舍消毒、各种疫苗的定期注射、病牛的资料与隔离措施等。对各项防疫制度要严格执行，定期检查。

5. 资金使用计划　除了生产销售计划、草料供应计划，资金使用计划也是必不可少的。资金使用计划是经营管理计划中非常关键的一项工作，做好计划并顺利实施，是保证企业健康发展的关键。资金使用计划的制订应依据有关生产等计划，本着节省开支，并最大限度地提高资金使用效率的原则，精打细算，合理安排，科学使用。既不能让资金长时间闲置，造成资金浪费，也不能让生产所需资金出现短缺或不及时到账。在制订资金计划时，对肉牛场自有资金要统筹考虑，尽量盘活资金，不要造成自有资金沉淀。对企业发展所需贷款，经可行性研究，认为有效益、项目可行，就要大胆贷款，破除企业不管发展快慢，只要没有贷款就是好企业的传统思想，要敢于并善于科学合理地运用银行贷款，加快规模化肉牛场的发展。一个企业只要其资产负债率保持在合理的范围内，都是可以良好运行的。

三、记录管理

记录管理就是将肉牛场生产经营活动中的人、财、物等消耗情况及有关事情记录在案并进行规范、计算和分析。目前许多肉牛场认识不到记录的重要性，缺乏系统的、原始的记录资料，导致管理者和饲养者对生产经营情况，如各种消耗是多是少、产品成本是高是低、单位产品利润和年总利润多少等都不清楚，更谈不上采取有效措施来降低成本、提高效益了。

（一）记录管理的作用

1. 肉牛场记录反映牛场生产经营活动的状况　完善的记录可将整个肉牛场的动态与静态情况记录无遗。有了详细的牛场记录，管理者和饲养者通过记录不仅可以了解现阶段肉牛场的生产经营状况，而且还可以了解过去肉牛场的生产经营情况。这有利于加强管理，有利于对比分析，有利于进行正确的预测和决策。

2. 肉牛场记录是经济核算的基础　详细的肉牛场记录包括各种消耗、肉牛群的周转及死亡淘汰等变动情况，产品的产出和销售情况，财务的支出和收入情况，以及饲养管理情况等，这些都是进行经济核算的基本材料。没有详细的、原始的、全面的肉牛场记录材料，经济核算也是空谈，甚至会出现虚假的核算。

3. 肉牛场记录是提高管理水平和效益的保证　通过详细的肉牛场记录，并对记录进行整理、分析和必要的计算，可以不断地发现生产和管理中的问题，并采取有效的措施来解决问题，可以不断提高管理水平和经济效益。

（二）肉牛场记录的原则

1. 及时准确　及时是根据不同记录的要求，在第一时间认真填写，不拖延、不积压，避免出现遗忘和虚假；准确是按照肉牛场当时的实际情况进行记录，既不夸大也不缩小，实实在在。特别是一些数据要真实，不能虚构。如果记录不精确，将失去记录的真实可靠性，这样的记录也是毫无价值的。

2. 简洁完整　记录工作烦琐，不易持之以恒地去执行。因此设置的各种记录簿和表格要力求简明扼要，通俗易懂，以便于记录。完整是指记录要全面系统，最好设计成不同的记录册和表格，并且填写完全、工整，易于辨认。

3. 便于分析　记录的目的是为了分析肉牛场生产经营活动的情况，因此在设计表格时，要考虑记录下来的资料便于整理、归类和统计，为了与其他肉牛场做横向比较和本场过去情况做纵

向比较，还应注意记录内容的可比性和稳定性。

（三）肉牛场记录的内容

记录的内容因肉牛场的经营方式与所需的资料不同而有所不同，一般应包括以下内容。

1. 生产记录

（1）肉牛群生产情况记录：肉牛的品种、饲养数量、饲养日期、死亡淘汰、产品产量等。

（2）饲料记录：将每天不同肉牛群（或以每栋、栏或群为单位）所消耗的饲料按其种类、数量及单价等记载下来。

（3）劳动记录：记载每天出勤情况、工作时数、工作类别以及完成的工作量、劳动报酬等。

2. 财务记录

（1）收支记录：包括出售产品的时间、数量、价格、去向及各项支出情况。

（2）资产记录：固定资产类，包括土地、建筑物、机器设备等的占用和消耗；库存物资类，包括饲料、兽药、在产品、成品、易耗品、办公用品等的消耗数、库存数量及价值；现金及信用类，包括现金、存款、债券、股票、应付款、应收款等。

3. 饲养管理记录

（1）饲养管理程序及操作记录：包括饲喂程序、光照程序、牛群的周转、环境控制等记录。

（2）疾病防治记录：包括隔离消毒情况、免疫情况、发病情况、诊断及治疗情况、用药情况、驱虫情况等。

4. 肉牛档案

（1）成年母牛档案：记载其系谱、配种产犊情况。

（2）犊牛档案：记载其系谱、出生时间、体尺、体重情况。

（3）育成牛档案：记载其系谱、各月龄体尺和体重情况、发情配种情况。

（4）肥育牛档案：记录品种、体重、饲料用量等。

（四）肉牛场生产记录表格

肉牛场生产记录表格如表6-5~表6-10所示。

表6-5 生产记录表（按日或变动记录） 填表人：

日期	栋、栏号	变动情况/头					备注
		存栏数	出生数	调入数	调出数	死、淘数	

表6-6 饲料添加剂、预混料饲料购领记录 填表人：

购入日期	名称	规格	生产厂家	批准文号或登记证号	生产批号或生产日期	来源（生产厂家或经销点）	购入数量	发出数	结存数量

表6-7 消毒记录 填表人：

消毒日期	消毒剂名称	生产厂家	消毒场所	配制浓度	消毒方式	操作者

表6-8 诊疗记录 填表人：

发病日期	发病动物栋、栏号	发病群体头数	发病数	发病动物日龄	病名或病因	处理方法	用药名称	用药方法	诊疗结果	兽医签字

表 6-9　出场销售和检疫情况记录　　　填表人：

出场日期	品种	栋、栏号	数量/头	出售动物日龄	销往地点及货主	检疫情况			曾使用的有停药期要求的药物		经办人
						合格头数	检疫证号	检疫员	药物名称	停药时动物日龄	

表 6-10　收支记录

收入		支出		备注
项目	金额/元	项目	金额/元	
合计				

(五）牛场记录的分析

通过对牛场的记录进行整理归类，进行分析。分析是通过一系列分析指标的计算来实现的。利用成活率、增重率、饲料转化率等技术指标来分析生产资源的投入和产出产品数量的关系以及分析各种技术的有效性和先进性。利用经济指标分析生产单位的经营和盈利情况，为肉牛场的生产提供依据。

第二节　加强经济核算

一、资产核算

(一）流动资产

流动资产是指可以在一年内或者超过一年的一个营业周期内变现或者运用的资产。流动资产是企业生产经营活动的主要资产。主要包括牛场的现金、存款、应收款及预付款、存货（原材料、在产品、成品、低值易耗品）等。流动资产周转状况影响到产品的成本。加快流动资产周转是流动资产核算的目的，其措施如下。

1. 有计划的采购 加强采购物资的计划性，防止盲目采购；合理地储备物质，避免积压资金；加强物资的保管，定期对库存物资进行清查，防止鼠害和物资的霉烂变质。

2. 缩短生产周期 科学地组织生产过程，采用先进技术，尽可能缩短生产周期，节约使用各种材料和物资，减少在产品的资金占用量。

3. 及时销售产品 产品及时销售可以缩短成品的滞留时间，减少流动资金占用量。

4. 加快资金回收 及时清理债权债务，加速应收款项的回收，减少成品资金和结算资金的占用量。

（二）固定资产

固定资产是指使用年限在一年以上，单位价值在规定的标准以上，并且在使用中长期保持其实物形态的各项资产。肉牛场的固定资产主要包括建筑物、道路、基础牛以及其他与生产经营有关的设备、器具等。固定资产核算的目的就是提高固定资产利用的效果，最大限度地减少折旧费用。

1. 固定资产的折旧 固定资产在长期使用中，在物质上要受到磨损，在价值上要发生损耗。固定资产的损耗，分为有形损耗和无形损耗两种。有形损耗是指固定资产由于使用或者自然力的作用，使固定资产在物质上发生磨损。无形损耗是指由于劳动生产率提高和科学技术进步而引起的固定资产价值的损失。固定资产在使用过程中，由于损耗而发生的价值转移，称为折旧；由于固定资产损耗而转移到产品中去的那部分价值叫折旧费或折旧额，用于固定资产的更新改造。肉牛场提取固定资产折旧，一般

采用平均年限法和工作量法。

(1) 平均年限法：它是根据固定资产的使用年限，平均计算各个时期的折旧额，因此也称直线法。其计算公式为

固定资产年折旧额=［原值-（预计残值-清理费用）］/固定资产预计使用年限

固定资产年折旧率=固定资产年折旧额/固定资产原值×100%

=（1-净残值率）/折旧年限 × 100%

(2) 工作量法：它是按照使用某项固定资产所提供的工作量，计算出单位工作量平均应计提折旧额后，再按各期使用固定资产所实际完成的工作量，计算应计提的折旧额。这种折旧计算方法，适用于一些机械等专用设备。其计算公式为

单位工作量（单位里程或每工作小时）折旧额=（固定资产原值-预计净残值）/总工作量（总行驶里程或总工作小时）

2. 提高固定资产利用效果的途径 一是适时、适量购置和建设固定资产。根据轻重缓急，合理购置和建设固定资产，把资金使用在经济效果最大而且在生产上迫切需要的项目上；购置和建造固定资产要量力而行，做到与单位的生产规模和财力相适应。二是注重固定资产的配套。注意加强设备的通用性和适用性，并注意各类固定资产务求配套完备，使固定资产能充分发挥效用。三是加强固定资产的管理。建立严格的使用、保养和管理制度，对不需用的固定资产应及时采取措施，以免浪费，注意提高机器设备的时间利用强度和生产能力的利用程度。

二、成本核算

产品的生产过程，同时也是生产的耗费过程。企业要生产产品，就会发生各种生产耗费。生产过程的耗费包括劳动对象（如饲料）的耗费、劳动手段（如生产工具）的耗费以及劳动力的耗费等。企业为生产一定数量和种类的产品而发生的直接材料费

（包括直接用于产品生产的原材料、燃料动力费等）、直接人工费用（直接参加产品生产的工人工资以及福利费）和间接制造费用的总和即构成产品成本。

产品成本是一项综合性很强的经济指标，它反映了企业的技术实力和整个经营状况。肉牛品种优良与否，饲料质量的优劣，饲养技术水平的高低，固定资产利用的好坏，人工耗费的多少等，都可以通过产品成本反映出来。因此，肉牛通过成本核算，可发现成本升降的原因，降低成本费用耗费，提高产品的竞争能力和盈利能力。

（一）做好成本核算的基础工作

1. 建立健全各项原始记录　原始记录是计算产品成本的依据，直接影响着产品成本计算的准确性。如原始记录不实，就不能正确反映生产耗费和生产成果，就会使成本计算变为“假账真算”，成本核算就失去了意义。所以，饲料、燃料动力的消耗，原材料、低值易耗品的领退，生产工时的耗用，畜禽变动，畜群周转、畜禽死亡淘汰、产出产品等原始记录都必须认真如实登记。

2. 建立健全各项定额管理制度　牛场要制订各项生产要素的耗费标准（定额）。不管是饲料、燃料动力，还是费用工时、资金占用等，都应制订比较先进、切实可行的定额。定额的制订应建立在先进的基础上，对经过十分努力仍然达不到的定额标准或不需努力就很容易达到定额标准的定额，要及时进行修订。

3. 加强财产物质的计量、验收、保管、收发和盘点　财产物资的实物核算是其价值核算的基础。做好各种物资的计量、收集和保管工作，是加强成本管理、正确计算产品成本的前提条件。

（二）肉牛场成本的构成项目

1. 饲料费　它是指饲养过程中耗用的自产和外购的混合饲

料和各种饲料原料。凡是购入的按买价加运费计算，自产饲料一般按生产成本（含种植成本和加工成本）进行计算。

2. 劳务费　它是指从事养牛的生产管理劳动，包括饲养、清粪、繁殖、防疫、转群、消毒、购物运输等所支付的工资、资金、补贴和福利等。

3. 医疗费　它是指用于牛群的生物制剂、消毒剂费用，以及检疫费、化验费、专家咨询服务费等。但已包含在配合饲料中的药物及添加剂费用则不能重复计算。

4. 公母牛折旧费　种公牛从开始配种算起，种母牛从产犊开始算起。

5. 固定资产折旧维修费　它是指牛舍、设备等固定资产的基本折旧费及修理费。根据牛舍结构和设备质量，使用年限来计损。如是租用土地，应加上租金；土地、牛舍等都是租用的，只计租金，不计折旧。

6. 燃料动力费　它是指饲料加工、牛舍保暖、排风、供水、供气等耗用的燃料和电力的费用，这些费用按实际支出的数额来计算。

7. 利息　它是指对固定投资及流动资金一年中支付利息的总额。

8. 杂费　它包括低值易耗品费用、保险费、通信费、交通费、搬运费等。

9. 税金　它是指用于肉牛生产的土地、建筑设备及生产销售等一年内应交的税金。

10. 共同的生产费用　它是指分摊到牛群的间接生产费用。

以上十项构成了肉牛场生产成本，从构成成本的比重来看，饲料费、公母牛折旧费、人工费、固定资产折旧费等数额较大，是成本项目构成的主要部分，应当重点控制。

（三）成本的计算方法

牛的活重是牛场的生产成果，牛群的主、副产品或活重是反映产品率和饲养费用的综合经济指标，如在肉牛生产中可计算饲养日成本、增重成本、活重成本和产肉成本等。

1. 饲养日成本 它是指一头肉牛饲养一天的费用，反映了饲养水平的高低。

饲养日成本=本期饲养费用/本期饲养头日数

2. 增重单位成本 它是指犊牛或育肥牛增重体重的平均单位成本。

增重单位成本=（本期饲养费用-副产品价值）/本期增重量

3. 活重单位成本 它是指牛群全部活重单位成本。

活重单位成本=（期初全群成本+本期饲养费用-副产品价值）/（期终全群活重+本期售出转群活重）

4. 生长量成本 计算公式如下：

生长量成本=生长量饲养日成本×本期饲养天数

5. 牛肉单位成本 计算公式如下：

牛肉单位成本=（出栏牛饲养费用-副产品价值）/出栏牛的牛肉总量

三、盈利核算

盈利核算是对肉牛场的盈利进行观察、记录、计量、计算、分析和比较等工作的总称，因此盈利也称税前利润。盈利是企业在一定时期内货币表现的最终经营成果，是考核企业生产经营好坏的一个重要经济指标。

（一）盈利的核算公式

盈利=销售产品价值-销售成本=利润+税金

（二）衡量盈利效果的经济指标

1. 销售收入利润率 它是表明产品销售利润在产品销售收

入中所占的比重。销售收入利润率越高，经营效果越好。

销售收入利润率=产品销售利润/产品销售收入×100%

2. 销售成本利润率　它是反映生产消耗的经济指标，在畜产品价格、税金不变的情况下，产品成本越低，销售利润越多，销售成本利润率越高。

销售成本利润率=产品销售利润/产品销售成本×100%

3. 产值利润率　它是指实现百元产值可获得多少利润，用以分析生产增长和利润增长的关系。

产值利润率=利润总额/总产值×100%

4. 资金利润率　资金利润率是把利润和占用资金联系起来，反映资金的占用效果，具有较大的综合性。

资金利润率=利润总额/流动资金和固定资金的平均占用额×100%

第三节　降低生产成本的措施

一、选喂杂交牛

如果肉用品种牛不能满足需要，可以选择杂交牛。利用肉牛品种（利木赞牛、夏洛莱牛、西门塔尔牛）与本地牛进行杂交，因为杂交牛集中了不同品种的优良性状，具有明显的杂交优势，在短时间内可生产大量的优质牛肉。若无杂交牛，可选年龄3~8岁、体重250千克、膘情中等、健康无病的本地阉牛进行短期肥育。

二、饲喂青贮和氨化的粗饲料

发展肉牛业不能搞无米之炊，需要拥有饲草资源，而低成本地发展肉牛业，则需要拥有廉价的饲草资源。如果花高价买草来养牛，就会增大饲草成本，甚至会得不偿失。我国农区特别是东

北地区的玉米秸是数量巨大的饲草资源，也是价格低廉的饲草资源。青贮是利用玉米秸的最佳方式，在全世界被普遍采用。青贮可以提高玉米秸的适口性、消化率和营养价值，是营养价值高的优质饲草资源。

用氨化草喂牛能提高营养转化率，增强适口性，降低生产成本。按 100 千克草、3 千克尿素和 40 千克水的比例在氨化室进行密封处理制作氨化草。氨化好的秸秆要在天晴时转移到露天场地并不断地进行翻动放氨，待氨味散尽后再堆积在室内备用。饲喂氨化草要有 7~10 天的过渡期，给肉牛的正常投喂量一般占体重的 2%，以其吃好不浪费为原则，每天喂 3 次。

在饲喂氨化饲草的过渡期驱虫，按每千克体重内服 30 毫克阿苯达唑，服后还应健胃。

三、补充混合精料

按照可消化氨基酸含量和理想蛋白质模式给不同类型、不同生长阶段的肉牛配合平衡日粮，使其中各种氨基酸含量与动物维持生长与生产的需要完全符合，使饲料利用率达到最高，营养素排出减至最少，从而节约养殖肉牛的成本。要保证营养充足平衡，必须补充混合精料。参考配方：玉米 60%、饼粕 37%、淀粉 2%、盐 1%。按牛体重的 1%定时补充混合精料，每天分两次进行。

四、使用添加剂

“靠科学养牛，向技术要肉”是发展肉牛业、提高肉牛效益的重要途径。目前，应用比较广泛的是埋植增重剂技术。舍饲肥育公牛可随时埋植，以阉牛的埋植增重效果为最好，肥育母牛不必埋植。对饲养期较长的牛，可间隔 100 天重复埋植一次，肥育效果更佳。

使用饲料添加剂可显著提高日粮营养成分的有效利用率，减

少营养物质的排泄，促进肉牛的快速生长和防止疾病。添加剂类型包括抑霉剂、酸制剂、抗生素、微生物制剂、微量元素、氨基酸、抗菌中草药和植物有效成分提取物等。饲料添加剂要在保质期内使用，应选择使用效果明显、稳定性强的添加剂。

五、饲料合理加工

饲料加工过程中应使用细微粉碎，高温蒸汽制粒或膨化技术，提高淀粉糊化度，增加饲料消化率。玉米等原料粉碎时，颗粒不能过大或过小。颗粒过大，肉牛难以消化造成下痢；颗粒过小，可造成肉牛胃溃疡或易引起呼吸道疾病。母肉牛饲粮中玉米最佳颗粒大小为 0.35～0.65 毫米。配合饲料预混时要保证足够的时间，一般预混时间为 5 分钟左右，时间太短，各种添加剂与原料混合不均匀，造成营养平衡失调；时间太长，浪费人力和能源，会影响正常生产。

六、精细饲喂和管理

加水湿喂比干喂效果好，料水比例以 1∶（1～2）为宜。拌料时要求先将料拌湿，1 小时后再与饲草拌均匀；颗粒料比干粉料适口性好，可减少粉末飞扬，提高饲料利用率；饮水要保证清洁充足。自动饮水器安装在食槽附近也能减少饲料浪费。肥育阶段，青草季节放牧 1～2 个月，后期要求不少于 1 个月的舍饲肥育，利用高精料日粮催肥时间为 60～90 天；同时经常清除湿垫草，保持牛栏干燥清洁。

七、提高劳动生产效率

按照劳动定额合理安排饲养人员，加强对饲养人员的关怀和培训，制订技术操作规程和生产指标，奖勤罚懒，充分调动饲养管理人员的劳动积极性；合理购置和利用资产，避免资产闲置，

提高资产利用效率。

八、维持牛群健康

保持牛舍适宜的环境条件，加强隔离消毒和卫生管理，按照免疫程序进行确切的免疫接种以保证牛体的健康，避免疾病的发生，充分发挥肉牛的生长潜力，生产更多的产品。

第四节　增加产品价值

【提示】加强肉牛质量控制，生产优质牛肉产品，提高副产品的利用价值，有利于提高肉牛场的经济效益。

一、加强肉牛质量控制

肉牛的质量控制包括外在质量和内在质量控制。肉牛质量控制的目的是提高屠宰率和商品率，避免药物和有毒有害物质残留以及病原微生物的污染，保证肉牛产品优质安全。

（一）肉牛外在质量的控制

外在质量主要包括体型外貌（要求肉牛体型外貌呈长方形，四肢粗壮，头方正而大，整个外观圆滑丰满，肌肉发达）、体重等方面，这直接影响到肉牛的屠宰率和生产效果。

1. 影响体型外貌的因素及控制

(1) 品种：由于我国没有专用肉牛品种，所以可利用国外优良肉牛品种的公牛与我国地方品种的母牛杂交，或国内优良地方品种间的杂交后代进行肥育。杂交后代的杂种优势对提高肥育肉牛的经济效益有重要作用。如西门塔尔杂交牛产奶、产肉效果都很明显；皮埃蒙特杂交牛生长迅速、肉质好；海福特改良牛早熟性和肉的品质都有提高；利木赞杂交牛的牛肉大理石花纹明显改善；夏洛莱改良牛生长速度快、肉质好等。

（2）年龄：年龄对肉牛的增重影响很大。一般规律是肉牛在1岁时增重最快，2岁时增重速度仅为1岁时的70%，3岁时的增重又只有2岁时的50%。幼龄牛的增重以肌肉、内脏、骨骼为主，而成年牛的增重除增长肌肉外，主要是沉积脂肪。饲料利用率随年龄增长、体重增大而呈下降趋势。在同一品种内，牛肉品质和出栏体重有非常密切的关系，出栏体重小的肉牛肉质往往不如体重大的肉牛，但变化没有年龄的影响大。按年龄，大理石花纹形成的规律是：12月龄以前花纹很少，12~24月龄之间花纹迅速增加，30月龄以后花纹变化很微小。由此看出，要获得经济效益高的高档牛肉，需在18~24月龄时出栏。

2. 影响体重的因素及控制

（1）品种：不同品种的体重增长规律及体组织生长规律不尽相同。在同等饲养、环境条件下，一般大型肉牛比小型肉牛品种的初生重、日增重均高，饲料转化效率也较高，但当生产高档牛肉时，饲喂到同样胴体等级时，大型肉牛所需时间长，且二者饲料转化效率相似。

（2）性别：公牛体重大于母牛。

（3）饲养水平：在不同饲养水平下，18月龄阉牛活重可相差190千克。

（4）环境因素：环境因素包括温度、湿度、光照、饲养密度、卫生等诸多因素，这些因素影响肉牛生产性能的正常发挥，对犊牛的影响最大。

（5）饲喂营养：要合理搭配饲料。要按照肥育牛的营养需要标准配合日粮，正确使用各种饲料添加剂。日粮中的精料和粗料品种应多样化，这样不仅可提高适口性，也利于营养互补和提高增重。肉牛在不同的生长肥育阶段，对饲料品质的要求不同。幼龄牛处于生长发育阶段，增重以肌肉为主，所以需要较多的蛋白质饲料；而成年牛和肥育后期增重以脂肪为主，所以需要较高的能量饲料。

（6）饲喂：适宜的精粗饲料比例。精饲料可以提高肉牛胴体脂肪含量，提高牛肉的等级，改善牛肉的风味；粗饲料在肥育前期可锻炼牛的胃肠功能，以预防疾病的发生。另外，由于粗饲料可消化养分含量低，可防止肉牛血糖过高。适当的低血糖可刺激牛分泌生长激素，从而促进其生长发育。一般肉牛肥育阶段日粮的精粗比例为：前期粗料55%~65%，精料35%~45%；中期粗料45%，精料55%；后期粗料15%~25%，精料75%~85%；饲料搭配多样性，提高适口性，营养互补，提高饲料利用率；保证青粗料的供应，特别是优质青干草的供应，能大大降低饲养成本，同时也具有良好的肥育效果；充分利用当地优质饲料资源，既可降低饲料成本又可保证饲料的来源。如甜菜糟渣作为饲料，可提高牛对干物质的采食量；白酒糟、啤酒糟等是肉牛常用的饲料资源和催肥料，将酒糟与粗料如秸秆等混合发酵后，可使秸秆纤维得到软化，大大增加了肉牛的采食量，提高消化率；科学合理地使用添加剂，提高肥育效果和经济效益。如使用调味剂、矿物质添加剂、增重剂和其他有益的添加剂，可促进牛的增重；减少牛的运动，延长饲喂时间，全天拴系，自由饮水，少喂勤添，可降低维持消耗、节省饲料。

（7）管理：肥育前要进行驱虫和疫病防治，肥育过程中要勤检查、多观察，发现异常及时处理。严禁饲喂发霉变质的草料，注意饮水卫生，要保证充足、清洁的饮水，每天至少饮两次，饮足为止。冬春季节水温应不低于10℃。要经常刷拭牛体，保持体表干净，特别是春秋季节要预防体外寄生虫的发生。牛舍要勤换垫草、勤清粪便，保持舍内空气清新、冬暖夏凉。保持环境安静和清洁卫生，避免牛群受惊。肥育期间应减少牛只的运动，以利于提高增重。每出栏一批牛，都要对厩舍进行一次彻底的清扫和消毒。

（二）内在质量控制

内在质量包括牛肉色泽（以鲜樱桃红色而有光泽为最佳）、大理石花纹（指肌内脂肪含量和分布数量，由第 12~13 肋骨间眼肌部位的肌内脂肪分布程度来判定。大理石状脂肪被认为是决定牛肉风味的脂肪，与牛肉的嫩度和风味密切相关）、嫩度（指入口咀嚼时对碎裂的抵抗力）、风味、脂肪颜色和质地、多汁性、药物和有毒有害物质残留以及病原微生物污染等方面，影响到肉牛产品的品质和安全。影响内在品质的因素及控制措施见表 6-11。

表 6-11　影响内在品质的因素及控制措施

影响内在品质因素			控制措施
肉牛内在品质	品种	肉用牛和杂交牛比本地牛品质好	选择肉牛或杂交牛（肉用牛和杂交牛与本地牛相比，大理石花纹有改善，熟肉率、嫩度及眼肌面积的改善显著，粗蛋白、粗脂肪、总氨基酸含量、必需氨基酸总量、鲜味氨基酸总量等也有所提高）
	年龄	在其他条件一定的情况下，年龄是影响肉质最重要的一个指标	肉牛在 24 月龄以后，年龄对脂肪沉积的作用才表现出来，且随年龄的增大，大理石花纹也越丰富。在 24 月龄之前，年龄与花纹无特定的关系。嫩度在 24~30 月龄最好（动物肌肉中总胶原蛋白含量从出生时起就是一定的，并不随年龄的变化而变化，只是胶原中交联的数目随年龄的增长而增多，使肉质发生变化）；肌肉营养成分中，粗蛋白质含量随年龄的增长而增加；年龄与水分含量也有较大的关系，一般年龄小的动物肌肉中水分含量要比年龄大的动物肌肉中水分含量高。肌肉中结合水含量越高，肉的多汁性就越好
	活重	活重对胴体重影响最为显著	活重影响胴体重和眼肌面积。活重小于 500 千克的牛，大理石花纹不易沉积，除非饲以能量水平较高的饲料。所以，加强饲养和管理，获得较大的活重可以提高牛肉品质

续表

影响内在品质因素			控制措施
肉牛内在品质	日粮营养水平	日粮营养水平对牛肉的品质和产肉量都有显著影响	粗饲料喂养的动物肉质不如精料喂养的动物。肉牛生长期间用高蛋白质、低能量饲料，肥育期间用低蛋白质、高能量饲料能满足脂肪沉积，有利于形成大理石状花纹。肌肉组织中养分的变化，尤其是脂肪和蛋白质含量的变化，直接关联到肉品感观性状和营养特性。在低营养水平下，肉品中水分和蛋白质含量相对较高，脂肪较少；高营养水平则相反。此外，低营养水平下，畜禽长期处于慢性营养应激状态，肌肉中糖原的储备较低，屠宰后糖原降解并不能使 pH 值降到蛋白质等电点，易产生 DFD（肉牛宰后肌肉 pH 值高达 6.5 以上，形成暗红色、质地坚硬、表面干燥的干硬肉）样肉；营养水平影响脂肪的沉积量从而影响肉的嫩度。若营养状态良好，肌内脂肪含量增加，胶原含量降低，可使肉品嫩度提高，品质改善。另外，由于低日粮水平饲喂的牛胴体较轻，皮下脂肪蓄积较少，在预冷过程中胴体温度下降较快，更易发生寒冷收缩，造成滴水损失和剪切力的增加。而且，低日粮水平使得肉牛在经过宰前运输及禁食后血糖水平较低，牛肉最终 pH 值相对偏高
	饲料	饲料与脂肪硬度及颜色	具有硬脂肪的肉品称为硬脂肉，此种肉因适于生、熟肉品的各种造型加工，故被视为优质肉品。可使脂肪白而坚硬的饲料有大麦、燕麦、高粱、麸皮、麦糠、马铃薯、淀粉渣和颗粒化的草粉等。尤其是大麦效果较好，大麦脂肪含量低，仅为 2%，但饱和脂肪酸含量高，而且大麦富含淀粉，可直接转变成饱和脂肪酸，饱和脂肪酸颜色洁白、硬挺，屠宰后胴体脂肪硬挺。另外，大麦中叶黄素、胡萝卜素含量都较低，在后期饲喂大麦，对脂肪颜色和脂肪硬度都有极为良好的作用。可使脂肪组织颜色加深的饲料有大豆饼粕、黄玉米、南瓜、胡萝卜等。黄玉米含较多的不饱和脂肪酸、叶黄素和胡萝卜素，易使脂肪变软、变黄，所以在高

续表

影响内在品质因素			控制措施
肉牛内在品质	饲料	饲料与脂肪硬度及颜色	档牛肉生产的后期要谨慎使用。油脂含量高的饲料饲喂过多可使畜体脂肪变软。因此，用豆饼、蚕蛹等肥育家畜时脂肪较软；脂肪色泽以白色与亮红色品质较高。脂肪颜色变黄，主要是由于花青素、叶黄素、胡萝卜素沉积在脂肪组织中所造成的。肉牛随日龄增大，脂肪组织中沉积的上述色素物质增加，使颜色变深。要使肌肉内外脂肪近乎白色，可对年龄较大的牛（3 岁以上）采用可溶性色素少的草料作日粮。脂溶性色素物质较少的草料有干草、秸秆、白玉米、大麦、椰子饼、豆饼、豆粕、啤酒糟、粉渣、甜菜渣、糖蜜等，用这类草料组成日粮饲喂 3 个月以上，可明显地使脂肪颜色变浅。一般肥育肉牛在出槽前 30 天最好少用胡萝卜，西红柿，南瓜，黄心、红心或花心的甘薯，黄玉米，鸡粪再生饲料，青草，青贮饲料，高粱糠，红辣椒，苋菜等饲料，以免脂肪色泽不佳
		饲料油脂与牛肉品质	与普通玉米相比，饲喂等能量的高油玉米日粮可以增加牛肉背最长肌脂肪中亚油酸、花生四烯酸和总多不饱和脂肪酸的含量，从而降低其中饱和脂肪酸的含量，提高肌内脂肪的沉积，并改善牛肉的大理石纹结构。反刍动物能够自身合成共轭亚油酸（CLA），它具有抗癌、抗氧化、促进生长、降低脂肪沉积以及免疫调节等重要生理功能。因此，牛肉和牛奶被称为功能性食品。反刍动物产品是人类食物中共轭亚油酸的主要来源。在日粮中添加亚油酸或富含亚油酸的植物油，如玉米油、豆油、葵花籽油、亚麻籽油和花生油等，可以增加牛肉中共轭亚油酸含量

续表

影响内在品质因素			控制措施
肉牛内在品质	饲料	饲料因素与牛肉色泽、气味	要使肉色不发暗，应多喂青草、马铃薯。米糠中的有效成分可防止肉牛的血红蛋白氧化，抑制胴体肌肉色泽变黑。饲料中某些不良的气味可经肠道吸收，后转入肌肉，如带辛辣味的葱类饲料等，肥育期畜禽常喂这类饲料会使肉品带有不良气味；牛肉脂肪中饱和脂肪酸含量较多，为增加牛肉中不饱和脂肪酸的含量，特别是增加多不饱和脂肪酸的含量来提高牛肉的保健效果，可通过适量增加以鱼油为原料（海鱼油中富含多不饱和脂肪酸）的钙皂加入饲料中来达到，一般用量不要超过精料的3%，以免牛肉有鱼腥味
		维生素E与牛肉品质	维生素E具有抗氧化作用，在肉牛日粮中补充维生素E，不仅可以提高牛肉的嫩度，改善牛肉品质，还可以延长牛肉的货架期。维生素E是保持肌肉完整性所必需的，日粮中缺乏维生素E，会导致肌肉发育不良，营养不良的肌肉颜色苍白、渗水。若日粮中含有较多不饱和脂肪酸，尤其是亚油酸时，畜禽对维生素E缺乏更加敏感
		微量元素与牛肉品质	配合饲料中注意平衡微量元素的含量，一方面可以得到很高的增产效益，同时有利于提高牛肉的风味；有机铬可减轻运输过程的应激而提高肉品质量；日粮缺铁时间过长，会使牛血液中铁浓度下降，导致肌肉中铁元素分离，补充血液中铁不足，可使肌肉颜色变淡。肌肉色泽过浅（如母牛），则可在日粮中使用含铁高的草料，例如鸡粪再生饲料、西红柿、阿拉伯高粱、菠萝皮（渣）、椰子饼、红花饼、玉米酒糟、燕麦、亚麻饼、马铃薯及绿豆粉渣、意大利黑麦青草、燕麦麸、苜蓿和各种动物性饲料等，也可在精料中配入硫酸亚铁等，使每千克铁含量提高到500毫克左右
	应激	应激可影响屠宰后的酸化速率和程度，从而导致蛋白质变性速度异常，肉品系水力下降和失色加快	做好运输的准备工作，减少运输过程的应激；给应激牛补铬能降低血清中的皮质醇浓度和提高血液免疫球蛋白水平，可使动物变得安定，降低动物在运输和屠宰场的应激，减少对肉质的不良影响

续表

影响内在品质因素			控制措施
肉牛的质量安全	药物残留	饲料中违禁使用药物添加剂	严格执行《饲料药物添加剂使用规范》。少用或不用抗生素，使用绿色添加剂来防治疾病和中草药添加剂
		不按规定用药，没有按照休药期停药	严格按照《无公害食品肉牛饲养兽药使用准则》
		非法使用违禁药物	严禁使用假药、不合格药品，严禁使用有致畸、致癌、致突变和未经农业部批准的药物，严禁使用已被淘汰的或对环境、对人类造成严重污染的药物，严禁使用激素类药物（己烯雌酚、醋酸甲羟孕酮等）、镇静药、催眠药（甲喹酮、氯丙嗪、地西泮等），还有其他方面如瘦肉精、氯霉素等
	有毒有害物质污染	饲料污染	严把饲料原料质量关，保证原料无污染（注意饲料在生长过程中受到各种污染如农药、杀虫剂、除草剂、消毒剂、清洁剂以及工矿企业所排放的“三废”污染，或新开发利用的石油酵母饲料、污水处理池中的沉淀物饲料与制革业下脚料等蛋白饲料中含有的致癌物质导致有毒有害物污染等）；对动物性饲料要采用先进技术进行彻底无菌处理；对有毒的饲料要严格脱毒并控制用量。完善法律法规，规范饲料生产管理，建立完善的饲料质量卫生监测体系，杜绝一切不合格的饲料上市；夏季避免肉牛后期饲料中加入肉渣和被微生物污染等；避免在肉牛饲料中使用反刍动物蛋白质饲料等
		配合饲料加工调制与储运过程中的氧化变质和酸败	特别是一些含油脂较高的饲料，如玉米、花生饼、肉骨粉等，在加工、调制储运中易氧化、酸败和霉变产生有毒物质等，所以要科学合理地加工保存饲料；在饲料中添加抗氧化剂和防霉剂防止饲料氧化和霉变，如已证明霉菌毒素次生代谢产物苗曲霉毒素（AFT）的毒性很强，致癌强度是“六六六”的2万倍
		饮水被有害有毒物质污染	注意水源选择和保护，保证饮用水符合标准，避免使用被重金属、农药污染的水。定期检测水质，避免水受到污染

续表

影响内在品质因素			控制措施
肉牛的质量安全	微生物污染	饲料污染	选择优质无污染的饲料（禁用微生物污染的屠宰场下脚料）；使用的肉渣和鱼粉要严格检疫，避免微生物含量超标（在后期料中添加动物肉渣，特别是在夏季易出现微生物污染）；配合饲料要科学处理，避免在加工调制与储运过程中被微生物污染
		饮水污染	注意水源选择和保护（避免被生活污水、畜产品加工厂和医院、兽医院和病畜隔离区污水污染等），保证饮用水符合标准。定期检测水质
		饲养过程污染	加强环境消毒卫生，保持洁净的环境和清新的空气（防止空气微粒和微生物含量超标）
		疫病	加强种畜和引种的检疫；加强肉牛场的隔离、消毒、卫生和免疫接种，避免疾病特别是疫病发生

二、生产高档牛肉

（一）高档牛肉标准

1. 年龄、体重及体型要求 牛年龄在30月龄以内，屠宰活重为500千克以上，达满膘，体型呈长方形，腹部下垂，背平宽，皮较厚，皮下有较厚的脂肪。

2. 胴体及肉质要求 胴体表面脂肪的覆盖率达80%以上，背部脂肪厚度为8~10毫米，第12~13肋骨脂肪厚为10~13毫米，脂肪洁白、坚挺；胴体外型无缺损；肉质柔嫩多汁，剪切值在3.62千克以下的出现次数应在65%以上；大理石纹明显；每条牛柳2千克以上，每条西冷5千克以上；符合西餐要求。

（二）高档牛肉生产模式

高档牛肉生产应实行产销一体化经营方式，在具体工作中重点把握以下几个环节。

1. 建立架子牛生产基地 生产高档牛肉，必须建立肉牛基

地，以保证架子牛牛源供应。基地建设应注意以下几个环节。

（1）品种：高档牛肉对肉牛品种要求并不十分严格。据实验测定，我国现有的地方良种牛或它们与引进的国外肉用、兼用品种牛杂交，经良好饲养，均可达到进口高档牛肉水平，都可以作为高档牛肉的牛源。但从复州牛、科尔沁牛屠宰成绩来看，未去势牛屠宰成绩低于阉牛，为此肥育前应对牛进行去势。

（2）饲养管理：根据我国生产力水平，现阶段架子牛饲养应以专业乡、专业村、专业户为主，采用半舍饲半放牧的饲养方式，夏季白天放牧，晚间舍饲，补饲少量精料，冬季全天舍饲，寒冷地区扣上塑膜暖棚。舍饲阶段，饲料以秸秆、牧草为主，可适当添加一定量的酒糟和少量的玉米粗粉、豆饼。

2. 建立肥育牛场　生产高档牛肉应建立肥育牛场，当架子牛饲养到12~20月龄，体重达300千克左右时，集中到肥育场肥育。肥育前期，采取粗料日粮过渡饲养1~2周，然后采用全价配合日粮并应用增重剂和添加剂，实行短缰拴系，自由采食，自由饮水。经150天一般饲养阶段后，每头牛在原有配合日粮中增喂大麦1~2千克，采用高能日粮，再强度肥育120天，即可出栏屠宰。

3. 建立现代化肉牛屠宰场　高档牛肉生产有别于一般牛肉生产，屠宰企业的屠宰设备、胴体处理设备、胴体分割设备、冷藏设备、运输设备均需达到较高的现代水平。根据各地的生产实践，高档牛肉屠宰要注意以下几点。

（1）屠宰年龄：肉牛的屠宰年龄必须在30个月龄以内，30个月龄以上的肉牛，一般是不能生产出高档牛肉的。

（2）屠宰体重：屠宰体重在500千克以上，因牛肉块重与体重呈正相关，体重越大，肉块的绝对重量也越大。其中，牛柳重量占屠宰活重的0.84%~0.97%，西冷重量占1.92%~2.12%，去骨眼肉重量占5.3%~5.4%，这三块肉产值可达一头肉牛总产值的

50%左右；臀肉、大米龙、小米龙、膝圆、腰肉的重量占屠宰活重的8.0%~10.9%，这五块肉的产值占一头肉牛产值的15%~17%。

（3）屠宰胴体要进行成熟处理：普通牛肉生产实行热胴体剔骨，而高档牛肉生产则不能，胴体要求在温度0~4℃条件下吊挂7~9天后才能剔骨，这一过程也称胴体排酸。它对提高牛肉嫩度极为有效。

（4）胴体分割要按照用户要求进行：一般情况下，牛肉分为高档牛肉、优质牛肉和普通牛肉三部分。高档牛肉包括牛柳、西冷和眼肉三块，优质牛肉包括臀肉、大米龙、小米龙、膝圆、腰肉、腱子肉等，普通牛肉包括前躯肉、脖领肉、牛腩等。

三、提高粪便利用价值

肉牛生产过程中，不仅生产肉产品而且生产废弃物，如牛粪通过合理利用，变废为宝，提高了其经济价值。如利用牛粪栽培双孢蘑菇即是提高牛粪利用价值较好的方法。

1. 牛粪发酵

（1）堆积处理：在干牛粪中加入3%~4%石灰混合均匀后加水拌湿，调节含水量至70%~75%，将牛粪堆积在室外，料堆宽2~3米，高1米，长度因地势而异，覆盖塑料薄膜保湿发酵，堆积发酵时间为7~10天。

（2）二次发酵：将发酵的牛粪堆放在蘑菇栽培床架上，堆放厚度为30~40厘米，并压平整料面，关闭门窗，自然升温。当培养料内温度上升到48~52℃时，维持1~2天；然后通入蒸汽升高温度，使培养料内温度上升到60℃时，保持6~8小时；接着停止通入蒸汽，降低培养料内温度，当温度下降到48~52℃时，维持3~5天，每天通风1~2次。

2. 播种

当料内温度下降到26℃时开始播种，将麦粒菌种均匀撒在

料面上，轻压菌种，使其与培养料充分接触。然后，关闭门窗，保温保湿发菌，3 天后菌种已开始萌发并吃料生长时，适当加大通风量，增加新鲜空气；经过 7~10 天，当菌丝生长并布满料面后，逐渐加大通风量，降低料面水分，并将菇房内空气相对湿度控制在 80%左右，促使菌丝向料内生长，防止菌丝在培养料表面徒长。一般接种 18~20 天，菌丝可长到料底部。

3. 覆土管理

（1）覆土准备：选择前茬没有生产过食用菌的田地，取耕作层以下的土壤或山林土壤。土壤要求保水和通透性好，将土壤打碎成细颗粒，直径为 1.0~1.5 厘米，并在土壤中加入 1.0%~1.5%的石灰粉拌匀，调节 pH 值至 7.5 左右；或覆盖泥炭土，因为泥炭土具有较好的保水性能和通透性，是最理想的覆土材料。此外，还可将泥炭土与耕地土壤混合使用。

（2）覆土：当菌丝长满料层，并从底部可见到菌丝时，即可覆盖土壤。覆土方法是：将 2/3 粗土粒盖在料面上，厚度为 2.5~3.0 厘米，再覆盖细土粒，厚度为 0.8~1.0 厘米，使覆盖土壤的厚度达到 3.5~4.0 厘米。

（3）覆土后管理：覆盖土壤后的 3 天内，保持菇房内空气相对湿度在 90%左右，使土壤呈湿润状态。之后，适当加大通风量，促使菌丝向土壤中生长。当土壤含水量较高、湿度较大时，应加大通风量，降低湿度，防止菌丝徒长，以免在土表形成气生菌丝，从而影响菇类的产量和质量。

4. 出菇管理

（1）诱导出菇：覆土 12 天后，在土粒间见到菌丝时应及时诱导出菇。通过喷水来促使菌丝扭结形成原基，喷水量以土层湿透而不漏入培养料内为宜，同时加大通风量。当形成黄豆粒大小的菇蕾后，及时喷出菇水，保持土壤呈湿润状态，以满足籽实体生长的水分和湿度。

(2) 籽实体生长发育管理：双孢蘑菇栽培是在秋季接种，秋、冬、春季为出菇期，即在10月至翌年的4月出菇。由于各个季节温度和生长期不同，因此出菇管理方法也不同。

1) 秋季出菇管理：秋季是首次出菇，当籽实体形成后，将菇房内温度控制在14~18℃。当温度低于10℃时，须做好保温管理；当温度高于20℃时，打开门窗，加强通风管理，降低温度。将菇房内空气相对湿度控制在90%左右，通过喷水来调节湿度，始终保持土壤呈湿润状态。喷水量应根据出菇量和气候来定，喷水要做到轻喷勤喷，菇多多喷，菇少少喷，晴天多喷，阴雨天少喷，忌喷关门水，忌在高温期间和采菇时喷水。正确处理好喷水、通风和温度三者之间的关系，是提高产量和质量的关键。当籽实体菌盖直径达到2~5厘米，菌膜未破裂时采收。温度高于20℃时要及时采收，每天采收2~3次，才能保证产品质量。采收时，准备好装菇和菇脚的筐，边采收边截去菇脚，大小不同的菇，分别装筐。采收后，整理床面，去除病死菇和残根，修补土层，喷水补足水分，通风降温，诱导下一茬菇生长。

2) 冬季出菇管理：冬季气温低于10℃时，不出菇。此期间应做好通风、保温、松土、除老根和适当调节水分管理。每周喷水1~2次，保持土壤呈湿润状态，不变白；在晴天中午通风，保持菇房内空气新鲜。在冬季后期，为了让土层内菌丝恢复生长，应对土层进行一次松动，除去失去再生能力的老根。然后补充水分，每天喷水1~2次，在2~3天内喷水量为3千克/米^{2}左右，同时进行通风换气，使断裂的菌丝重新萌发生长。

3) 春季出菇管理：当气温回升并稳定在10℃以上时，开始进入出菇管理，春菇出菇期间为3~5月。在3月初开始补水，用5%石灰调制的石灰水来喷洒，用水量为5~9千克/米^2。首先喷水补充培养料和土壤中的水分，使土壤含水量达到19%~20%，即以手捏土能扁，搓得圆，不黏手为度。若土壤和培养料

较干时，应重喷一次水，喷水要淋透培养料。然后做好保温保湿管理，诱导籽实体生长。当籽实体生长出来后，喷水以提高环境湿度为主，使空气相对湿度达到90%~95%，同时适当通风，既要使菇房内空气新鲜又要使菌床不干燥。春菇管理得当，可获得高产。因为春季气温变化大并逐渐升高，易出现薄皮菇和开伞菇，所以春菇要及时采收，才能保证产品质量。

四、产品销售管理

（一）销售预测

规模化肉牛场的销售预测是在市场调查的基础上，对肉牛产品的趋势做出的正确估计。牛产品市场是销售预测的基础，市场调查的对象是已经存在的市场情况，而销售预测的对象是尚未形成的市场情况。牛产品销售预测分为长期预测、中期预测和短期预测。长期预测指5~10年的预测；中期预测一般指2~3年的预测；短期预测一般为每年内各季度月份的预测，主要用于指导短期生产活动。进行预测时可采用定性预测和定量预测两种方法。定性预测是指对对象未来发展的性质方向进行判断性、经验性的预测；定量预测是通过定量分析对预测对象及其影响因素之间的密切程度进行的预测。两种方法各有所长，应从当前实际情况出发，结合使用。

（二）销售决策

影响企业销售规模的因素有两个：一是市场需求；二是牛场的销售能力。市场需求是外因，是肉牛场外部环境对企业产品销售提供的机会；销售能力是内因，是肉牛场内部自身可控制的因素。对具有较高市场开发潜力，但目前在市场上占有率低的产品，应加强产品的销售推广宣传工作，尽量扩大市场占有率；对具有较高的市场开发潜力且在市场中有较高占有率的产品应有足够的投资以维持市场占有率；对那些市场开发潜力小、市场占有

率低的产品，由于其成长期潜力有限，过多投资则无益，应考虑调整企业的产品组合。

（三）销售计划

肉牛产品的销售计划是肉牛场经营计划的重要组成部分，科学地制订肉牛产品销售计划是做好销售工作的必要条件，也是科学地制订牛场生产经营计划的前提。主要内容包括销售量、销售额、销售费用、销售利润等。制订销售计划的核心问题是要完成企业的销售管理任务，能够在最短的时间内销售出产品，争取到理想的价格，及时收回贷款，取得较好的经济效益。

（四）销售形式

销售形式指牛产品从生产领域进入消费领域，由生产单位传送到消费者手中所经过的途径和采取的购销形式。依据不同服务领域和收购部门经销范围的不同而有所不同，主要包括国家预购、国家订购、外贸流通、肉牛场自行销售、联合销售、合同销售六种形式。合理的销售形式可以加速产品的传送过程，节约流通费用，减少流通过程中的消耗，能更好地提高产品的价值。

（五）销售管理

肉牛场销售管理包括销售市场调查、营销策略及计划的制订、促销措施的落实、市场的开拓、产品售后服务等。市场营销需要研究消费者的需求状况及其变化趋势。在保证产品质量并不断提高的前提下，利用各种机会、各种渠道刺激消费、推销产品。销售管理应做好以下三个方面的工作。

1. 加强宣传、树立品牌　有了优质产品，还需要加强宣传，将产品推销出去。广告是被市场经济所证实的一种良好的促销手段，应该很好地利用。一个好企业，首先必须对企业形象及其产品包装（含有形和无形）进行策划设计并借助广播电视、报刊等各种媒体做广告宣传，以提高企业及产品的知名度。在社会上树立起良好的形象，创造产品品牌，从而促进产品的销售。

2. 加强营销队伍建设　一是要根据销售服务和劳动定额，合理增加促销人员，加强促销力量，不断扩大促销辐射面。二是要努力提高促销人员业务素质。促销人员素质的高低，直接影响着产品的销售。因此，要经常对促销人员进行业务知识的培训和职业道德、敬业精神的教育，使他们以良好素质和精神面貌出现在用户面前，为用户提供满意的服务。

3. 积极做好售后服务　售后服务是企业争取用户信任，巩固老市场，开拓新市场的关键。因此，肉牛场要高度重视，扎实认真地做好此项工作。要学习海尔集团的管理经验，打服务牌。在服务上，一是要建立售后服务组织，经常深入用户，做好技术咨询服务；二是对出售的肉牛等提供防疫、驱虫程序及饲养管理等相关技术资料和服务跟踪卡，规范售后服务，并及时通过用户反馈的信息，改进肉牛场的工作，加快肉牛场的发展。

第七章 肉牛生态养殖的疾病防控

【提示】只有保证肉牛健康，才可使肉牛生产性能充分发挥并获得较好的经济效益。疾病防控必须树立“防重于治、养防并重”的观念，同时采取综合措施控制疾病发生。

第一节 综合防治措施

一、肉牛场的隔离卫生

（一）注意场址选择和规划

科学选场址并合理规划布局可为隔离卫生奠定良好的基础。

（二）加强隔离

1. 引种隔离 尽量做到自繁自养。从外地引进场内的种肉牛，要严格进行检疫。可以隔离饲养和观察2~3周，确认无病后，方可并入生产群。

2. 肉牛场隔离

（1）设置隔离消毒设施：生产区最好有围墙和防疫沟并在围墙外种植荆棘类植物，形成防疫林带，只留人员入口、饲料入口和牛的进出口，减少与外界的直接联系；牛场大门设立车辆消毒池和人员消毒室，生产区的每栋牛舍门口必须设立消毒脚盆。严禁闲人入场，外来人员来访必须在值班室登记，把好防疫的第

一关。

（2）采用“全进全出”的饲养制度。“全进全出”的饲养制度是有效防止疾病传播的措施之一。“全进全出”的饲养制度可使肉牛场做到净场和充分的消毒，切断了疾病传播的途径，从而避免患病牛或病原携带者将病原传染给日龄较小的牛群。

（3）加强消毒：外来车辆必须在场外经严格冲洗消毒后才能进入生活管理区，严禁任何车辆和外人进入生产区。进场人员必须在更衣室沐浴、更衣、换鞋并经严格消毒后方可进入。生产区人员经过脚盆再次消毒工作鞋后才能进入牛舍。饲料应由本场生产区外的饲料车运至饲料周转仓库，再由生产区内的车辆转运至每栋牛舍，严禁将饲料直接运入生产区内。生产区内的任何物品、工具（包括车辆），除特殊情况外不得离开生产区，任何物品进入生产区必须经过严格消毒，特别是饲料袋，应先经熏蒸消毒后才能装料进入生产区。场内生活区严禁饲养畜禽。尽量避免猪、狗、飞禽进入生产区。生产区内肉制食品要由场内供给，严禁从场外带入偶蹄兽肉及其制品。

（4）全场工作人员禁止兼任其他畜牧场的饲养、技术工作和屠宰贩卖工作。保证生产区与外界环境有良好的隔离状态，全面预防外界病原侵入肉牛场。休假返场的生产人员必须在生活管理区隔离两天后方可进入生产区工作，肉牛场后勤人员应尽量避免进入生产区。

（三）保持卫生

1. 保持牛舍以及周围环境卫生　及时清理牛舍的污物、污水和垃圾，定期打扫牛舍和设备用具的灰尘，每天适量通风，保持牛舍清洁卫生；不在牛舍周围和道路上堆放废弃物和垃圾。

2. 保持饲料、饲草和饮水卫生　饲料、饲草不霉变，不被病原污染，饲喂用具勤清洁消毒；饮用水水质良好，符合卫生标准，饮水用具要清洁，饮水系统要定期消毒。

3. 废弃物要经无害化处理　粪便堆放要远离肉牛舍，最好设置专门储粪场并对粪便进行无害化处理，如堆积发酵、生产沼气等处理。病死肉牛不要随意出售或乱扔乱放，防止传播疾病。

4. 防虫灭鼠　昆虫可以传播疫病，要保持舍内干燥和清洁，夏季使用化学杀虫剂防止昆虫滋生繁殖；老鼠不仅可以传播疫病而且可以污染和消耗大量的饲料，危害极大，必须注意灭鼠。每2~3个月进行一次彻底灭鼠。

二、科学饲养管理

（一）合理饲养

按时饲喂优质饲草和饲料，足量采食，合理补饲，供给洁净充足的饮水。不喂霉败饲料，不提供污浊或受污染的水，剔除青干野草中的有毒植物。将饲料正确调制处理，妥善储藏并采用适当的搭配比例，防止草、蔬菜茎叶上残留的农药蓄积危害和误食灭鼠药中毒。

（二）严格管理

除做好隔离卫生和其他饲养管理外，还要提供适宜的温度、湿度、通风、光照等环境条件，避免过冷、过热、通风不良、有害气体浓度过高和噪声过大等，以免导致应激。

三、加强消毒工作

消毒是采用一定方法将养殖场、交通工具和各种被污染物中病原微生物的数量减少到最低或无害程度的一种方法。通过消毒杀灭环境中的病原体，切断传播途径，防止传染病的传播与蔓延，是传染病预防措施中的一项重要内容。

（一）消毒的方法

1. 物理消毒法　它包括机械性清扫、冲洗、加热、干燥、阳光和紫外线照射等方法。如用喷灯对肉牛经常出入的地方、产

房、培育舍每年进行1~2次火焰瞬间喷射，外来人员入口处设紫外线灯，至少照射5分钟等。

2. 化学消毒法　它是指利用化学消毒剂对病原微生物污染的场地、物品等进行消毒。如在牛舍周围、入口、产房和牛床下撒生石灰或氢氧化钠溶液进行消毒；用甲醛等对饲养器具在密闭的室内或容器内进行熏蒸；用规定浓度的新洁尔灭、有机碘混合物或煤酚的水溶液洗手、洗工作服或胶鞋。

3. 生物热消毒法　主要用于粪便及污物，通过堆积发酵产热来杀灭一般病原体的消毒方法。

（二）常用的消毒药物

见表7-1。

表7-1　常用的消毒药物

类别	概述	产品	性状和性质	使用方法
含氯消毒剂	含氯消毒剂是指在水中能产生具有杀菌作用的活性次氯酸的一类消毒剂，包括有机含氯消毒剂和无机含氯消毒剂。作用机制：氧化作用、氯化作用、新生态氧的杀菌作用。目前生产中使用较为广泛	漂白粉（含氯石灰含有效氯25%~30%）	白色颗粒状粉末，有氯臭味，久置空气中失效，大部溶于水和醇	5%~20%的悬浮液用于圈舍、地面、水沟、水井、粪便、运输工具等消毒；每50升水加1克漂白粉饮水消毒；5%的澄清液消毒食槽、玻璃器皿、非金属用具等，宜现配现用
		漂白粉精	白色结晶，有氯臭味，性质稳定	0.5%~1.5%用于地面、墙壁消毒，0.3~0.4克/千克用于饮水消毒

续表

类别	概述	产品	性状和性质	使用方法
含氯消毒剂	含氯消毒剂是指在水中能产生具有杀菌作用的活性次氯酸的一类消毒剂，包括有机含氯消毒剂和无机含氯消毒剂。作用机制：氧化作用、氯化作用、新生态氧的杀菌作用。目前生产中使用较为广泛	氯胺－T（含有效氯24%~26%）	为含氯的有机化合物，白色微黄晶体，有氯臭味。对细菌的繁殖体及芽孢、病毒、真菌孢子有杀灭作用。杀菌作用慢，但性质稳定	0.2%~0.5%水溶液喷雾用于室内空气及表面消毒，1%~2%溶液浸泡物品、器材消毒；3%的溶液用于排泄物和分泌物的消毒；0.1%~0.5%的溶液用于黏膜消毒；饮水消毒，1升水用4毫克。配制消毒液时，如果加入一定量的氯化铵，会大大提高消毒能力
		二氯异氰尿酸钠（含有效氯60%~64%）。另外，优氯净、强力消毒净、84消毒液、速效净等均含有二氯异氰尿酸钠	白色晶粉，有氯臭。室温下保存半年仅降低有效氯0.16%，是一种安全、广谱和长效的消毒剂，无残余毒性	一般0.5%~1%的溶液可以杀灭细菌和病毒，5%~10%的溶液用作杀灭芽孢，3%的水溶液用于空气、排泄物和分泌物消毒；饮水消毒，每1升水4~6毫克，作用30分钟；1%~4%的溶液消毒工具、用具、肉牛舍，可杀灭病毒和细菌。本品宜现用现配。三氯异氰尿酸钠，其性质特点和作用与二氯异氰尿酸钠基本相同。球虫囊消毒每10升水中加入10~20克
		二氧化氯、消毒王、超氯	白色粉末，有氯臭，易溶于水，易湿潮。可快速地杀灭所有病原微生物，制剂有效氯含量为5%。具有高效、低毒、除臭和无残留的特点	可用于畜禽舍、场地、器具、屠宰厂、饮水消毒和带畜消毒。含有效氯5%时，环境消毒，每1升水加药5~10毫升，泼洒或喷雾消毒；饮水消毒，100升水加药5~10毫升；用具、食槽消毒，每升水加药5毫克，浸泡5~10分钟。现配现用

续表

类别	概述	产品	性状和性质	使用方法
碘类消毒剂	为碘与表面活性剂（载体）及增溶剂等形成稳定的络合物。作用机制是碘的正离子与酶系统中蛋白质所含的氨基酸发生亲电取代反应，使蛋白质失活；碘的正离子具氧化性，能对膜联酶中的硫氢基进行氧化，破坏酶活性	碘酊（碘酒）	为碘的醇溶液，红棕色澄清液体，微溶于水，易溶于乙醚、氯仿等有机溶剂，杀菌力强	2%~2.5%溶液用于皮肤消毒
		碘伏（络合碘）	红棕色液体，随着有效碘含量的下降逐渐向黄色转变。碘与表面活化剂及增溶剂形成的不定型络合物，其实质是一种含碘的表面活性剂，主要剂型为聚乙烯吡咯烷酮碘和聚乙烯醇碘等，性质稳定，对皮肤无害	0.5%~1%溶液用于皮肤消毒剂；10毫升/升用于饮水消毒
		威力碘	红棕色液体。本品含碘0.5%	1%~2%的溶液用于畜舍、家畜体表及环境消毒；5%溶液用于手术器械、手术部位消毒

续表

类别	概述	产品	性状和性质	使用方法
醛类消毒剂	能产生自由醛基，在适当条件下与微生物的蛋白质及某些其他成分发生反应。作用机制是可与菌体蛋白质中的氨基结合使其变性或使蛋白质分子烷基化。可以和细胞壁脂蛋白发生交联、和细胞磷壁酸中的酯联产基形成侧链，封闭细胞壁，阻碍微生物对营养物质的吸收和废物的排出	福尔马林，含甲醛 36%~40% 的水溶液	无色有刺激性气味的液体，90℃下易生成沉淀。对细菌繁殖体及芽孢、病毒和真菌均有杀灭作用，广泛用于防腐消毒	2%~4%水溶液，对工具、用具、地面消毒；按每立方米空间用28毫升福尔马林对肉牛舍熏蒸消毒（不能带肉牛熏蒸）
		戊二醛	无色油状体，味苦。有微弱甲醛气味，挥发度较低。可与水、乙醇作任何比例的稀释，溶液呈弱酸性。碱性溶液有强大的灭菌作用	2%水溶液，用 0.3%碳酸氢钠调整 pH 值在 7.5~8.5 范围可消毒，不能用于热灭菌的精密仪器、器材的消毒
		多聚甲醛（多聚甲醛含甲醛 91%~99%）	为甲醛的聚合物，有甲醛臭味，为白色疏松粉末，常温下不可分解出甲醛气体，加热时分解加快，释放出甲醛气体与少量水蒸气。难溶于水，但能溶于热水，加热至150℃时，可全部蒸发为气体	多聚甲醛的气体与水溶液均能杀灭各种类型病原微生物。1%~5%溶液作用 10~30 分钟，可杀灭除细菌芽孢以外的各种细菌和病毒；杀灭芽孢时，需 8%浓度作用 6 小时。用于熏蒸消毒，用量为每立方米 3~10 克，消毒时间为 6 小时

续表

类别	概述	产品	性状和性质	使用方法
氧化剂类	为含不稳定结合态氧一类的化合物。作用机制：这类化合物遇到有机物和某些酶可释放出初生态氧，破坏菌体蛋白或细菌的酶系统。分解后产生的各种自由基，如巯基、活性氧衍生物等破坏微生物的通透性屏障等最终导致微生物死亡	过氧乙酸	无色透明酸性液体，易挥发，具有强烈刺激性，不稳定，对皮肤、黏膜有腐蚀性。对多种细菌和病毒杀灭效果好	400~2 000 毫克/升，浸泡2~120 分钟；0.1%~0.5%的溶液用于擦拭物品表面；0.5%~5%的溶液用于环境消毒，0.2%溶液用于器械消毒；每立方米空间用5%溶液2.5 毫升喷雾消毒实验室、无菌室
		过氧化氢（双氧水）	无色透明，无异味，微酸，苦，易溶于水，在水中分解成水和氧。可快速灭活多种微生物	1%~2%的溶液用于创面消毒；0.3%~1%的溶液用于黏膜消毒
		过氧戊二酸	有固体和液体两种。固体难溶于水，为白色粉末，有轻度刺激性作用，易溶于乙醇、氯仿、乙酸	2%溶液用于器械浸泡消毒和物体表面擦拭；0.5%溶液用于皮肤消毒；雾化气溶胶用于空气消毒
		臭氧	臭氧（O_3）是氧气（O_2）的同素异构体，在常温下为淡蓝色气体，有鱼腥臭味，极不稳定，易溶于水。臭氧对细菌繁殖体、病毒真菌和枯草杆菌黑色变种芽孢有较好的杀灭作用；对原虫和虫卵也有很好的杀灭作用	30 毫克/米^3、15 分钟，室内空气消毒；0.5 毫克/升，10 分钟，用于水消毒；15~20毫克/升用于传染源污水消毒

续表

类别	概述	产品	性状和性质	使用方法
氧化剂类	为含不稳定结合态氧的一类化合物。作用机制：这类化合物遇到有机物和某些酶可释放出初生态氧，破坏菌体蛋白或细菌的酶系统。分解后产生的各种自由基，如巯基、活性氧衍生物等破坏微生物的通透性屏障等最终导致微生物死亡	高锰酸钾	紫黑色斜方形结晶或结晶性粉末，无臭，易溶于水，以其浓度不同而呈暗紫色至粉红色。低浓度可杀死多种细菌的繁殖体，高浓度（2%～5%）在24小时内可杀灭细菌芽孢，酸性溶液可以明显提高杀菌作用	0.1%溶液可用于创面和黏膜消毒；0.01%～0.02%溶液用于消化道清洗；0.1%～0.2%溶液用于体表消毒

续表

类别	概述	产品	性状和性质	使用方法
酚类消毒剂	酚类消毒剂是消毒剂中种类较多的一类化合物。作用机制：① 高浓度下可裂解并穿透细胞壁，与菌体蛋白结合，使微生物原浆蛋白质变性；② 低浓度下或较高分子的酚类衍生物，可使氧化酶、去氢酶、催化酶等细胞的主要酶系统失去活性	苯酚（石炭酸）	白色针状结晶，弱酸性，65℃以上易溶于水，有芳香味	杀菌力强，3%~5%溶液用于环境与器械消毒；2%溶液用于皮肤消毒
		煤酚皂（来苏儿）	由煤酚和植物油、氢氧化钠按一定比例配制而成。无色，见光和空气变为深褐色，与水混合成为乳状液体。毒性较低	3%~5%的溶液用于环境消毒；5%~10%的溶液用于器械消毒、处理污物；2%的溶液用于术前、术后和皮肤消毒
		复合酚（农福、消毒净、消毒灵、菌毒敌）	由冰醋酸、混合酚、十二烷基苯磺酸、煤焦油按一定比例混合而成，为棕色黏稠状液体，有煤焦油臭味，对多种细菌和病毒有杀灭作用	用水稀释100~300倍后，用于环境、禽舍、器具的喷雾消毒，稀释用水温度不低于8℃；1：200稀释可杀灭烈性传染病，如口蹄疫；1：（300~400）药浴或擦拭皮肤，药浴25分钟，可以防治猪、牛、羊螨虫等皮肤寄生虫病，效果良好
		氯甲酚溶液（菌球杀）	为甲酚的氯代衍生物，一般为5%的溶液。杀菌作用强，毒性较小	主要用于畜舍、用具、污染物的消毒。用水稀释33~100倍后用于环境、畜禽舍的喷雾消毒

续表

类别	概述	产品	性状和性质	使用方法
表面活性剂	它又称清洁剂或除污剂（双链季铵酸盐类消毒剂）。作用机制：①可以吸附到菌体表面。改变细胞渗透性，溶解损伤细胞使菌体破裂，细胞内容物外流。②表面活性物在菌体表面浓集，阻碍细菌代谢，使细胞结构紊乱。③渗透到菌体内使蛋白质发生变性和沉淀。④破坏细菌酶系统	新洁尔灭（苯扎溴铵）。市售的一般为浓度5%的苯扎溴铵水溶液	无色或淡黄色液，振摇产生大量泡沫。对革兰氏阴性细菌的杀灭效果比对革兰氏阳性菌强，能杀灭有囊膜的亲脂病毒，不能杀灭亲水病毒、芽孢、结核菌，易产生耐药性	皮肤、器械消毒用0.1%的溶液（以苯扎溴铵计）；黏膜、创口消毒用0.02%以下的溶液；手术局部消毒用0.5%~1%溶液
		度米芬（杜米芬）	白色或微白色片状结晶，能溶于水和乙醇。主要用于细菌病原，消毒能力强，毒性小，可用于环境、皮肤、黏膜、器械和创口的消毒	皮肤、器械消毒用0.05%~0.1%的溶液；带畜消毒用0.05%的溶液喷雾
		癸甲溴铵溶液（百毒杀）。市售浓度一般为10%癸甲溴铵溶液	白色、无臭、无刺激性、无腐蚀性的溶液。本品性质稳定，不受环境酸碱度、水质硬度、粪便血污等有机物及光、热影响，可长期保存，且适用范围广	饮水消毒，日常按1∶（2 000~4 000）稀释，可长期使用。疫病期间1∶（1 000~2 000）连用7天；畜禽舍及带畜消毒，日常1∶600；疫病期间1∶（200~400）喷雾、洗刷、浸泡
		双氯苯双胍己烷	白色结晶粉末，微溶于水和乙醇	0.5%溶液用于环境消毒；0.3%溶液用于器械消毒；0.02%溶液用于皮肤消毒
		环氧乙烷（烷基化合物）	常温无色气体，沸点10.3℃，易燃、易爆、有毒	50毫克/升密闭容器内用于器械、敷料等消毒
		氯己定（洗必泰）	白色结晶、微溶于水，易溶于醇，禁忌与升汞配伍	0.022%~0.05%水溶液，术前洗手浸泡5分钟；0.01%~0.025%溶液用于腹腔、膀胱等冲洗

续表

类别	概述	产品	性状和性质	使用方法
醇类消毒剂	醇类物质。作用机制：使蛋白质变性沉淀；快速渗透过细菌胞壁进入菌体内，溶解破坏细菌细胞；抑制细菌酶系统，阻碍细菌正常代谢；可快速杀灭多种微生物	乙醇	无色透明液体，易挥发，易燃，可与水和挥发油任意混合。无水乙醇含乙醇量为95%以上。主要通过使细菌菌体蛋白凝固并脱水而发挥杀菌作用。以70%～75%乙醇杀菌能力最强。对组织有刺激作用，浓度越大刺激性越强	70%～75%溶液用于皮肤、手背、注射部位和器械及手术、实验台面消毒，作用时间3分钟。注意：不能作为灭菌剂使用，不能用于黏膜消毒。浸泡消毒时，消毒物品不能带有过多水分，物品要清洁
		异丙醇	无色透明液体，易挥发，易燃，具有乙醇和丙酮混合气味，可与水和大多数有机溶剂混溶。作用浓度为50%～70%，过浓或过稀，杀菌作用都会减弱	50%～70%的水溶液涂擦与浸泡，作用时间5～6分钟。只能用于物体表面和环境消毒。杀菌效果优于乙醇，但毒性也高于乙醇。有轻度的蓄积和致癌作用

续表

强碱类	碱类物质。作用机制是氢氧根离子可以水解蛋白质和核酸，使微生物的结构和酶系统受到损害，同时可分解菌体中的糖类而杀灭细菌和病毒。尤其是对病毒和革兰氏阴性杆菌的杀灭作用最强。但其腐蚀性也强	氢氧化钠（火碱）	白色干燥的颗粒、棒状、块状、片状结晶，易溶于水和乙醇，易吸收空气中的 CO_2 形成碳酸钠或碳酸氢钠盐。对细菌繁殖体、芽孢和病毒有很强的杀灭作用，对寄生虫卵也有杀灭作用，浓度增大，作用增强	2%～4%溶液可杀死病毒和繁殖型细菌，30%溶液 10 分钟可杀死芽孢，4%溶液 45 分钟杀死芽孢，如加入 10%食盐能增强杀芽孢能力。2%～4%的热溶液用于喷洒或洗刷消毒，如畜禽舍、仓库、墙壁、工作间、入口处、运输车辆、饮饲用具消毒等；5%溶液用于炭疽消毒
		生石灰（氧化钙）	白色或灰白色块状或粉末，无臭，易吸水，加水后生成氢氧化钙	加水配制 10%～20%的石灰乳，涂刷畜舍墙壁、畜栏等消毒
		草木灰	新鲜草木灰主要含氢氧化钾。取筛过的草木灰 10～15 千克，加水 35～40 千克，搅拌均匀，持续煮沸 1 小时，补足蒸发的水分即成 20%～30%草木灰	20%～30%草木灰可用于圈舍、运动场、墙壁及食槽的消毒。应注意水温为 50～70℃

（三）消毒的程序

根据消毒的类型、对象、环境温度、病原体性质以及传染病流行特点等因素，将多种消毒方法科学合理地加以组合而进行的消毒过程称为消毒程序。

1. 人员消毒　所有工作人员进入场区大门必须进行鞋底消毒，并经自动喷雾器进行喷雾消毒。进入生产区的人员必须淋浴、更衣、换鞋、洗手，并经紫外线照射 15 分钟。工作服、鞋、帽等定期消毒（可放在 1%～2%碱水内煮沸消毒，也可每立方米空间用 42 毫升福尔马林熏蒸 20 分钟消毒）。严禁外来人员进入生产区。人员进入牛舍要先踏消毒池（消毒池的消毒液每 2 天更换一次），再洗手后方可进入。工作人员在接触牛群、饲料之前必须洗手，并用消毒液浸泡消毒 3～5 分钟。病牛隔离人员和剖检人员操作前后都要进行严格消毒。

2. 车辆消毒　进入场门的车辆除要经过消毒池外，还必须对车身、车底盘进行高压喷雾消毒，消毒液可用 2%过氧乙酸或 1%灭毒威。严禁车辆（包括员工的摩托车、自行车）进入生产区。进入生产区的饲料车每周彻底消毒一次。

3. 环境消毒

（1）垃圾处理消毒：生产区的垃圾实行分类堆放，并定期收集。每逢周六进行环境清理、消毒和焚烧垃圾。可用 3%的氢氧化钠溶液喷湿，阴暗潮湿处撒生石灰。

（2）生活区、办公区消毒：生活区、办公区院落或门前屋后 4～10 月每 7～10 天消毒一次，11 月至翌年 3 月每半月一次。可用 2%～3%的氢氧化钠或甲醛溶液喷洒消毒。

（3）生产区的消毒：生产区道路、每栋舍前后每 2～3 周消毒一次；每月对场内污水池、堆粪坑、下水道出口消毒一次；使用 2%～3%的氢氧化钠或甲醛溶液喷洒消毒。

（4）地面土壤消毒：土壤表面可用 10%漂白粉溶液、4%福尔马林溶液或 10%氢氧化钠溶液消毒。停放过芽孢杆菌所致传染病（如炭疽）病牛尸体的场所，应严格加以消毒，首先用上述漂白粉澄清液喷洒地面，然后将表层土壤掘起 30 厘米左右，撒上干漂白粉，并与土混合，将此表土妥善运出掩埋。其他传染病所污染的地面土壤，则可先将地面翻一下，深度约30厘米，在翻地的同时撒上干漂白粉（用量为每平方米面积0.5千克），然后以水湿润、压平。如果放牧地区被某种病原体污染，一般利用自然因素（如阳光）来消除病原体；如果污染的面积不大，则应使用化学消毒剂消毒。

4. 牛舍消毒

（1）空舍消毒：牛出售或转出后对牛舍进行彻底的清洁消毒，消毒步骤如下：

1）清扫：首先对空舍的粪尿、污水、残料、垃圾和墙面、顶棚、水管等处的尘埃进行彻底清扫并整理归纳舍内饲槽、用具，当发生疫情时，必须先消毒后清扫。

2）浸润：对地面、牛栏、出粪口、食槽、粪尿沟、风扇匣、护仔箱进行低压喷洒，并确保充分浸润，浸润时间不低于30分钟，但不能时间过长，以免干燥后不好洗刷。

3）冲刷：使用高压冲洗机，由上至下彻底冲洗屋顶、墙壁、栏架、网床、地面、粪尿沟等。要用刷子刷洗藏污纳垢的缝隙，尤其是食槽、水槽等，冲刷不要留死角。

4）消毒：晾干后，选用广谱高效消毒剂，消毒牛舍内所有表面、设备和用具，必要时可选用2%~3%的氢氧化钠溶液进行喷雾消毒，30~60分钟后低压冲洗，晾干后用另外的消毒剂（0.3%好利安）喷雾消毒。

5）复原：恢复原来栏舍内的布置，并检查维修，做好进牛前的充分准备，并进行第二次消毒。

6）再消毒：进牛前1天再喷雾消毒，然后熏蒸消毒。对封闭牛舍冲刷干净、晾干后，用福尔马林、高锰酸钾熏蒸消毒。

【小知识】熏蒸消毒的方法：熏蒸前封闭所有缝隙、孔洞，计算房间容积，称量好药品。按照福尔马林：高锰酸钾：水为2∶1∶1比例配制，福尔马林用量一般为28~42毫升/米^3。容器

应大于甲醛溶液加水后容积的3~4倍。放药时一定要把甲醛溶液倒入盛高锰酸钾的容器内，室温最好不低于24℃，相对湿度为70%~80%。先从牛舍一头逐点倒入，倒入后迅速离开，把门封严，24小时后打开门窗通风。

（2）产房和隔离舍的消毒：在产犊前应进行1次，产犊高峰时进行多次，产犊结束后再进行1次。在病牛舍、隔离舍的出入口处应放置浸有消毒液的麻袋片或草垫，消毒液可用2%~4%氢氧化钠（针对病毒性疾病）或用10%克辽林溶液（针对其他疾病）。

（3）带牛消毒：正常情况下选用过氧乙酸或喷雾灵等消毒剂，0.5%浓度以下对人畜无害。夏季每周消毒2次，春秋季节每周消毒1次，冬季2周消毒1次。如果发生传染病每天或隔天带牛消毒1次，带牛消毒前必须彻底清扫，消毒时不仅限于牛的体表，还包括整个舍的所有空间。应将喷雾器的喷头高举在空中，喷嘴向上，让雾料从空中缓慢地下降，雾粒直径控制在80~120微米，压力为0.02~0.03MPa。注意不宜选用刺激性大的药物。

5. 废弃物消毒

（1）粪便消毒：牛的粪便消毒方法主要采用生物热消毒法，即在距牛场100~200米以外的地方设一堆粪场，将牛粪堆积起来，上面覆盖10厘米厚的沙土，堆放发酵30天左右即可作肥料。

（2）污水消毒：最常用的方法是将污水引入污水处理池，加入化学药品（如漂白粉或其他氯制剂）进行消毒，用量视污水量而定，一般1升污水用2~5克漂白粉。

四、科学地免疫接种

免疫接种是给动物接种各种免疫制剂（疫苗、类毒素及免疫血清），使动物个体和群体产生牛常用疫苗特异性的免疫力。免疫接种是预防和治疗传染病的主要手段，也是使易感动物群转化为非易感动物群的唯一手段。

（一）牛常用疫苗

牛常用疫苗见表7-2。

表7-2　牛常用疫苗

疫苗名称	用途	方法及用量	保存条件和保存期
口蹄疫弱毒疫苗	预防牛口蹄疫。免疫期为4~6个月	皮下或肌内注射，牛1~2岁1毫升，2岁以上2毫升。生效期14天	2~5℃，保存时间5个月；-12~18℃，保存时间8个月
牛出血性败血病氢氧化铝菌苗	预防牛出血性败血病；免疫期为9个月	皮下注射，体重100千克以下4毫升，100千克以上6毫升。生效期21天	28℃，保存时间3个月；2~5℃，保存时间6个月
牛肺疫弱毒疫苗	预防牛肺疫。免疫期1年	氢氧化铝苗肌内注射，成年牛2毫升，6~12月龄1毫升；盐水苗皮下注射，成年牛1毫升，6~12月龄0.5毫升。生效期21~28天	2~15℃，保存时间6个月
气肿疽灭活苗	预防气肿疽。免疫期约半年	牛可在颈部或肩胛部后缘皮下注射5毫升。生效期14天左右	2~15℃，保存时间8个月
破伤风明矾沉淀类毒素	防治破伤风。免疫1年	成年牛皮下注射1毫升，犊牛皮下注射0.5毫升，注射于颈部中央1/3处。注射后1个月产生免疫力。一般发病后及时注射破伤风苗，早治效果好	保存视瓶签说明进行处理
牛瘟兔化弱毒疫苗	防治牛瘟	血液苗或淋脾组织苗(1∶100)，无论大小牛一律肌内注射2毫升，冻干苗按瓶签规定方法稀释使用	按制造及检验规程就地制造疫苗后立即使用

续表

疫苗名称	用途	方法及用量	保存条件和保存期
无毒炭疽芽孢菌苗	预防炭疽。免疫期1年	经稀释后在颈部或肩胛部后缘，1岁以上牛1毫升，1岁以下牛0.5毫升，皮下注射。生效日期14天	2~15℃，保存时间2年
Ⅱ号炭疽芽孢苗	预防炭疽。免疫期1年	注射于皮下或皮内，皮内注射0.2毫升，皮下注射1毫升。生效日期14天	2~15℃，保存时间2年
牛流行热油佐剂灭活疫苗	预防牛流行热。免疫期半年	颈部皮下注射，每次每头牛4毫升，犊牛2毫升。二次免疫接种间隔为3周。生效日期21天	2~8℃保存，保存时间4个月

（二）免疫接种程序

免疫程序是指根据一定地区、养殖场或特定动物群体内传染病的流行状况、动物健康状况和不同疫苗特性，为特定动物群体制订的免疫接种计划，包括接种疫苗的类型、顺序、时间、方法、次数、时间间隔等规程和次序。科学合理的免疫程序是获得有效免疫保护的重要保障。制订肉牛免疫程序时应充分考虑当地疫病流行情况，动物种类、年龄，母源抗体水平和饲养管理水平，以及使用疫苗的种类、性质、免疫途径等因素。免疫程序的好坏可根据肉牛的生产力水平和疫病发生情况来评价，科学地制订一个免疫程序必须以抗体检测为重要的参考依据。参考免疫程序见表7-3。

表 7-3　牛免疫程序

年龄	疫苗（菌苗）	接种方法	备注
1月龄	第Ⅱ号炭疽芽孢苗（或无毒炭疽芽孢苗）	皮下注射1毫升（或皮下注射0.5毫升）	免疫期1年
	破伤风明矾沉淀类毒素	皮下注射5毫升	免疫期6个月
	气肿疽甲醛明矾菌苗	皮下注射5毫升	免疫期6个月
6月龄	狂犬病弱毒苗	皮下注射25~50毫升	免疫期1年
	布氏杆菌19号苗	皮下注射5毫升	免疫期1年
	气肿疽牛出败二联苗	皮下注射1毫升，用20%氢氧化铝盐水溶解	免疫期1年
12月龄	第Ⅱ号炭疽芽孢苗（或无毒炭疽芽孢苗）	皮下注射1毫升（或皮下注射0.5毫升）	免疫期1年
	破伤风明矾沉淀类毒素	皮下注射1毫升	免疫期1年
	狂犬病疫苗	皮下注射25~50毫升	免疫期6个月
	口蹄疫弱毒苗	皮下注射5毫升	免疫期6个月
18月龄	狂犬病疫苗	皮下注射25~50毫升	免疫期6个月
	布氏杆菌19号苗	皮下注射5毫升	免疫期1年
	牛痘苗	皮内注射0.2~0.3毫升	免疫期1年
	气肿疽牛出败二联干粉苗	皮下注射1毫升，用20%氢氧化铝盐水溶解	免疫期1年
	口蹄疫弱毒苗	皮下或肌内注射2毫升	免疫期6个月
	魏氏梭菌灭活苗	皮下注射5毫升	免疫期6个月
20月龄	第Ⅱ号炭疽芽孢苗（或无毒炭疽芽孢苗）	皮下注射1毫升	免疫期1年
	破伤风类毒素	皮下注射1毫升	免疫期1年
	狂犬病疫苗	皮下注射25~50毫升	免疫期6个月
	口蹄疫弱毒苗	皮下或肌内注射2毫升	免疫期6个月
	魏氏梭菌灭活苗	皮下注射5毫升	免疫期6个月

续表

年龄	疫苗（菌苗）	接种方法	备注
成年牛	气肿疽甲醛明矾菌苗	皮下注射 5 毫升	每年春季接种 1 次
	炭疽菌苗	皮下注射 1 毫升	每年春季接种 1 次
	破伤风类毒素	皮下注射 1 毫升	每年定期接种 1 次
	口蹄疫弱毒苗	肌内注射 2 毫升	每年春、秋季各接种 1 次
	狂犬病疫苗	皮下注射 25~50 毫升	每年春、秋季各接种 1 次
	魏氏梭菌灭活苗	皮下注射 5 毫升	免疫期 6 个月
妊娠牛	犊牛副伤寒菌苗	见疫苗生产标签	分娩前 4 周
	犊牛大肠杆菌菌苗	见疫苗生产标签	分娩前 2~4 周
	魏氏梭菌灭活苗	皮下注射 5 毫升	分娩前 4~6 周

五、正确的药物防治

肉牛的用药方案见表 7-4。

表 7-4　肉牛的用药方案

阶段		用药方案
后备肉牛	引入第 1 周及配种前 1 周	饲料中适当添加一些抗应激药物如维力康、维生素 C、多维、电解质添加剂等；同时饲料中适当添加一些抗生素药物如呼诺玢、呼肠舒、泰灭净、多西环素、利高霉素、支原净、泰舒平（泰乐菌素）、土霉素等

续表

阶段		用药方案
妊娠母肉牛	前期	饲料中适当添加抗生素药物如呼诺玢、泰灭净、利高霉素、新强霉素、泰舒平（泰乐菌素）等，同时饲料添加亚硒酸钠-维生素 E，妊娠全期饲料添加防治霉菌毒素药物（霉可脱）
	产前	驱虫。帝诺玢拌料 1 周，肌内注射 1 次得力米先（长效土霉素）等
产前后母肉牛	母肉牛产前产后 2 周	饲料中适当添加一些抗生素药物如呼肠舒、新强霉素（慢呼清）、菌消清（阿莫西林）、强力泰、多西霉素、金霉素等；母牛产后 1～3 天如有发热症状用输液来解决，所输液体内加入庆大霉素、林可霉素效果更佳
哺乳仔肉牛	仔肉牛吃初乳前	口服庆大霉素、氟哌酸（诺氟沙星）、兽友一针 1～2 毫升或土霉素半片
	3 日龄	补铁（如血康、牲血素、富来血）、补硒（亚硒酸钠-维生素 E）
	1、7、14 日龄	鼻腔喷雾卡那霉素、10%呼诺玢
	7 日龄左右、开食补料前后及断奶前后	饲料中适当添加一些抗应激药物如维力康、开食补盐、维生素 C、多维等。哺乳全期饲料中适当添加一些抗生素药物如菌消清、泰舒平、呼诺玢、呼肠舒、泰灭净、恩诺沙星、诺氟沙星、氧氟沙星及环丙沙星等。出生后体况比较差的肉牛犊，出生后喂些代乳粉（牛专用）对葡萄糖开水或凉开水，连饮 5～7 天，并调整乳头以加强体况
	断奶	根据肉牛犊体况 25～28 天断奶，断奶前几天母牛要控料、减料，以减少其泌乳量，在肉牛犊的饮水中加入阿莫西林、恩诺沙星、加强保易多以预防腹泻。肉牛犊如发生球虫可采用加适合的药物来获得抗体

续表

阶段		用药方案
断奶保育肉牛	保育牛阶段前期（28~35天）	饲料或饮水中适当添加一些抗应激药物如维力康、开食补盐、维生素C、多维等；此阶段可在肉牛犊饲料中添加泰乐菌素+磺胺二甲+甲氧苄啶+金霉素，以保证肉牛犊健康。此阶段如发生链球菌、传染性胸膜肺炎可采用阿莫西林+恩诺沙星+泰乐菌素+磺胺二甲+甲氧苄啶+金霉素防治
	肉牛犊阶段（45~50天）	此阶段要预防传染性胸膜肺炎的发生，可用氟苯尼考80克/吨+泰乐菌素+磺胺二甲+甲氧苄啶+金霉素防治
生长肥育肉牛	整个生长期	可用泰乐菌素+磺胺二甲+甲氧苄啶+金霉素添加在饲料中饲喂，并在应激时添加抗应激药物如维力康、开食补盐、维生素C、多维等。定期在饲料中添加伊维菌素、阿维菌素或帝诺玢、净乐芬等驱虫药物进行驱虫
公肉牛	饲养期	每月饲料中适当添加一些抗生素药物如土霉素预混剂、呼诺玢、呼肠舒、泰灭净、支原净、泰舒平（泰乐菌素）等，连用1周。每个季度饲料中适当添加伊维菌素、阿维菌素或帝诺玢、净乐芬等驱虫药物进行驱虫，连用1周。每月体外喷洒虱螨净、杀螨灵驱虫1次
空怀母肉牛	空怀期	饲料中适当添加一些抗生素药物如土霉素预混剂、呼诺玢、呼肠舒、泰灭净、支原净、泰乐菌素等，连用1周
	配种前	肌内注射1次得力米先、长效土霉素等；饲料中添加伊维菌素、阿维菌素或帝诺玢、净乐芬等驱虫药物进行驱虫，连用1周

注：①驱虫。牛群一年最好驱虫3次，以防治线虫、螨虫、蛔虫等体内寄生虫病的发生，从而提高饲料报酬。药物选用伊维菌素或复方药（伊维菌素+阿苯达唑）等。②红皮病的防治。红皮病主要是由于肉牛犊断奶后多系统衰弱综合征并发寄生虫病引起的，症状为体温在40~41℃，表皮出现小红点，出现时间多在30日龄以后，40~50日龄以及全期都有。在治疗上可采用先驱虫后再用20%长效土霉素和地塞米松+维丁胶性钙肌内注射治疗，预防此病要从源头开始做自家苗，肉牛犊分别在7日龄和25日龄各接种1次

第二节　牛的保健

做好牛的保健，使牛群处于健康状态，有利于提高牛的生产性能。

一、日常的保健工作

（一）翔实的记录

客观、翔实的记录能真实地反映出牛群的健康状况和管理水平，是计算牛群发病率、死亡率和安排生产的重要依据。一般包括下列几个方面。

1. 犊牛情况记录　包括犊牛号、出生日期、性别、出生重、母号、父号、免疫情况、每个月增重情况。

2. 后备母牛情况记录　包括牛号、出生日期、母号、父号、免疫情况、既往病史与治疗措施，不同月龄的体重、发情和配种情况、妊娠检查结果、预产期等。

3. 生产母牛情况的记录　母牛健康记录应与母牛生产记录相结合，除记录日产量外，还要记录配种和繁殖、发病情况及治疗措施。

4. 病历档案记录　不少牛场病历记录不全或很零乱，而且多数牛场只有年、月发病头（次）数统计，但对每头牛患病的详细情况记录不清楚。建立健全系统的病历档案不仅是一项重要的兽医保健工作，而且也是牛场技术管理的重要内容之一，应与育种、繁殖、产奶量等档案资料一样系统详细地做好记录工作。

（二）兽医诊断

准确及时的兽医诊断工作对维持牛群的健康有着重要的作用。除了常规检查之外，应充分利用血清学试验、尸体剖检等实验室诊断手段。

（三）疾病监控

利用体细胞测定仪能直接监测奶牛乳腺的健康状况，全自动生化分析仪可测定血样中的一系列生化指标，辅助诊断肉牛的疾病，对代谢性疾病同时也有监控作用。

（四）疾病定期检查

每年春秋两次对结核、布鲁氏菌病等传染病进行检疫，同时利用这两次免疫机会，在对牛群进行系统健康检查的同时，针对各个场的具体情况，对血糖、血钙、血磷、碱储、肝功能等进行部分抽查。

二、围产期的保健工作

（一）首先要做好产房的消毒工作

母牛分娩前应适时进入产房，当出现分娩预兆时，进入临产室（位），用专门的清洗、清毒溶液对其后躯及尾部进行有效消毒。

（二）掌握助产时机

一般正常分娩无须助产。当发生下列情况时应及时助产：母牛分娩期已到，临产状况明显，阵缩和努责正常，但久不见胎水流出和胎儿肢体，或胎水已破达 1 小时以上仍不见胎儿露出肢体，则应及时检查，并采取矫正胎儿措施，使其产出。如胎儿经过助产仍难产出，应及时采取剖腹术。

（三）加强观察

产前、产后注意观察，食欲不佳、体弱的母牛及时静脉注射 10%葡萄糖酸钙注射液及 5%的葡萄糖液，以增强其体质；产后母牛胎衣不下、子宫复位不全及患有子宫炎的母牛要及时治疗。

（四）定期进行血样抽查

对泌乳母牛每年抽查 2～4 次，了解血液中各种成分的变化情况。如某物质的含量下降到正常水平以下，则要增加其摄入量，以求平衡。检查项目包括血糖血钙、血磷、血钾、血钠、碱储、血酮体、谷草转氨酶、血脂等。

建立产前、产后酮体监测制度。产前1周和产后1个月，隔日测尿液 pH 值、尿酮体或乳酮体。凡测定尿液为酸性，尿（乳）酮体为阳性者，及时静脉注射葡萄糖溶液和碳酸氢钠溶液进行治疗。

在产乳高峰期可适当加喂瘤胃缓冲剂如碳酸氢钠、氧化镁、醋酸钠等，以维持牛体营养体代谢平衡。

三、蹄部保健

（一）改善环境卫生和饲养条件

肉牛舍要保持干燥、清洁，并定期消毒；饲料中钙、磷的含量和比例要合理；不要经常突然改变饲喂条件等。定期修蹄，每年1~2次普查牛蹄底部，对增生的角质要修平，对腐烂、坏死的组织要及时切除并清理干净，及时治疗。在梅雨季节或潮湿季节，用3%的福尔马林溶液或10%硫酸铜溶液定期喷洗蹄部，以预防蹄部感染。

（二）注意蹄部选择

从选种角度来提高牛蹄质量。采用蹄形好、不发生腐蹄病的公牛精液进行配种，以降低后代变形蹄和腐蹄病的发生率。

四、乳腺保健

（一）改善环境卫生

保持环境卫生是预防乳腺炎的重要环节。要经常使牛舍、牛床、牛体和环境保持清洁，及时清理牛粪，并注意垫草、挤奶机及乳房用毛巾的清洁卫生。挤奶后用消毒药液浸洗乳头数秒。

（二）正确挤奶

掌握正确的挤奶技术和正确地使用功能正常的挤奶机，遵守

挤奶操作规程。

（三）加强检测和治疗

每年至少两次（5~6 月及 11~12 月）对全群泌乳奶牛进行隐性乳腺炎的检测，对检测结果为“++”以上者要进行治疗。当全场泌乳奶牛乳区感染阳性率达到 15%以上时，应查其原因，及时采取措施，降低乳腺炎的发病率；奶牛在干乳前 15 天要进行乳腺炎检测。检测结果为“++”以上的牛要及时进行药物治疗，间隔 2~3 天后再检测 1 次，直至为阴性后才能用药物干乳。

【提示】要及时有效地治疗临床病牛，防止病原菌污染环境和感染健康牛。

第三节　牛的常见病防治

一、传染病

（一）病毒性传染病

1. 口蹄疫　牛口蹄疫是由口蹄疫病毒引起的偶蹄类动物共患的急性、热性、接触性传染病。

【病原及流行病学】口蹄疫病毒属小核糖核酸病毒科口疮病毒属，根据血清学反应的抗原关系，病毒可分为 O 型、A 型、C 型、亚洲Ⅰ型、南非Ⅰ型、南非Ⅱ型、南非Ⅲ型等 7 个不同的血清型和 60 多个亚型。口蹄疫病毒对酸碱特别敏感。在 pH 值为 3 时，瞬间丧失感染力，pH 值为 5.5 时，1 秒钟内 90%被灭活；1%~2%氢氧化钠溶液或 4%碳酸氢钠溶液 1 分钟内可将病毒杀死。-70~-50℃时病毒可存活数年，85℃ 1 分钟即可杀死病毒。牛奶经巴氏消毒（72℃下 15 分钟）能使病毒感染力丧失。在自然条件下，病毒在牛毛上可存活 24 天，在麸皮中能存活 104 天。紫外线可杀死病毒，乙醚、丙酮、氯仿和蛋白酶对病毒无作用。

本病发生无明显的季节性，但以秋末、冬春为发病盛期。本病以直接接触和间接接触的方式进行传递，病牛是本病的传染源。

【临床症状和病理变化】 该病毒侵入牛体内后，经过2~3天，有的则可达7~21天的潜伏时间，才出现症状。症状表现为口腔、鼻、舌、乳房和蹄等部位出现水疱，12~36小时后出现破溃，局部露出鲜红色糜烂面；体温升高达40~41℃；精神沉郁，食欲减退，脉搏和呼吸加快；流涎呈泡沫状；乳头上水疱破溃，挤乳时疼痛不安；蹄部水疱破溃，蹄痛跛行，蹄壳边缘溃裂，重者蹄壳脱落。犊牛常因心肌麻痹死亡，剖检可见心肌出现淡黄色或灰白色带状或点状条纹，似虎皮状，故称“虎斑心”。有的牛还会发生乳腺炎、流产症状。该病成年牛一般死亡率不高，在1%~3%之间，但犊牛由于发生心肌炎和出血性肠炎，死亡率很高。

【诊断】根据临床症状和病理变化可初步诊断，但确诊需经实验室对病毒进行毒型诊断。

【提示】该病传播速度快，典型症状是口腔、乳房和蹄部出现水疱和溃烂，尤其在口腔和蹄部的病变比较明显。

【预防】牛O型口蹄疫灭活苗2~3毫升肌内注射，1岁以下肉犊牛2毫升，成年肉牛3毫升，免疫期6个月。

【发病后措施】一旦发病，应及时报告疫情，同时在疫区严格实施封锁、隔离、消毒、紧急接种及治疗等综合措施；在紧急情况下，尚可应用口蹄疫高免血清或康复动物血清进行被动免疫，按每千克体重0.5~1毫升皮下注射，免疫期约2周。疫区封锁必须在最后1头病畜痊愈、死亡或急宰后14天，经全面大消毒后才能解除封锁。患良性口蹄疫的牛，一般经1周左右多能自愈。为缩短病程、防止继发感染，可对症治疗。

(1) 牛口腔病变可用清水、食盐水或0.1%高锰酸钾液清洗，后涂以1%~2%明矾溶液或碘甘油，也可涂撒中药冰硼散

（冰片15克、硼砂150克、芒硝150克，共研为细末）于口腔病变处。

（2）蹄部病变可先用3%来苏儿清洗，后涂擦甲紫溶液、碘甘油、青霉素软膏等，用绷带包扎。

（3）乳房病变可用肥皂水或2%~3%硼酸水清洗，后涂以青霉素软膏。患恶性口蹄疫的肉牛，除采用上述局部措施外，可用强心剂（如安钠咖）和滋补剂（如葡萄糖盐水）等。

2. 牛流行热（三日热）　牛流行热是由牛流行热病毒引起的一种急性、热性传染病。

【病原及流行病学】牛流行热病毒为RNA型，属于弹状病毒属。该病毒主要侵害肉牛，以3~5岁的壮年牛最易感。病牛是该病的传染来源，其自然传播途径尚不完全清楚。一般认为，该病多经呼吸道感染。此外，吸血昆虫的叮咬，以及与病牛接触的人和用具的机械传播也是可能的。该病流行具有明显的季节性，多发生于降水量大和气候炎热的6~9月。流行上还有一定周期性。基本上3~5年大流行一次。病牛多为良性经过，在没有继发感染的情况下，死亡率为1%~3%。

【临床症状和病理变化】病初时病牛震颤，恶寒战栗，接着体温升高到40℃以上，稽留2~3天后体温恢复正常。在体温升高的同时，可见流泪、有水样眼眵，眼睑、结膜充血，水肿。呼吸促迫，呼吸次数每分钟可达80次以上，呼吸困难，患牛发出呻吟声，呈苦闷状。这是由于发生了间质性肺气肿，有时可因窒息而死亡。

食欲废绝，反刍停止。第一胃蠕动停止，出现鼓胀或者缺水，胃内容物干涸。粪便干燥，有时下痢。四肢关节浮肿疼痛，病牛呆立、跛行，以后起立困难而伏卧。皮温不整，特别是角根、耳翼、肢端有冷感。另外，颌下可见皮下气肿。流鼻液，口炎、显著流涎，口角有泡沫。尿量减少，混浊。妊娠母牛患病时

可发生流产、死胎。泌乳量下降或泌乳停止。剖检可见气管和支气管黏膜充血和点状出血，黏膜肿胀，气管内充满大量泡沫黏液。肺显著肿大，有程度不同的水肿和间质气肿，压之有捻发音。全身淋巴结充血、肿胀或出血。真胃、小肠和盲肠黏膜呈卡他性炎和出血。其他实质脏器可见混浊肿胀。

【诊断】根据临床症状可初步诊断。

【提示】临床特征为突然高热，呼吸促迫，流泪和消化器官严重卡他性炎症和运动障碍。

【预防】加强肉牛的卫生管理对该病预防具有重要作用（管理不良时发病率高并容易成为重症，死亡率升高）。甲紫灭活苗10~15毫升，第一次皮下注射10毫升，5~7天后再注射15毫升，免疫期6个月；或病毒裂解疫苗，第一次皮下注射2毫升，间隔4周后再注射2毫升，在每年7月前完成预防。

【发病后措施】应立即隔离病牛并进行治疗，对假定健康牛和受威胁牛，可用高免血清进行紧急预防注射。高热时，肌内注射复方氨基比林20~40毫升，或30%安乃近20~30毫升。重症病牛给予大剂量的抗生素，常用青霉素、链霉素，并用葡萄糖生理盐水、林格氏液、安钠咖、维生素B_1和维生素C等药物，静脉注射，每天2次。四肢关节疼痛，牛可静脉注射水杨酸钠溶液。对于因高热而脱水和由此而引起的胃内容物干涸，可静脉注射林格氏液或生理盐水2~4升，并向胃内灌入3%~5%的盐类溶液10~20升。加强消毒，搞好灭蚊蝇等工作，用牛流热疫苗进行免疫接种。

此外，也可用清肺、平喘、止咳、化痰、解热和通便的中药，辨证施治，如九味羌活汤（羌活40克、防风46克、苍术46克、细辛24克、川芎31克、白芷31克、生地31克、黄芩31克、甘草31克、生姜31克、大葱1棵），水煎两次，一次灌服。加减：寒热往来加柴胡；四肢跛行加地风、苋、木瓜、牛膝；肚

胀加青皮、苹果、松壳；咳嗽加杏仁、全瓜蒌；大便干加大黄、芒硝。均可缩短病程，促进康复。

3. 牛病毒性腹泻—黏膜病 牛病毒性腹泻—黏膜病是由牛病毒性腹泻病毒（BVDV）引起牛的以黏膜发炎、糜烂、坏死和腹泻为特征的疾病。

【病原及流行病学】牛病毒性腹泻病毒属于黄病毒科瘟病毒属，是一种单股 RNA 有囊膜的病毒。病毒对乙醚和氯仿等有机溶剂敏感并能被灭活，病毒在低温下稳定，真空冻干后在-70～-60℃下可保存多年。病毒在 56℃下可被灭活，氯化镁不起保护作用。病毒可被紫外线灭活，但可经受多次冻融。

家养和野生的反刍兽及猪是本病的自然宿主，自然发病仅见于牛，各种年龄的牛都有易感性，但 6～18 月龄的幼牛易感性较高，感染后更易发病。绵羊、山羊也可发生亚临诊感染，感染后产生抗体。病毒可随分泌物和排泄物排出体外。持续感染牛可终身带毒、排毒，因而是本病传播的重要传染源。本病主要经口感染，易感动物食入被污染的饲料、饮水而经消化道感染，也可由于吸入由病畜咳嗽、呼吸而排出的带毒的飞沫而感染。病毒可通过胎盘发生垂直感染。病毒血症期的公牛精液中也有大量病毒，可通过自然交配或人工授精而感染母牛。该病常发生于冬季和早春，舍饲和放牧牛都可发病。

【临床症状和病理变化】发病时多数牛不表现临床症状，牛群中只见少数轻型病例。有时也引起全牛群突然发病。急性病牛，腹泻是特征性症状，可持续 1～3 周。粪便水样、恶臭，有大量黏液和气泡，体温升高至 40～42℃。慢性病牛，出现间歇性腹泻，病程较长，一般 2～5 个月，表现为消瘦、生长发育受阻，有的出现跛行。剖检主要病变在消化道和淋巴结，口腔黏膜、食道和整个胃肠道黏膜充血、出血、水肿和糜烂，整个消化道淋巴结发生水肿。

【诊断】本病确诊需进行病毒分离，或进行血清中和试验。

【预防】目前可应用牛病毒性腹泻—黏膜病弱毒疫苗来预防本病。皮下注射，成年牛注射1次，犊牛在2月龄适量注射，成年时再注射1次，用量按说明书要求。

【发病后措施】本病尚无有效治疗和免疫方法，只有加强护理和对症疗法，增强机体抵抗力，才能促使病牛康复。碱式碳酸铋片30克，磺胺二甲嘧啶片40克，一次口服；或磺胺嘧啶注射液20~40毫升，肌内或静脉注射。

4. 牛恶性卡他热 牛恶性卡他热（又称恶性头卡他或坏疽性鼻卡他）是由恶性卡他热病毒引起的一种急性热性、非接触性传染病。

【病原及流行病学】牛恶性卡他热病毒为疱疹病毒科恶性卡他热病毒属的成员。病毒对外界环境的抵抗力不强，不能抵抗冷冻和干燥。含病毒的血液在室温中24小时则失去活力，冰点以下温度可使病毒失去活性。隐性感染的绵羊、山羊和角马是本病的主要传染源。多发生于2~5岁的牛，老龄牛及1岁以下的牛发病较少。本病一年四季均可发生，但以春、夏季节发病较多。

【临床症状和病理变化】本病自然感染潜伏期平均为3~8周，人工感染为14~90天。病初高热，达40~42℃，精神沉郁，于第1天末或第2天，眼、口及鼻黏膜发生病变。临床上分头眼型、肠型、皮肤型和混合型四种。

（1）头眼型：眼结膜发炎，羞明流泪，以后角膜混浊，眼球萎缩、溃疡及失明。鼻腔、喉头、气管、支气管及颌窦卡他性及伪膜性炎症，呼吸困难，炎症可蔓延到鼻窦、额窦、角窦，角根发热，严重者两角脱落。鼻镜及鼻黏膜先充血，后坏死、糜烂、结痂。口腔黏膜潮红肿胀，出现灰白色丘疹或糜烂。病死率较高。

（2）肠型：先便秘后下痢，粪便带血、恶臭。口腔黏膜充

血，常在唇、齿龈、硬腭等部位出现伪膜，脱落后形成糜烂及溃疡。

（3）皮肤型：在颈部、肩胛部、背部、乳房、阴囊等处皮肤出现丘疹、水疱，结痂后脱落，有时形成脓肿。

（4）混合型：此型多见。病牛同时有头眼发病、胃肠炎及皮肤丘疹等。有的病牛呈现脑炎症状。一般经5~14天死亡。病死率达60%。

剖检鼻窦、喉、气管及支气管，黏膜充血肿胀，有假膜及溃疡。口、咽、食道糜烂、溃疡，第四胃充血水肿、斑状出血及溃疡，整个小肠充血出血。头颈部淋巴结充血和水肿，脑膜充血，呈非化脓性脑炎变化。肾皮质有白色病灶是本病特征性病变。

【诊断】根据典型临床症状和病理变化可做出初步诊断，确诊需进一步进行实验室诊断。

（1）病原检查：病毒分离鉴定（用病料接种牛甲状腺细胞、牛睾丸或牛胚肾原代细胞，培养3~10天可出现细胞病变，用中和试验或免疫荧光试验进行鉴定）。

（2）血清学检查：间接荧光抗体试验、免疫过氧化物酶试验、病毒中和试验。

【提示】临床特征是持续发热，口、鼻流出黏脓性鼻液、眼黏膜发炎，角膜混浊并有脑炎症状，病死率很高。

【预防】加强饲养管理，增强动物抵抗力，注意栏舍卫生。牛、羊分开饲养，分群放牧。

【发病后措施】发现病畜后，按《中华人民共和国动物防疫法》及有关规定，采取严格的控制、扑灭措施以防止扩散。病畜应隔离扑杀，污染场所及用具等，实施严格消毒。

5. 新生犊牛腹泻　新生犊牛腹泻是一种发病率高、病因复杂、难以治愈、死亡率高的疾病。

【病原及流行病学】轮状病毒和冠状病毒在生后初期的犊牛

腹泻中，起到了极为重要的作用，病毒可能是最初的致病因子。虽然它并不能直接引起犊牛死亡，但这两种病毒的存在，能使犊牛肠道功能减退，极易继发细菌感染，尤其是致病性大肠杆菌的感染，进而引起严重的腹泻。另外，母乳过浓、气温突变、饲养管理失误、卫生条件差等对本病的发生都具有明显的促进作用。犊牛下痢尤其多发于集约化饲养的犊牛群中。

【临床症状和病理变化】本病多发于出生后第 2~5 天的犊牛。病程 2~3 天，呈急性经过。病犊牛突然表现精神沉郁，食欲废绝，体温高达 39.5~40.5℃，病后不久即排灰白色、黄白色水样或粥样稀便，粪中混有未消化的凝乳块。后期粪便中含有黏液、血液、伪膜等，粪色由灰色变为褐色或血样，具有酸臭或恶臭气味，尾根和肛门周围被稀粪污染，尿量减少。1 天后，病犊牛背腰拱起，肛门外翻，常见里急后重，张口伸舌，哞叫，病程后期犊牛常因脱水衰竭而死亡。本病可分为败血型、肠毒血型和肠型。

(1) 败血型：主要发生于 7 日龄内未吃过初乳的犊牛，为致病菌由肠道进入血液而引发的，常见突然死亡。

(2) 肠毒血型：主要发生于 7 日龄吃过初乳的犊牛，主要是由致病性大肠杆菌在肠道内大量增殖并产生肠毒素进而被吸收入血所致。

(3) 肠型（白痢）：最为常发，见于 7~10 日龄吃过初乳的犊牛。病死犊牛由于腹泻而使机体脱水消瘦。病变主要在消化道，呈现严重的卡他性、出血性炎症。肠系膜淋巴结肿大，有的还可见到脾大，肝脏与肾脏被膜下出血，心内膜有点状出血。肠内容物如血水样，混有气泡。

【诊断】根据流行病学特点、临床症状（临床上主要表现为伴有腹泻症状的胃肠炎，全身中毒和机体脱水）和剖检变化可做出初步诊断。确诊还需要进行细菌分离和鉴定。细菌分离所用材

料，生前可取病犊粪便，死后可取肠系膜淋巴结，肝脏、脾脏及肠内容物。

【注意】健康犊牛肠道内也有大肠杆菌，而且病犊死后大肠杆菌又易侵入组织中，所以分离到细菌后，待鉴定出血清型再进行综合判断。

【预防】对刚出生的犊牛尽早投服预防剂量的抗生素药物如氯霉素、痢菌净等，对于预防本病发生具有一定的效果。另外，可以给怀孕期母牛注射用当地流行的致病性大肠杆菌株所制的菌苗。在本病发生严重的地区，应考虑给妊娠母牛注射轮状病毒和冠状病毒疫苗。如江苏省农业科学院研制的牛轮状病毒疫苗，给怀孕母牛接种以后，能有效控制犊牛下痢症状的发生。

【发病后措施】治疗本病时，最好通过药敏试验，选出敏感药物后再行给药。诺氟沙星，犊牛每头每次内服 10 片，即 2.5 克，每天 2~3 次；或氯霉素，每千克体重 0.01~0.03 克，每天注射 3 次；也可用庆大霉素、氨苄西林等。抗菌治疗的同时，还应配合补液，以强心和纠正酸中毒。口服 ORS 液（氯化钠 3.5 克、氯化钾 1.5 克、碳酸氢钠 2.5 克、葡萄糖 20 克，加常水至 1 000毫升），供犊牛自由饮用；或按每千克体重 100 毫升，每天分 3~4 次给犊牛灌服，即可迅速补充体液，同时能起到清理肠道的作用；或 6%低分子右旋糖酐、生理盐水、5%葡萄糖、5%碳酸氢钠各 250 毫升，氢化可的松 100 毫克，维生素 C 10 毫升，混溶后给犊牛一次静脉注射。轻症犊牛每天补液一次，重危症每天补液两次。补液速度以 30~40 毫升/分为宜。危重病犊牛也可输全血，可任选供血牛，但以该病犊的母牛血液最好，2.5%枸橼酸钠 50 毫升与全血 450 毫升，混合后一次静脉注射。

6. 牛传染性鼻气管炎 牛传染性鼻气管炎（IBR）又称坏死性鼻炎、红鼻病，是Ⅰ型牛疱疹病毒（BHV-1）引起的一种牛呼吸道接触性传染病。临床表现形式多样，以呼吸道症状为主，伴有结膜炎、流产、乳腺炎，有时诱发犊牛脑炎等。

【病原及流行病学】牛传染性鼻气管炎病毒或牛疱疹病毒Ⅰ型（IBRV）在分类地位上属疱疹病毒科α疱疹病毒亚科。病牛和带毒动物是主要传染源，隐性感染的种公牛因精液带毒，是最危险的传染源。病愈牛可带毒6~12个月，有的甚至长达19个月。病毒主要存在于鼻、眼、阴道分泌物和排泄物中。本病可通过空气、飞沫和病牛的直接接触、交配而分别经呼吸道黏膜、生殖道黏膜、眼结膜传播，但主要由飞沫经呼吸道传播。吸血昆虫（软壳蜱等）也可传播本病。

在自然条件下，只有牛易感。各种年龄和品种的牛均易感，其中以20~60日龄的犊牛最易感，肉用牛比乳用牛易感。本病在秋冬寒冷季节较易流行。过分拥挤、密切接触的条件下更易迅速传播。运输、运动、发情、分娩、卫生条件、应激因素均会影响本病发病率。一般发病率为20%~100%，死亡率为1%~12%。

【临床症状和病理变化】自然感染潜伏期一般为4~6天。临床分为呼吸道型、生殖道型、流产型、脑炎型和眼炎型五种。

（1）呼吸道型：表现为鼻气管炎，为本病最常见的一种类型。病初高热（40~42℃），流泪流涎及有黏脓性鼻液。鼻黏膜高度充血，呈火红色。呼吸高度困难，咳嗽不常见。病变表现为上呼吸道黏膜炎症，鼻腔和气管内有纤维素蛋白性渗出物。

（2）生殖道型：母牛表现为外阴阴道炎，又称传染性脓疱性外阴阴道炎。阴门、阴道黏膜充血，有时表面有散在性灰黄色粟粒大的脓疱，重症者脓疱融合成片，形成伪膜。孕牛一般不发生流产。公牛表现为龟头包皮炎，因此称传染性脓疱性龟头包皮炎。龟头、包皮、阴茎充血、溃疡，阴茎弯曲，精囊腺变性、坏死。生殖道型表现为外阴、阴道、宫颈黏膜、包皮、阴茎黏膜的炎症。

（3）流产型：一般见初胎青年母牛怀孕期的任何阶段，也

可发生于经产母牛。

(4) 脑炎型：易发生于4~6月龄犊牛，病初表现为流涕流泪，呼吸困难，之后肌肉痉挛，兴奋或沉郁，角弓反张，共济失调，发病率低，但病死率高，可达50%以上。脑炎型表现为脑非化脓性炎症变化。

(5) 眼炎型：表现为结膜角膜炎，不发生角膜溃疡，一般无全身反应，常与呼吸道型合并发生。在结膜下可见水肿，结膜上可形成灰黄色颗粒状坏死膜，严重者眼结膜外翻。角膜混浊呈云雾状。眼鼻流浆液脓性分泌物。

【诊断】根据典型临床症状和病理变化可做出初步诊断，确诊需进一步做实验室诊断，采用病毒分离鉴定（接种牛肾、肺或睾丸细胞）、病毒抗原检测（荧光抗体试验、酶联免疫吸附试验）和病毒中和试验、酶联免疫吸附试验进行诊断。

【小常识】病料采集方法：鼻腔拭子、脓性鼻液（应在感染早期采集）。对于隐性阴道炎或龟头炎的病例，应采取生殖道拭子，拭子要在黏膜表面上用力刮取，或用生理盐水冲洗包皮收集洗液，所有样品置于运输培养基，4℃保存并快速送检。尸检时，应收集呼吸道黏膜、部分扁桃体、肺和支气管淋巴结作病毒分离材料。对于流产的病例，应收集胎儿、肝、肺、肾和胎盘子叶。

【预防】在秋季进入肥育场之前给青年牛注射疫苗，可避免由此病所致的损失。当检出阳性牛时，最经济的办法是扑杀。

【发病后措施】发病时应立即隔离病牛，采用抗生素并配合对症治疗以减少死亡，牛只康复后可获坚强的免疫力。对未被感染的牛接种疫苗。

7. 牛白血病　牛白血病是牛的一种慢性肿瘤性疾病，其特征为淋巴样细胞恶性增生，进行性恶病质和高病死率。

【病原及流行病学】病原为牛白血病病毒（BLV），属于反录病毒科丁型反录病毒属，只感染牛的B淋巴细胞，并长期持续

存在于牛体内。迄今为止，其他组织和体液均未发现该病毒。本病主要发生于牛、绵羊、瘤牛，水牛和水豚也能感染。以4~8岁成年牛最常见。病畜和带毒者是本病的传染源。潜伏期平均为4年。近年来证明吸血昆虫在本病传播上具有重要作用，被污染的医疗器械（如注射器、针头）可以起到机械传播本病的作用。

【临床症状和病理变化】本病有亚临床型和临床型两种表现。亚临床型无瘤的形成，其特点是淋巴细胞增生，可持续多年或终身，对健康状况没有影响。这样的牲畜有些可进一步发展为临床型。此时，病牛生长缓慢，体重减轻；体温一般正常，有时略为升高。从体表或经直肠可摸到某些淋巴结呈一侧或对称性增大；腮淋巴结或股前淋巴结常显著增大，触摸时可移动。如一侧肩前淋巴结增大，病牛的头颈可向对侧偏斜；眶后淋巴结增大可引起眼球突出。出现临床症状的牛，通常均以死亡转归，但其病程可因肿瘤病变发生的部位、程度不同而异，一般在数周至数月之间。

剖检尸体常消瘦、贫血。腮淋巴结、肩前淋巴结、股前淋巴结、乳房上淋巴结和腰下淋巴结常肿大，被膜紧张，呈均匀灰色，柔软，切面突出。心脏、皱胃和脊髓常发生浸润。心肌浸润常发生于右心房、右心室和心隔，色灰而增厚。循环扰乱导致全身性被动充血和水肿。脊髓被膜外壳里的肿瘤结节，使脊髓受压、变形和萎缩。皱胃壁由于肿瘤浸润而增厚变硬。肾、肝、肌肉及神经干细胞和其他器官亦可受损，但脑的病变少见。

【诊断】临床诊断基于触诊发现增大的淋巴结（腮、肩前、股前）。疑有本病的牛只，直肠检查具有重要意义。尤其在病的初期，触诊骨盆腔和腹腔的器官可以发现组织增生的变化，常在表现淋巴结增大之前。

【提示】具有特别诊断意义的是腹股沟和髂淋巴结的增大。

对感染淋巴结做活组织检查，发现有成淋巴细胞（瘤细

胞)，可以证明有肿瘤的存在。尸体剖检可以见到特征的肿瘤病变，最好采取组织样品（包括右心房、肝、脾、肾和淋巴结）做显微镜检查以确诊。

【预防】严格检疫、淘汰阳性牛，定期消毒、驱除吸血昆虫，杜绝因手术、注射可能引起的交互传染。无病地区应严格防止引入病牛和带毒牛；引进新牛必须严格检疫，发现阳性牛立即淘汰，但不得出售，阴性牛也必须隔离3~6月以上方能混群。疫场每年应进行3~4次临床、血液和血清学检查，不断剔除阳性牛；对感染不严重的牛群，可借此净化牛群，如感染牛只较多或牛群长期处于感染状态，应全群扑杀。对检出的阳性牛，如因其他原因暂时不能扑杀时，应隔离饲养，控制使用，肉牛可在肥育后屠宰。阳性母牛可用来培养健康后代，犊牛出生后即行检疫，阴性者单独饲养，喂以健康牛乳或消毒乳，阳性牛后代均不可作为种用。

【发病后措施】本病尚无特效疗法。

8. 牛细小病毒病　牛细小病毒病是由牛细小病毒感染引起的一种接触性传染病。

【病原及流行病学】该病是由细小病毒引起的一种传染病。病牛和带毒牛是传染源。病毒经粪便排出，污染环境，经口播散。病毒也能通过胎盘感染胎儿，造成胎儿畸形、死亡和流产。

【临床症状和病理变化】怀孕母牛感染后，主要病变在胚胎和胎儿。胚胎可死亡或被吸收，死亡的胚胎随后发生组织软化，胎儿表现充血、水肿、出血、体腔积液、脱水（木乃伊化）等病变。将病毒经口服或静脉注射感染新生犊牛，24~48小时即可引起腹泻，呈水样，含有黏液。剖检病死犊牛，尸体消瘦，脱水明显，肛门周围有稀粪。病变主要是回肠和空肠黏膜有不同程度的充血、出血或溃疡，口腔、食管、真胃、盲肠、结肠和直肠也可见水肿、出血、糜烂性变化，肠系膜淋巴结肿大、出血，有的出现坏死灶。

【诊断】病毒分离和血清学诊断。

【提示】特征是引起妊娠母牛流产、死胎，小牛感染则表现为肠炎腹泻。

【预防】隔离病牛，搞好牛舍和环境卫生，平时注意消毒，防止感染。治疗主要是采取对症疗法，补液、给予抗生素或磺胺类药物控制继发感染。本病目前还无疫苗。

【发病后措施】本病尚无特效疗法。

9. 牛海绵状脑病 牛海绵状脑病俗称“疯牛病”，以潜伏期长，病情逐渐加重，表现行为反常、运动失调、轻瘫、体重减轻、脑灰质海绵状水肿和神经元空泡为特征。病牛转归死亡。

【病原及流行病学】病原至今仍未确定，有文献认为该病原类似于绵羊痒病病毒，极微小，难提取，能诱导脑组织产生，电镜可查到类痒病毒纤维蛋白。常用消毒剂及紫外光消毒无效，136℃高温下 30 分钟才能杀死该病原。人们认为疯牛病病原（朊病毒）除引起牛患疯牛病外，还可引起人的疾病，如克雅氏病、库鲁病、致死性家族性失眠症、新型克雅氏病、格斯综合征等。本病主要通过被污染的饲料经口传染。由于本病潜伏期较长，被感染的牛到 2 岁才开始有少数发病，3 岁时发病明显增加，4 岁和 5 岁达到高峰，6~7 岁发病开始明显减少，到 9 岁以后发病率维持在低水平。本病的流行没有明显的季节性。

【临床症状和病理变化】病牛临床症状大多数表现出中枢神经系统的变化，如行为异常，惊恐不安；姿态和运动异常，四肢伸展过度，后肢运动失调、震颤和跌倒、麻痹、轻瘫；感觉异常，对外界的声音和触摸敏感，擦痒。剖检病牛病变不典型。

【诊断】本病原不能刺激牛产生免疫反应，故不能用血清学试验来辅助诊断已感染活牛，生化和血清学数值异常不明显，剖检病变不典型。确诊需依靠临床症状和病死牛脑组织检查。

【预防】禁止在饲料中添加反刍动物蛋白；严禁病牛屠宰后食用。我国也已采取了积极的防范措施，以防止该病传入我国。用3%~5%氢氧化钠溶液1小时或0.5%以上浓度的次氯酸钠溶液2小时杀灭该病原比较有效。

【发病后措施】本病目前无特效治疗方法。为控制本病，在英国对患牛一律采取扑杀和销毁措施。

（二）细菌性传染病

1. 牛巴氏杆菌病 牛巴氏杆菌病是一种由多杀性巴氏杆菌引起的急性、热性传染病，常以高热、肺炎以及内脏器官广泛性出血为特征，多见于犊牛。

【病原与流行病学】牛巴氏杆菌病的病原是多杀性巴氏杆菌。本病遍布全世界，各种畜禽均可发病，常呈散发性或地方流行性发生，多发生在春秋两季。

【临床症状和病理变化】病初体温升高，可达41℃以上，鼻镜干燥，结膜潮红，食欲和反刍减退，脉搏加快，精神委顿，被毛粗乱，肌肉震颤，皮温不整。有的呼吸困难；痛苦咳嗽，流泡沫样鼻涕，呼吸音加强并有水泡音。有些病牛初便秘后腹泻，粪便常带有血或黏液。剖检可见黏膜、浆膜小点出血，淋巴结充血肿胀，其他内脏器官也有出血点。肺呈肝变，质脆；切面坚黑褐色。

【诊断】根据流行特点、症状和病变可对牛出败做出诊断。采取死牛新鲜心、血、肝、淋巴结组织涂片，以姬姆萨氏液染色，镜检可见两极着色的小杆菌。

【提示】临床特征是牛的肌肉震颤、眼睑抽搐、往后使劲、倒地抽搐、四肢呈游泳状、口嚼白沫、一抓一动牛容易死亡。

【预防】对以往发生本病的地区和本病流行时，应定期或随时注射牛出血性败血症氢氧化铝菌苗，体重在100千克以下者皮下注射4毫升，100千克以上者皮下注射6毫升。

【发病后措施】对刚发病的牛，用痊愈牛的全血 500 毫升静脉注射，结合使用四环素 8~15 克溶解在 5%葡萄糖溶液 1 000~2 000 毫升中静脉注射，每天 1 次。普鲁卡因、青霉素 300 万~600 万单位，同时肌内注射双氢链霉素 5~10 克，每天 1~2 次。强心剂可用 20%安钠咖注射液 20 毫升，每天肌内注射 2 次。重症者可用硫酸庆大霉素 80 万单位，每天肌内注射 2~3 次。保护胃肠可用碱式硝酸铋 30 克和磺胺脒 30 克，每天内服 3 次。

2. 牛沙门氏菌病 牛沙门氏菌病又称牛副伤寒，本病以病畜败血症、毒血症或胃肠炎、腹泻、孕畜流产为特征，在世界各地均有发生。

【病原及流行病学】病原多为鼠伤寒沙门氏菌或都柏林沙门氏菌。舍饲青年犊牛比成年牛易感，往往呈流行性。病牛和带菌牛是本病的传染源。通过消化道和呼吸道感染，亦可通过病牛与健康牛的交配或病畜精液人工授精而感染。

【临床症状和病理变化】牛沙门氏菌病主要症状是下痢。犊牛呈流行性发生，成牛呈散发性。本病的潜伏期因发病因素不同而呈 1~3 周不等。

（1）犊牛副伤寒：病程可分为最急性、急性和慢性三种。①最急性型：表现有菌血症或毒血症症状，其他表现不明显，发病 2~3 天内死亡。②急性型：体温升高到 40~41℃，精神沉郁，食欲减退，继而出现胃肠炎症状，排出黄色或灰黄色、混有血液或假膜的恶臭糊状或液体粪便，有时表现咳嗽和呼吸困难。③慢性型：除有急性个别表现外，可见关节肿大或耳朵、尾部、蹄部发生贫血性坏死，病程数周至 3 个月。病理解剖变化以脾大最明显，一般肿大 2~3 倍，呈紫红色。真胃、小肠黏膜有弥漫性小出血点，肠道中有覆盖痂膜的溃疡。慢性病例主要表现于肺、肝、肺尖叶，心叶实变（肉变），与胸肋膜粘连，肝有坏死灶。

（2）成年牛副伤寒：多见于 1~3 岁的牛，病牛体温升高到

40~41℃，沉郁、减食、减奶、咳嗽、呼吸困难、眼结膜发炎、下痢。粪便带血和有纤维素絮片，恶臭。病牛脱水消瘦，有跗关节炎，腹痛。母牛发生流产。病程1~5天，病死率30%~50%。成年牛有时呈顿挫性经过，病牛发热，不食，精神委顿，产奶下降，但经24小时这些症状即可减退。病理变化同犊牛副伤寒。

【诊断】在本病流行的地区，根据发病季节、典型症状和剖检变化，可以做初步诊断。进一步确诊则需要进行细菌分离培养鉴定。

【预防】

（1）加强管理：加强肉牛的饲养管理，保持牛舍清洁卫生，定期消毒；犊牛出生后应吃足初乳，注意产房卫生和保暖；发现病牛应及时隔离并治疗。

（2）免疫接种：沙门氏菌灭活苗免疫力不如活菌苗。对怀孕母牛用都柏林沙门氏菌活菌苗接种，可保护数周龄以内的犊牛，还能使感染的犊牛减少粪便排菌。

【发病后措施】本病用庆大霉素、氨苄西林、卡那霉素和喹诺酮类等抗菌药物都有疗效。但应用某些药物时间过长，易产生抗药性。对有条件的地区应分离细菌做药敏试验。氨苄西林钠：犊牛每千克体重4~10毫克口服。肌内注射：牛每千克体重2~7毫克，每天1~2次。

3. 布氏杆菌病　布氏杆菌病是由布氏杆菌引起的一种人畜共患疾病。其特征是生殖器官和胎膜发炎，引起流产、不育和各种组织的局部病灶。

【病原及流行病学】布氏杆菌属有6个种，相互之间都有差别。习惯上称流产布鲁氏菌为牛布鲁氏菌。母牛较公牛易感，犊牛对本病具有抵抗力。随着年龄的增长，抵抗力逐渐减弱，性成熟后对本病最为敏感。病牛可成为本病的主要传染源，尤其是受感染的母牛，流产后的阴道分泌物以及乳汁中都含有布氏杆菌。

牛主要是摄入了被布氏杆菌污染的饲料和饮水而感染，也可通过皮肤创伤感染。布氏杆菌进入牛体后，很快在所适应的组织或脏器中定居下来。病牛终生带菌，不能治愈，并且不定期地随乳汁、精液、脓汁特别是母畜流产的胎儿、胎衣、羊水、子宫和阴道分泌物等排出体外，增加了感染的风险。人的感染主要是由于手部接触到病菌后再经口腔进入体内而发生感染。

【临床症状和病理变化】牛感染布氏杆菌病后，潜伏期通常为2周至6个月。主要临床症状为母牛流产，也可能出现低热，但常被忽视。妊娠母牛在任何时期都可能发生流产，但流产主要发生在妊娠后的第6~8个月。流产过的母牛，如果再次发生流产，其流产时间会向后推迟。流产前可表现出临产时的症状，如阴唇、乳房肿大等。但在阴道黏膜上可以见到粟粒大的红色结节，并且从阴道内流出灰白色或灰色黏性分泌物。流产时常见有胎衣不下。流产的胎儿有的产前已死亡；有的产出虽然活着，但很衰弱，不久即死。公牛患本病后，主要发生睾丸炎和附睾炎。初期睾丸肿胀、疼痛，中度发热和食欲减退。3周以后，疼痛逐渐减轻；表现为睾丸和附睾肿大，触之坚硬。此外，病牛还可出现关节炎，严重时关节肿胀疼痛，重病牛卧地不起。牛流产1~2次后可以转为正常生产，但仍然能传播本病。

妊娠母牛子宫与胎膜的病变较为严重。绒毛膜因充血而呈污红色或紫红色，表面覆盖黄色坏死物和污灰色脓汁。常见到深浅不一的糜烂面。胎膜水肿、肥厚，呈黄色胶冻样浸润。由于母体胎盘与胎儿胎盘炎性坏死而引起流产。胎儿胎盘与母体胎盘粘连，导致胎衣不下，可继发子宫炎。胎儿真胃内含有微黄色或白色黏液及絮状物；胃肠、膀胱黏膜和浆膜上有的有出血点；肝、脾、淋巴结有不同程度的肿胀。

【诊断】本病从临床上不易诊断。本病必须通过实验室检查。在本病诊断中应用较广泛的是试管凝集试验和平板凝集

试验。

【提示】根据母牛流产和表现出的相应临床变化，可怀疑有本病的存在。

【预防】阴性家畜与受威胁畜群应全部免疫。奶牛、种牛每年要全部检疫，其产品必须具有布病检疫合格证方可出售。

【发病后措施】因本病在临床上难以治愈，不允许治疗，所以发现病牛后应采取严格的扑杀措施，彻底销毁病牛尸体及其污染物。在本病的控制区和稳定控制区内，停止注射疫苗；对易感家畜实行定期疫情监测，及时扑杀病畜。在未控制区内，主要以免疫为主，定期抽检，发现阳性牛时应全部扑杀。在疫区内，如果出现布氏杆菌病疫情暴发，疫点内牛群必须全部进行检疫，阳性病牛亦要全部扑杀，不进行免疫。

4. 犊牛大肠杆菌病　犊牛大肠杆菌病又称犊牛白痢，它是由一定血清型的大肠杆菌引起的一种急性传染病。本病特征为败血症和严重腹泻、脱水进而引起幼畜大量死亡或发育不良。

【病原及流行病学】犊牛大肠杆菌的病因复杂，其发生往往是由大肠杆菌和轮状病毒、冠状病毒等多种致病因素引起的。传染源主要是病牛和能排出致病性大肠杆菌的带菌动物，通过消化道、脐带或产道传播，多见于2~3周龄犊牛，多见于冬春季节。

【临床症状和病理变化】以腹泻为特征，具体分为败血型、肠毒血型和肠炎型。败血型大肠杆菌病的表现是：精神沉郁，食欲减退或废绝，心搏加快，黏膜出血，关节肿痛，有肺炎或脑炎症状，体温40℃，腹泻，大便由浅黄色粥样变淡灰色水样，混有凝血块、血丝和气泡、恶臭，病初排粪用力，后变为自由流出，污染后躯，最后高度衰弱，卧地不起，急性在24~96小时死亡，死亡率高达80%~100%。肠毒血型大肠杆菌病表现为病程短促，一般最急性2~6小时死亡。肠炎型大肠杆菌表现为多发生于10日龄内的犊牛，腹泻，先白色，后变黄色带血便，后躯和尾巴沾满粪便、恶臭，消瘦、虚弱，3~5天脱水死亡。

【诊断】根据症状、病理变化、流行病学及细菌学检查等进行综合诊断，确诊需分离鉴定细菌。

【预防】母牛进入产房前，产房及临产母牛要进行彻底消毒；产前3~5天对母牛的乳房及腹部皮肤用0.1%高锰酸钾擦拭，哺乳前应再重复一次。犊牛出生后立即喂服地衣芽孢杆菌，每次2~5克，每天3次；或乳酸菌素片，每次6粒，每天2次，可获得良好的预防效果。

【发病后措施】治疗原则为抗菌、补液、调节胃肠功能。抗菌采用新霉素，每千克体重0.05克，每天2~3次，每天给犊牛肌内注射1克和口服200~500毫克，连用5天，可使犊牛在8周内不发病。金霉素粉，口服，每天30~50毫克/千克体重，分2~3次。补液主要是静脉输入复方氯化钠溶液、生理盐水或葡萄糖盐水2 000~6 000毫升，必要时还可加入碳酸氢钠、乳酸钠等以防酸中毒。调节胃肠功能主要是在病初犊牛体质尚强壮时，应先投予盐类泻剂，使胃肠道内含有的大量病原菌及毒素的内容物及早排出，此后可再投予各种收敛剂和健胃剂。

5. 炭疽 炭疽是由炭疽杆菌引起的人畜共患的一种急性、热性、败血性传染病，多呈散发性或地方流行性，以脾脏显著肿大，皮下、浆膜下结缔组织出血性胶样浸润，血液凝固不良，尸僵不全为特征。

【病原及流行病学】炭疽是由炭疽芽孢杆菌引起的传染性疾病，传染源主要为患病的食草动物。本病的潜伏期一般为1~5天。皮肤黏膜伤口直接接触病菌可感染，病菌毒力强时可直接侵袭完整皮肤或经呼吸道吸入带炭疽芽孢的尘埃、飞沫等而致病，有时经消化道摄入被污染的食物或饮用水等也可感染。

【临床症状和病理变化】

(1) 最急性型：通常见于暴发开始。突然发病，体温升高，行走摇摆或站立不动，也有的突然倒地，出现昏迷、呼吸极度困难，可视黏膜呈蓝紫色，口吐白沫、全身战栗。濒死期天然孔出血，病程很短，出现症状后数小时即可死亡。

（2）急性型：为最常见的一种类型，体温急剧上升到42℃，精神不振，食欲减退或废绝，呼吸困难，可视黏膜呈蓝紫色或有小点出血。初便秘，后腹泻带血，有时腹痛，尿暗红色，有时混有血液，孕牛可发生流产，严重者兴奋不安，惊慌哞叫，口和鼻腔往往有红色泡沫流出。濒死期体温急剧下降；呼吸极度困难，在1~2天后窒息而死。

（3）亚急性型：病状与急性型相似，但病程较长，2~5天，病情亦较缓和，并在体表各部如喉、胸前、腹下、乳房等部皮肤及直肠、口腔黏膜发生炭疽痈，初期呈硬团块状，有热痛，以后热痛消失，可发生溃疡或坏死。

【诊断】从耳尖取血，做血片染色镜检，若有多量单个或成对的有荚膜、菌端平直的粗大杆菌，结合临床表现可确诊为炭疽。采取未污染的新鲜病料，如血液、浸出液或器官直接分离培养，或动物接种试验可进一步确诊。

【预防】预防接种。经常发生炭疽及受威胁的地区，每年秋季应进行无毒炭疽芽孢苗或2号炭疽芽孢苗的预防接种（春季给新生牛补种），可获得1年以上的坚强而持久的免疫力。

【发病后措施】

（1）封锁处理：本病发生后，应立即进行封锁，对牛群进行检查，隔离病牛并立即预防治疗，同群牛应用免疫血清进行预防接种。经1~2天后再接种疫苗，假定健康牛应做紧急预防注射。在最后一头病牛死亡或痊愈后，经15天待疫苗接种反应结束时，方可解除封锁。

（2）彻底消毒：病牛污染的牛舍、用具及地面应彻底消毒，病牛躺卧过的地面，应把表土除去15~20厘米，取下的土应与

20%的漂白粉溶液混合后再行深埋，水泥地面用20%漂白粉消毒。污染的饲料、垫草、粪便应烧毁。尸体不能解剖，应全部焚烧或深埋，且不能浅于2米，尸体底部表面应撒上厚层漂白粉。凡和尸体接触过的车辆、用具都应彻底消毒。工作人员在处理尸体时必须戴手套，穿胶靴和工作服，用后立即进行消毒。凡手和体表有伤口的人员，不得接触病牛和尸体。疫区内禁止闲杂人员、动物随便进出，禁止输出畜产品和饲料，禁止食用病牛肉。

（3）药物治疗：抗炭疽血清是治疗炭疽的特效药，成年牛每次皮下或静脉注射100~300毫升，犊牛30~60毫升，必要时12小时后再重复注射一次。或用磺胺嘧啶，定时足量进行肌内注射，按0.05~0.10克/千克体重，分3次肌内注射；第1次用量加倍。或水剂青霉素80万~120万单位，每天2次肌内注射，随后用油剂青霉素120万~240万单位肌内注射，每天1次，连用3天。或内服克辽林，每次15~20毫升，每2小时加水灌服1次，可连用3~4次。如果体表有炭疽痈，可用普鲁卡因青霉素在肿胀周围分点注射。

6. 牛传染性胸膜肺炎 牛传染性胸膜肺炎（又称牛肺疫）是由丝状支原体丝状亚种引起的一种高度接触性传染病，以渗出性纤维素性肺炎和浆液纤维素性胸膜肺炎为特征。

【病原及流行病学】传染性胸膜肺炎病原为丝状支原体丝状亚种，属支原体科支原体属。病原体对外界环境的抵抗力甚弱，暴露在空气中特别是直射阳光下，几小时即失去毒力，干燥、高温环境下可迅速死亡。本病主要通过健康牛与病牛直接接触传染，病菌经咳嗽、唾液、尿液排出（飞沫），通过空气经呼吸道传播。在适宜的环境气候下，病菌可传播到几千米以外。该病也可经胎盘传播，传染源为病牛、康复牛及隐性带菌者，其中，隐性带菌者是主要传染来源。

【临床症状和病理变化】潜伏期，自然感染一般为2~4周，

最短7天，最长可达8个月。

（1）急性：病初体温升高达40~42℃，呈稽留热型。鼻翼开放，呼吸急促而浅，呈腹式呼吸和痛性短咳。因胸部疼痛而不愿行走或卧下，肋间下陷，呼气长，吸气短。叩诊胸部患侧发浊音并有痛感。听诊肺部有湿性啰音，肺泡音减弱或消失，代之以支气管呼吸音，无病变部呼吸音增强。有胸膜肺炎发生时，可听到摩擦音。该病的后期心脏衰弱，有时因胸腔积液，只能听到微弱心音甚至听不到。重症者可见前胸下部及肉垂水肿，尿量少而相对密度增加，便秘和腹泻交替发生。病牛体况衰弱，眼球下陷，呼吸极度困难，体温下降，最后窒息死亡。急性病例病程为15~30天死亡。

（2）慢性：多由急性转化而来，也有开始即为慢性经过的。除体况瘦弱外，多数症状不明显，偶发干性咳嗽，听诊胸部可能有不大的浊音区。患牛在良好饲养管理条件下，症状缓解并逐渐恢复正常。少数病例因病变区域较大，饲养管理条件改变或劳役过度等因素，易引起恶化，预后不良。

【诊断】依据典型临床症状和病理变化可做出初步诊断，确诊需实验室诊断。

【注意】在国际贸易中，指定诊断方法为补体结合试验。替代诊断方法为酶联免疫吸附试验。

【预防】对疫区和受威胁区6月龄以上的牛只，均需每年接种1次牛肺疫兔化弱毒菌苗。不从疫区引进牛只。

【发病后措施】发现病牛或可疑病牛，要尽快确诊，上报疫情，划定疫点、疫区、受威胁区。对疫区实行封锁，按《中华人民共和国动物防疫法》规定，采取紧急、强制性的控制和扑灭措施，扑杀患病牛只，对同群牛隔离观察，进行预防性治疗。彻底消毒栏舍、场地和饲养工具、用具；严格无害化处理污水、污物、粪尿等。严格执行封锁疫区的各项规定。

7. 结核病 牛结核病是由结核分枝杆菌引起的人、畜和禽类共患的一种慢性传染病。其病理特点是在机体多种组织器官中形成结核结节性肉芽肿和干酪样坏死，或钙化结节性病灶。

【病原及流行病学】结核分枝杆菌主要分三个型：牛分枝杆菌（牛型）、结核分枝杆菌（人型）和禽分枝杆菌（禽型）。患结核病牛是主要传染源，结核杆菌在机体中分布于各个器官的病灶内，病牛能由粪便、乳汁、尿及气管分泌物排出病菌，污染周围环境而散布病菌。主要经呼吸道和消化道传染，也可经胎盘传播或交配感染。本病一年四季均可发生。一般说来，舍饲的牛发生较多。牛舍拥挤、阴暗、潮湿、污秽不洁，过度使役和挤乳、饲养不良等，均可促进本病的发生和传播。

【临床症状和病理变化】潜伏期一般为 10~15 天，有时达数月以上。病程呈慢性经过，表现为进行性消瘦，咳嗽，呼吸困难，体温一般正常。病菌侵入机体后，由于毒力、机体抵抗力和受害器官不同，症状亦不同。在牛体中本菌多侵害肺、乳房、肠和淋巴结等。

（1）肺结核：病牛呈进行性消瘦，病初有短促干咳，渐变为湿性咳嗽。听诊肺区有啰音，胸膜结核时可听到摩擦音。叩诊有实音区并有痛感。

（2）乳房结核：乳量渐少或停乳，乳汁稀薄，有时混有脓块。乳房淋巴结硬肿，但无热痛。

（3）淋巴结核：不是一个独立病型，各种结核病的附近淋巴结都可能发生病变。淋巴结肿大，无热痛。常见于下颌、咽颈及腹股沟等淋巴结。

（4）肠结核：多见于犊牛，以便秘与下痢交替出现或顽固性下痢为特征。

（5）神经结核：中枢神经系统受侵害时，在脑和脑膜等可发生粟粒状或干酪样结核，常引起神经症状，如癫痫样发作、运

动障碍等。

【诊断】根据临床症状和病理变化可做出初步诊断，确诊需进一步进行实验室诊断。

【注意】在国际贸易中，指定诊断方法为结核菌素试验，无替代诊断方法。

【预防】定期对牛群进行检疫，阳性牛必须予以扑杀并进行无害化处理；每年定期大消毒 2~4 次，牧场及牛舍出入口处设置消毒池，饲养用具每月定期消毒 1 次；粪便经发酵后再利用。

【发病后措施】有临床症状的病牛应按《中华人民共和国动物防疫法》及有关规定，采取严格扑杀措施，防止扩散。检出病牛时，要进行临时消毒。

二、寄生虫病

（一）原虫病

1. 牛焦虫病　牛焦虫病是由蜱为媒介而传播的一种虫媒传染病，可分为牛巴贝西焦虫病和牛环形泰勒焦虫病两种。

【病原与流行病学】焦虫寄生于红细胞内。此病以散发和地方流行为主，多发生于夏秋季节，以 7~9 月为发病高峰期。在病区当地牛发病率较低，死亡率约为 40%；由无病区运至有病区牛发病率高，死亡率可达 60%~92%。

【临床症状和病理变化】共同症状是高热、贫血和黄疸。临床上常表现为病牛体表淋巴结肿大或出现红色素尿。剖检可见肝脾大、出血，皮下、肌肉、脂肪黄染，皮下组织胶样浸润，肾脏及周围组织黄染和胶样病变，膀胱积尿呈红色，黏膜及其他脏器有出血点，瓣胃阻塞。

【诊断】根据临床症状和病理变化可做出初步诊断，确诊需进行实验室诊断。

【提示】主要临床症状是高热贫血或黄疸，反刍、泌乳停止，食欲减退，消瘦严重者则造成死亡。

【防制】焦虫病疫苗尚处于研制阶段，病牛仍以药物治疗为主。三氮脒（血虫净）是治疗焦虫病的高效药物。临用时，用注射用水配成5%溶液，做分点深层肌内注射或皮下注射。一般病例每千克体重注射3.5～3.8毫克。对顽固的牛环形泰勒焦虫病等重症病例，每千克体重应注射7毫克。黄牛按治疗量给药后，可能出现轻微的副反应，如起卧不安、肌肉震颤等，但很快消失。灭焦敏不仅对牛环形泰勒焦虫病有特效，而且对其他焦虫病也有效，治愈率达90%～100%。灭焦敏是目前国内外治疗焦虫病最好的药物，主要成分是磷酸氯喹和磷酸伯氨喹。片剂制剂，每10～15千克体重服1片，每天1次，连服3～4天；针剂，每次每千克体重肌内注射0.05～0.1毫升，剂量大时可分点注射，每天或隔天1次，共注射3～4次。对重病牛还应同时进行强心、解热、补液等对症疗法以提高其治愈率。

2. 牛球虫病 牛球虫病是由艾美耳属的几种球虫寄生于牛肠道引起的以急性肠炎、血痢等为特征的寄生虫病。牛球虫病多发生于犊牛。

【病原与流行病学】牛球虫有10余种。寄生于牛体的球虫，以邱氏艾美耳球虫、斯氏艾美耳球虫的致病力最强且最为常见。

【临床症状和病理变化】潜伏期为2～3周，犊牛一般为急性经过，病程为10～15天。当球虫寄生在牛大肠内繁殖时，肠黏膜上皮大量脱落、黏膜出血并形成溃疡；这时在临床上表现为出血性肠炎、腹痛，血便中常带有黏膜碎片。约1周后，当肠黏膜破坏而造成细菌继发感染时，体温可升高到40～41℃，前胃迟缓，肠蠕动增强、下痢，多因体液过度消耗而死亡。慢性病例则表现为长期下痢、贫血，最终因极度消瘦而死亡。

【诊断】临床上犊牛出现血痢和粪便恶臭时，可采用饱和盐水漂浮法检查犊牛粪便，查出球虫卵囊即可确诊。

【注意】在临床上应注意牛球虫病与大肠杆菌病的鉴别。牛球虫病常发生于1个月以上的犊牛，大肠杆菌病多发生于生后几天内的犊牛且脾大。

【预防】

(1) 犊牛与成年牛分群饲养，以免球虫卵囊污染犊牛的饲料。被粪便污染的母牛乳房在哺乳前要清洗干净。

(2) 舍饲牛的粪便和垫草需集中消毒或生物热堆肥发酵，在发病时可用1%克辽林对牛舍、饲槽消毒，每周1次。

(3) 添加药物预防：如氨丙啉，按0.004%~0.008%的浓度添加于饲料或饮水中；或莫能霉素按每千克饲料添加0.3克，既能预防球虫又能提高饲料报酬。

【发病后措施】药物治疗。氨丙啉，按每千克体重20~50毫克，一次内服，连用5~6天；或呋喃唑酮，每千克体重7~10毫克内服，连用7天；或盐霉素，每天每千克体重2毫克，连用7天。

3. 弓形虫病　牛弓形虫病是由弓形虫原虫所引起的人畜共患病。

【病原与流行病学】弓形虫在整个生活史过程中可出现滋养体、包囊、卵囊、裂殖体、配子体等几种不同的形态。弓形虫滋养体可以在很多种动物细胞中培养，如猪肾、牛肾、猴肾等原代细胞，以及其他种传代细胞，均能发育好。隐性感染或临床型的猫、人、畜、禽、鼠及其他动物都是本病的传染来源。弓形虫的发病季节十分明显，多发生在每年的6月。

【临床症状和病理变化】突然发病，最急性者约经36小时死亡。病牛食欲废绝，反刍停止；粪便干黑，外附黏液和血液；流涎，结膜炎、流泪；体温升高至40~41.5℃，呈稽留热；脉搏增数，每分钟达120次，呼吸增数，每分钟达80次以上，气喘，腹式呼吸，咳嗽；肌肉震颤，腰和四肢僵硬，步态不稳，共济失调。严重者，后肢麻痹，卧地不起；腹下、四肢内侧出现紫红色斑块，体躯下部水肿；死前表现兴奋不安、吐白沫，窒息。病情较轻者，虽能康复但见发生流产；病程较长者，可见神经症状，如昏睡、四肢划动；有的出现耳尖坏死或脱落，最后死亡。剖检可见皮下血管怒张，颈部皮下水肿，结膜发绀；鼻腔、气管黏膜点状出血；阴道黏膜条状出血；真胃、小肠黏膜出血；肺水肿、气肿，间质增宽，切面流出大量含泡沫的液体；肝大、质硬、土黄色、浊肿，表面有粟粒状坏死灶；体表淋巴结肿大，切面外翻，周边出血，实质见脑回样坏死。

【诊断】结合临床症状及剖检变化进行诊断，另外可通过生前取腹股沟浅淋巴结，急性死亡病例可取肺、肝、淋巴结直接抹片，染色、镜检发现10~60微米直径的圆形或椭圆形小体。

【提示】家畜弓形体病多呈隐性感染；显性感染的临床特征是高热、呼吸困难、中枢神经机能障碍、早产和流产。剖检以实质器官的灶性坏死，间质性肺炎及脑膜脑炎为特征。

【预防】坚持兽医防疫制度，保持牛舍、运动场的卫生，经常清除粪便，粪便堆积发酵后才能在地里施用；开展灭鼠工作，禁止养猫。对于已发生过弓形虫病的牛场，应定期地进行血清学检查，及时检出隐性感染牛，并进行严格控制，隔离饲养，用磺胺类药物连续治疗，直到完全康复为止。

【发病后措施】已发生流行弓形虫病时，全群牛可考虑用药物预防。

（二）蠕虫病

1. 牛囊尾蚴病 牛囊尾蚴病是由牛带绦虫的幼虫——牛囊尾蚴寄生于牛肌肉组织中而引起的，是重要的人畜共患寄生虫病。

【病原及流行病学】牛囊尾蚴为白色半透明的小泡囊，如黄豆粒大，囊内充满液体，囊壁一端有一粟粒大的头节，上有四个

小吸盘，无顶突和小钩。本病世界性流行，特别是在有吃生牛肉习惯的地区或民族中流行。

【临床症状和病理变化】一般不出现症状，只有当牛受到严重感染时才表现症状，初期可见体温升高，虚弱，腹泻，反刍减少或停止，呼吸困难，心搏加快等，可引起死亡。

【诊断】生前诊断，可采取血清学方法，目前认为最有希望的方法是间接红细胞凝集试验和酶联免疫吸附试验。宰杀后检验时发现囊尾蚴可确诊。

【预防】建立健全卫生检验制度和法规，要求做到检验认真，严格处理，不让牛吃到被病人粪便污染的饲料和饮水，不让人吃到病牛肉。

【发病后措施】治疗牛囊虫是困难的，建议试用丙硫苯咪唑。

2. 牛消化道线虫病　牛消化道线虫病是指寄生在反刍兽消化道中的毛圆科、毛线科、钩口科和圆形科的多种线虫所引起的寄生虫病。这些虫体寄生在牛的第四胃、小肠和大肠中，在一般情况下多呈混合感染。

【病原及流行病学】牛线虫病种类繁多，在消化道线虫病中，无饰科的弓首蛔虫、牛新蛔虫病，主要寄生于犊牛小肠；有消化道圆线虫的毛圆科、毛线科、钩口科和圆形科的几十种线虫病，分别寄生在第四胃、小肠、大肠、盲肠；毛首科的鞭虫病，主要寄生于大肠及盲肠；网尾科的网尾线虫，寄生于肺脏；吸吮科的吸吮线虫，寄生于眼中；丝状科的腹腔丝虫和丝虫科的盘尾丝虫，寄生于腹腔和皮下等。

【临床症状和病理变化】各类线虫的共同症状，主要表现为明显的持续性腹泻，排出带黏液和血的粪便；幼畜发育受阻，进行性贫血，严重消瘦，下颌水肿，还有神经症状，最后虚脱而死。

【诊断】用饱和盐水漂浮法检查粪便中的虫卵或根据粪便培养出的侵袭性幼虫的形态及尸体剖检在胃肠内发现虫体都可以确诊。

【小知识】饱和盐水漂浮法的原理是利用比虫卵相对密度大的溶液作为检查用的漂浮液，使寄生虫的虫卵、卵囊等浮聚于液体表面，取表膜液制片镜检。该法适用于检查粪便中的线虫卵、绦虫卵和球虫卵囊。操作方法：取5~10克粪便置于100毫升烧杯中，加入少量饱和盐水搅拌混匀后，继续加入10~20倍的饱和盐水，用玻璃棒搅匀，经细网筛或两层纱布过滤出滤液。将滤液置平底试管内，静置30分钟左右，用直径0.5~1.0厘米的金属圈平着接触滤液表面，提起后将黏于金属圈上的液膜抖落于载玻片上，如上多次蘸取不同部位的液体后，加盖玻片镜检；或将粪便滤液倒入直立的直径1.5~2.0厘米的平口试管或青霉素瓶中，直到液面接近管口时为止，然后用滴管补加粪液，滴至液面凸出管口为止，上放清洁盖玻片，静置30分钟后，平移此盖玻片于事先放有一滴甘油水的载玻片上镜检；或将粪便滤液置于离心管内，按每分钟2 500~3 000转离心漂浮5~10分钟，取上浮物制片镜检。

【预防】改善饲养管理，合理补充精料，进行全价饲养以增强机体的抗病能力。牛舍要通风干燥，加强粪便管理，防止污染饲料及水源。牛粪应放置在远离牛舍的固定地点堆肥发酵，以消灭虫卵和幼虫。

【发病后措施】用来治疗牛消化道线虫的药物很多，根据实际情况，常用以下两种药物：敌百虫，每千克体重用0.04~0.08克，配成2%~3%的水溶液，灌服；或伊维菌素注射液，每50克体重用药1毫升，在肩前、肩后或颈部皮肤松弛的部位皮下注射，不准肌内或静脉注射。

3. 绦虫病　牛绦虫病是由牛绦虫寄生在人体小肠而引起的寄生虫病，临床以腹痛、腹泻、食欲异常、神疲乏力及大便排出绦虫节片为主要特征。

【病原及流行病学】虫体呈白色，由头节、颈节和体节构成

扁平长带状。成熟的体节或虫卵随粪便排出体外，被地螨吞食，六钩蚴从卵内逸出，并发育成为侵袭性的似囊尾蚴，牛吞食似囊尾蚴的地螨而感染。莫尼茨绦虫主要感染生后数月的犊牛，以6~7月发病最为严重。曲子宫绦虫可感染各种牛。无卵黄腺绦虫常感染成年牛。

【临床症状和病理变化】严重感染时表现精神不振，腹泻，粪便中混有成熟的节片。病牛迅速消瘦、贫血，有时还出现痉挛或回旋运动，最后引起死亡。

【诊断】用饱和食盐水漂浮法可发现虫卵，虫卵近似四角形或三角形，无色，半透明，卵内有梨形器，梨形器内有六钩蚴。用1%硫酸铜溶液进行诊断驱虫，如发现排出虫体，即可确诊。剖检时可在肠道内发现白色带状的虫体。

【预防】病牛粪便集中处理后才能作为肥料，采用翻耕土地、更新牧地等方法可消灭地螨。

【发病后措施】如有病牛感染，则可用硫酸二氯酚按每千克30~40毫克，一次口服；或丙硫苯咪唑按每千克体重7.5毫克，一次口服。

（三）吸虫病

1. 肝片形吸虫病　肝片形吸虫病是由肝片形吸虫或大片形吸虫引起的一种寄生虫病，主要发生于牛、羊。临床症状主要是营养障碍和中毒所引起的慢性消瘦和衰竭，病理特征为慢性胆管炎及肝炎。

【病原及流行病学】本病原为肝片形吸虫和大片形吸虫，成虫形态基本相似，虫体扁平，呈柳叶状，是一类大型吸虫。该病原的终末宿主为反刍动物，中间宿主为椎实螺。

【临床症状和病理变化】一般在生食水生植物后2~3个月，可有高热，体温波动，在38~40℃持续1~2周，甚至长达8周以上，并有食欲缺乏、乏力、恶心、呕吐、腹胀、腹泻等症状。数月或数年后可出现肝内胆管炎或阻塞性黄疸。慢性症状常发生在成年牛，主要表现为贫血、黏膜苍白，眼睑及体躯下垂部位发生水肿，被毛粗乱无光泽，食欲减退或消失，消瘦，肠炎等。

【诊断】应结合症状、流行情况及粪便虫卵检查综合判定。

【提示】病理诊断要点：一是胆管增粗、增厚；二是大多胆管中常有片形吸虫寄生。

【预防】

（1）定期驱虫：因本病常发生于10月至翌年5月，所以春秋两次驱虫是防治必要的环节。它既能杀死当年感染的幼虫和成虫，又能杀灭由越冬蚴感染的成虫。硝氯酚，3~4毫克/千克体重，粉剂混料喂服或水瓶灌服，无须禁食。

（2）粪便处理：把平时和驱虫时排出的粪便收集起来，堆积发酵，杀灭虫卵。

（3）消灭实螺：配合农田水利建设，填平低洼水潭，杜绝椎实螺栖生，放牧时防止在低洼地、沼泽地饮水和食草。

【发病后措施】首选药物是硫双二氯酚（别丁），常用剂量每千克体重每天50毫克，分3次服，隔天服用，15天为1个疗程；或依米丁（吐根碱），每千克体重每天1毫克，肌内或皮下注射，每天1次，10天为1个疗程，对消除感染、减轻症状有效，但可引起心、肝、胃肠道及神经肌肉的毒性反应，需在严格的医学监督下使用。或三氯苯咪唑，12毫克/千克体重，顿服，或第1天5毫克/千克体重，第2天10毫克/千克体重，顿服，可能出现继发性胆管炎，可用抗生素治疗。

2. 牛血吸虫病　牛血吸虫病主要是由日本分体科分体吸虫所引起的一种人畜共患血液吸虫病。以牛感染率最高，病变也较明显。主要症状为贫血、营养不良和发育障碍。我国主要发生在长江流域及南方地区，北方地区发生少。

【病原及流行病学】日本分体吸虫成虫呈长线状，雌雄异

体，但在动物体内多呈合抱状态。虫卵随粪便排出体外，在水中形成毛蚴，侵入中间宿主钉螺体内发育成尾蚴，从螺体中逸出进入水中。可经口或皮肤感染。

【临床症状和病理变化】急性病牛，主要表现为体温升高到40℃以上，呈不规则的间歇热，可因严重的贫血致全身衰竭而死。常见的多为慢性病例，病牛仅见消化不良，发育迟缓，腹泻及便血，逐渐消瘦。若饲养管理条件较好，则症状不明显，常成为带虫者。

【诊断】可根据临床表现和流行病学资料做出初步诊断，确诊需做病原学检查。病原学检查常用虫卵毛蚴孵化法和沉淀法，沉淀法是反复用冲洗沉淀粪便，镜检粪渣中的虫卵。镜下虫卵呈卵圆形。门静脉和肠系膜内有成虫寄生。

【预防】搞好粪便管理，牛粪是感染本病的根源。因此，要结合积肥，把粪便集中起来进行无害化处理。改变饲养管理方式，在有血吸虫病流行的地区，牛饮用水必须选择无螺水源，以避免有尾蚴侵袭而感染。

【发病后措施】用吡喹酮治疗，按每千克体重30毫克，一次口服。

（四）体外寄生虫病

螨病　螨病是疥螨和痒螨寄生在动物体表而引起的慢性寄生性皮肤病。螨病又叫疥癣、疥虫病、疥疮等，具有高度传染性，发病后往往蔓延至全群，危害十分严重。

【病原及流行病学】寄生于不同家畜的疥螨，多认为是人疥螨的一些变种，它们具有特异性。有时可发生于不同动物间，相互感染，但寄生时间较短。疥螨形体很小，肉眼不易看到，呈龟形，背面隆起，腹面扁平，浅黄色。体背面有细横纹、锥突、圆锥形鳞片和刚毛，腹面有4对粗短的足。

【临床症状和病理变化】该病初发时，剧痒，可见患畜不断在圈墙、栏柱等处摩擦。在阴雨天气、夜间、通风不好的圈舍以及随着病情的加重，痒觉表现更为剧烈。由于患畜的摩擦和啃咬，患部皮肤出现丘疹、结节、水疱甚至脓疱，以后形成痂皮和龟裂及造成被毛脱落，炎症可不断向周围皮肤蔓延。病牛食欲减退，渐进性消瘦，生长停滞，有时可导致死亡。

【诊断】根据其症状表现及疾病流行情况，刮取皮肤组织查找病原进行确诊。其方法是用经过火焰消毒的凸刃小刀，涂上50%甘油水溶液或煤油，在皮肤患部与健部的交界处用力刮取皮屑，一直刮到皮肤轻微出血为止。刮取的皮屑放入10%氢氧化钾或氢氧化钠溶液中煮沸，待大部分皮屑溶解后，经沉淀取其沉渣镜检虫体。亦可直接在待检皮屑内滴少量10%氢氧化钾或氢氧化钠制片镜检，但病原的检出率较低。无镜检条件时，可将刮取物置于平面皿内，在热水上或在日光照射下加热平面皿后，将平面皿放在黑色背景中，用放大镜仔细观察有无螨虫在皮屑间爬动。

【预防】流行地区每年定期药浴，可取得预防与治疗的双重效果；加强检疫工作，对新购入的牛应隔离检查后再混群；经常保持圈舍卫生、干燥和通风良好，定期对圈舍及用具清扫消毒。

【发病后措施】对患病牛应及时治疗，可疑患病牛应隔离饲养；治疗期间，应注意对饲养管理人员、圈舍、用具同时进行消毒，以免病原散布，不断出现重复感染。注射或灌服药物，选用伊维生菌素，剂量按每千克体重100～200微克；如果病牛数量多且气候温暖，药浴为主要方法。药浴时，药液可选用0.025%～0.03%林丹乳油水溶液，0.05%蝇毒磷乳剂水溶液，0.5%～1%敌百虫水溶液，0.05%辛硫磷油水溶液，0.05%双甲脒溶液等。

三、普通病

（一）营养代谢病

1. 佝偻病 佝偻病是由于犊牛饲料中钙、磷缺乏，钙、磷

比例失调或吸收障碍而引起的骨结构不适当地钙化，以生长骨的骨骺肥大和变形为主要特征。

【病因】发病原因为日粮中钙、磷缺乏，或者是由于维生素不足影响钙、磷的吸收和利用而导致骨骼异常，饲料利用率降低、异嗜、生长速度下降。

【临床症状和病理变化】不愿行走而呆立或卧地，食欲减退，啃食墙壁、泥沙，换齿时间推迟，关节常肿大，步态强拘，跛行，起立困难。膝、腕、飞节、系关节的骨端肿大，呈二重关节。肋骨与肋软骨接合部肿胀。脊柱侧弯、凹弯、凸弯，骨盆狭窄。上颌骨肿胀，口腔变窄，出现鼻塞和呼吸困难。因异嗜食可致消化不良，营养状况欠佳，精神不振，逐渐消瘦，最终发生恶病质。尸体剖检主要病理变化在骨骼和关节。全身骨骼都有不同程度的肿胀、疏松，骨密质变薄，骨髓腔变大，肋骨变形，胸骨脊呈S状弯曲，管状骨很易折断。关节软骨肿胀，有的有较大的软骨缺损。

【诊断】根据临床症状和骨骼的病理变化一般可做出诊断。对饲料中钙、磷、维生素D含量检测可做出确切诊断。

【预防】本病的病程较长，病理变化是逐渐发生的，骨骼变形后极难复原，故应以预防为主。本病的预防并不困难，只要能够坚持满足牛的各个生长时期对钙、磷的需要，并调整好两者的比例关系，即可有效地预防本病发生。

（1）科学补钙：日粮要全价，以保证钙、磷的平衡供给，防止钙、磷的缺乏。

（2）维生素D：饲料中维生素D的供给应能满足牛的正常需要，以防维生素D缺乏。但应注意，亦不可长期大剂量地添加维生素D，以防发生中毒。

（3）定期驱虫：牛群应定期用伊维菌素进行驱虫，以保证各种营养素的吸收和利用。

【发病后措施】将骨粉10千克拌入1 000千克饲料中，全群混饲，连用5~7天，并用骨化醇注射液0.15万~0.3万国际单位/次，肌内注射，2天1次，连用3~5次；或维生素AD注射液（维生素A 25万国际单位、维生素D 2.5万国际单位）2~4毫升/次，肌内注射，1次/天，连用3~5天，并用磷酸氢钙2克/头，1次/天，全群拌料混饲，连用5~7天。

2. 维生素A缺乏症 本病是由于日粮中维生素A原（胡萝卜素等）和维生素A供应不足或消化吸收障碍所引起的以黏膜、皮肤上皮角化变质，生长停滞，眼干燥症和夜盲症为主要特征的疾病。

【病因】长期饲喂不含动物性饲料或使用白玉米的日粮，又不注意补充维生素A时就易发生维生素A缺乏症。饲料中油脂缺乏，长期腹泻、肝胆疾病、十二指肠炎症等都可造成维生素A的吸收障碍。

【临床症状和病理变化】维生素A缺乏多见于犊牛，主要表现为生长发育迟缓、消瘦、精神沉郁、共济运动失调、嗜睡。眼睑肿胀、流泪，眼内有干酪样物质积聚，常将上、下眼睑粘连在一起，导致夜盲。角膜混浊不透明，严重者角膜软化或穿孔，直至失明。常伴发上呼吸道炎症或支气管肺炎，出现咳嗽，呼吸困难，体温升高，心搏加快，鼻孔流出黏液或黏液脓性分泌物。

成年牛表现为消化紊乱、前胃弛缓、精神沉郁、被毛粗乱、进行性消瘦、夜盲，甚至出现角膜混浊、溃疡。母牛表现为不孕、流产、胎衣不下；公牛肾脏功能障碍，尿酸盐排泄受阻，有时发生尿结石，性功能减退，精液品质下降。

【诊断】根据流行病学和临床症状，可做出初步诊断，测定日粮维生素A含量可做出确切诊断。

【预防】停喂储存过久或霉变的饲料；全年供给适量的青绿饲料，避免终年只喂农作物秸秆。

【发病后措施】鱼肝油 50~80 毫升/次，拌入精料喂给，1 次/天，连用 3~5 天，并用苍术 50~80 克/次，混入精料中全群喂给，1 次/天，连用 5~7 天。或维生素 AD 注射液（维生素 A 25 万国际单位、维生素 D 2.5 万国际单位）10 毫升/次，肌内注射，1 次/天，连用 3~5 天，并用胡萝卜 500 克/头，全群喂给，1 次/天，连用 10~15 天。

（二）中毒病

1. 有机磷农药中毒　有机磷农药是农业上常用的杀虫剂之一，引起家畜中毒的有机磷农药主要有甲拌磷（3911）、对硫磷（1605）、内吸磷（1059）、乐果、敌百虫、马拉硫磷（4049）和乙硫磷（1240）等。

【病因】引起中毒的原因主要是误食喷洒有机磷农药的青草或庄稼，误饮被有机磷农药污染的饮水，误将配制农药的容器当作饲槽或水桶来饮喂家畜，滥用农药驱虫等。

【临床症状】患牛突然发病，表现为流涎、流泪，口角有白色泡沫，瞳孔缩小，视力减弱或消失，肠音亢进，排粪次数增多或腹泻带血。严重的病例则表现为狂躁不安，共济失调，肌痉挛及震颤，呼吸困难。晚期病牛出现癫痫样抽搐，脉搏和呼吸减慢，最后因呼吸肌麻痹窒息死亡。

【预防】健全农药的保管制度；用农药处理过的种子和配好的溶液，不得随便堆放；配制及喷洒农药的器具要妥善保管；喷洒农药最好在早晚无风时进行；喷洒过农药的地方，应插上“有毒”的标识，1 个月内禁止放牧或割草；不滥用农药来杀灭家畜体表寄生虫。

【发病后措施】发现病牛后，立即将病牛与毒物脱离开，紧急使用阿托品与解磷定进行综合治疗。可根据病情的严重程度等有关情况选择不同的治疗方案。

大剂量使用阿托品（为一般剂量的 2 倍），0.06~0.2 克，皮下注射或静脉注射，每隔1~2小时用一次，可使症状明显减轻。在此治疗基础上，配合解磷定或氯磷定5~10克，配成2%~5%水溶液静脉注射，每隔4~5小时用药一次。有效反应为：瞳孔放大，流涎减少，口腔干燥，视力恢复，症状显著减轻或消失。另外，双复磷比氯磷定效果更好，剂量为10~20毫克/千克体重。对严重脱水的病牛，应当静脉补液，对心功能差的病牛，应使用强心药。对于经口吃入毒物而致病的牛，可尽早洗胃；对因体表接触引起中毒的病牛，可进行体表刷洗。

2. 尿素中毒

【病因】尿素是农业上广泛应用的一种速效肥，它也可以作为牛的蛋白质饲料，还可以用于麦秸的氨化。但若用量不当，则可导致牛尿素中毒。尿素喂量过多、喂法不当或被大量误食都可发生尿素中毒。

【临床症状】牛过量采食尿素后30~60分钟即可发病。初期表现为不安、呻吟、流涎、肌肉震颤、体躯摇晃、步态不稳。继而反复痉挛，呼吸困难，脉搏增速，从鼻腔和口腔流出泡沫样液体。末期全身痉挛出汗，眼球震颤，肛门松弛，几小时内死亡。

【预防】严格化肥保管制度，防止牛误食尿素。用尿素作饲料添加剂时，应严格掌握用量，体重500千克的成年牛，用量不超过150克/天。尿素以拌在饲料中喂给为宜，不得化水饮服或单喂，喂后2小时内不能饮水。如日粮蛋白质已足够，不宜加喂尿素。犊牛不宜使用尿素。

【发病后措施】发现病牛后，应立即隔离治疗，可根据病情的严重程度等有关情况选择不同的治疗方法。发现牛尿素中毒后，立即灌服食醋或醋酸等弱酸溶液，如1%醋酸1升、糖250~500克、水1升或食醋500毫升、水1升，一次内服。静脉注射10%葡萄糖酸钙200~400毫升或静脉注射10%硫代硫酸钠溶液100~200毫升，同时应用强心剂、利尿剂、高渗葡萄糖等。

3. 食盐中毒　食盐是牛饲料的重要组成部分，缺盐常可导致牛异食癖及代谢功能紊乱，影响牛的生长发育及生产性能发挥。但过量食用或饲喂不当，又可引起牛体中毒，导致发生消化道炎症和脑水肿等一系列病变。牛的一般中毒量为每千克体重1.0~2.2克。

【病因】长期缺盐饲养的牛突然加喂食盐，又未加限制，会造成牛大量采食；饮水不足也是导致牛食盐中毒的原因之一；给牛饲喂腌菜的废水或酱渣或料盐存放不当被牛偷食，导致食盐食入过量而中毒。

【临床症状】病牛精神沉郁，食欲减退，眼结膜充血，眼球外突，口干，饮欲增加，伴有腹泻、腹痛症状及运动失调、步态蹒跚。有的牛只还伴有神经症状，乱跑乱跳，做圆圈运动。严重者卧地不起，食欲废绝，呼吸困难，濒临死亡。

【预防】保证充分的饮水；在给牛饲喂其住址的残渣废水时，必须适当限制用量，并同其他饲料搭配饲喂。饲料中的盐含量要适宜。料盐要注意保管存放，不要让牛接近，以防偷食。

【发病后措施】立即停喂食盐。本病无特效解毒药，治疗原则主要是促进食盐排出，恢复阳离子平衡并对症治疗。恢复血液中阳离子平衡，可静脉注射10%葡萄糖酸钙200~400毫升；缓解脑水肿，可静脉注射甘露醇1 000毫升；病牛出现神经症状时，用25%硫酸镁10~25克肌内注射，以镇静解痉。以上是针对成年牛发病的药物使用剂量，犊牛酌减。

（三）其他病

1. 前胃弛缓　前胃弛缓是指瘤胃的兴奋性降低、收缩力减弱、消化功能紊乱的一种疾病，多见于舍饲的肉牛。

【病因】前胃弛缓病因比较复杂。一般分为原发性前胃弛缓和继发性前胃弛缓两种。原发性病因包括饲料过于单纯、饲料质量低劣、饲料变质、饲养管理不当、应激反应等。继发性病因包括由胃肠疾病、营养代谢病及某些传染病。

【临床症状】按照病程可分急性和慢性两种类型。急性时，病牛表现精神委顿，食欲减退，反刍减少或消失，瘤胃收缩力降低，蠕动次数减少。嗳气且带酸臭味，瘤胃蠕动音低沉，触诊瘤胃松软，初期粪便干硬色深，继而发生腹泻。体温、脉搏、呼吸一般无明显变化。随病程的发展，到瘤胃酸中毒时，病牛呻吟，食欲废绝，反刍停止，排出棕褐色糊状粪便、恶臭。精神高度沉郁，鼻镜干燥，眼球下陷，黏膜发绀，脱水，体温下降等。听诊蠕动音微弱。瘤胃内纤毛虫的数量减少。由急性发展为慢性时，病牛表现食欲减退，有异嗜现象，反刍减弱，便秘，粪便干硬且表面附着黏液，或便秘与腹泻交替发生，脱水，眼球下陷，逐渐消瘦。

【预防】本病要重视预防，改进饲养管理，注意运动，合理调制饲料，不饲喂霉败、冰冻等品质不良的饲料，防止突然更换饲料，喂饲要定时定量。

【发病后措施】提高前胃的兴奋性，增强前胃运动功能，制止瘤胃内异常发酵过程，防止酸中毒，恢复牛的正常反刍，改变胃内微生物区系的环境，提高纤毛虫的活力。病初先停食 1～2 天，后改喂青草或优质干草。通常用人工盐 250 克、硫酸镁 500 克、小苏打 90 克，加水灌服；或 1 次静脉注射 10%氯化钠 500 毫升、10%安钠咖 20 毫升；为防止脱水和自体中毒，可静脉滴入等渗糖盐水 2 000～4 000 毫升，5%的碳酸氢钠 1 000 毫升和 10%的安钠咖 20 毫升。

可应用中药健胃散或消食平胃散 250 克，内服，每天 1 次或隔天 1 次。马钱子酊 10～30 毫升，内服。针灸脾俞、后海、滴明、顺气等穴位。

2. 瘤胃积食　瘤胃积食是以瘤胃内积滞过量食物，导致体积增大，胃壁扩张、运动功能紊乱为特征的一种疾病。本病以舍

饲肉牛多见。

【病因】本病是由于瘤胃内积滞过量干结的饲料引起瘤胃壁扩张，从而导致瘤胃运动及消化功能紊乱。长期大量喂精料及糟粕类饲料，粗料喂量过低；牛偷吃大量精料，长期采食大量粗硬劣质难消化的饲料（豆秸、麦秸等）或采食大量适口易膨胀的饲料，均可促使本病的发生。突然变换饲料和饮水不足等也可诱发本病。此外，还可继发于瘤胃弛缓、瓣胃阻塞、创伤性网胃炎等疾病的病程中。

【临床症状】食欲、反刍、嗳气减少或废绝，病牛表现呻吟努责、腹痛不安、腹围显著增大，左肷部尤其明显。触诊瘤胃充满而坚实并有痛感，叩诊呈浊音。排软便或腹泻，尿少或无尿，鼻镜干燥，呼吸困难，结膜发绀，脉搏快而弱，体温正常。到后期出现严重的脱水和酸中毒，眼球下陷，红细胞比容由30%增加到60%，瘤胃内pH值明显下降。最后出现步态不稳，站立困难，昏迷倒地等症状。

【预防】关键是防止过食。严格执行饲喂制度，饲料按时按量供给，加固牛栏，防止跑牛偷食饲料。避免突然更换饲料，粗饲料应适当加工软化。

【发病后措施】可采取绝食1~2天后给予优质干草。取硫酸镁500~1 000克，配成8%~10%水溶液灌服，或用蓖麻油500~1 000毫升，液状石蜡1 000~1 500毫升灌服，以加快胃内容物排出。另外，可用4%碳酸氢钠溶液洗胃，尽量将瘤胃内容物导出，对于虚弱脱水的病牛，可用5%葡萄糖生理盐水1 500~3 000毫升、5%碳酸氢钠溶液500~1 000毫升、25%葡萄糖溶液500毫升，一次静脉注射。以排除瘤胃内容物，制止发酵，防止自体中毒和提高瘤胃的兴奋性为治疗原则。

应用中药消积散或曲麦散250~500克，内服，每天1次或隔天1次。针灸脾俞、后海、滴明、顺气等穴位。

在上述保守疗法无效时，则应立即行瘤胃切开术，取出大部分内容物以后，放入适量健康牛的瘤胃液。

3. 瘤胃臌气 瘤胃臌气是指瘤胃内容物急剧发酵产气，对气体的吸收和排出障碍，致使胃壁急剧扩张的一种疾病。放牧的肉牛多发此病。

【病因】原发性病因常见于采食了大量易发酵的青绿饲料，特别是以饲喂干草为主转化为喂青草为主的季节或大量采食新鲜多汁的豆科牧草或青草，如新鲜苜蓿、三叶草等，最易导致本病发生。此外，食入腐败变质、冰冻、品质不良的饲料也可引起臌气。继发性瘤胃鼓胀常见前胃迟缓、瓣胃阻塞、膈疝等，可引起排气障碍，致使瘤胃扩张而发生鼓胀。本病还可继发于食道梗塞、创伤性网胃炎等疾病过程中。

【临床症状】按病程可分为急性和慢性鼓胀两种。急性多于采食后不久或采食中突然发作，出现瘤胃鼓胀。病牛腹围急剧增大，尤其是以左肷部明显，叩诊瘤胃紧张而呈鼓音，患牛腹痛不安，不断回头顾腹，或以后肢踢腹，频频起卧。食欲废绝，反刍、嗳气停止，瘤胃蠕动减弱或消失。呼吸高度困难，颈部伸直，前肢开张，张口伸舌，呼吸加快；结膜发绀，脉搏快而弱。严重时，眼球向外突出。最后运动失调，站立不稳而卧倒于地。继发性鼓胀症状时好时坏，反复发作。

【预防】本病以预防为主，改善饲养管理。防止贪食过多幼嫩多汁的豆科牧草，尤其由舍饲转为放牧时，应先喂些干草或粗饲料，不喂发酵霉败和冰冻或霜雪、露水浸湿的饲料。变换饲料要有过渡适应阶段。

【发病后措施】首先排气减压，对一般轻症者，可使病牛取前高后低站立姿势，同时将涂有松馏油或大酱的小木棒横衔于口中，用绳拴在角上固定，使牛张口，不断咀嚼，促进嗳气。对于重症者，要立即将胃管从口腔插入胃，用力推压左侧腹壁，使气体排出。或使用套管针穿刺法，左肷凹陷部剪毛，用5%碘酒消毒，将套管针垂直刺入瘤胃，缓慢放气。最后拔出套管针，穿刺部位用碘酊彻底消毒。对于泡沫性瘤胃鼓胀，可用植物油（豆油、花生油、棉籽油等）或液状石蜡250~500毫升，1次内服。此外可酌情使用缓泻制酵剂，如硫酸镁500~800克，福尔马林20~30毫升，加水5~6升，1次内服；或液状石蜡1~2升，鱼石脂10~20克，温水1~2升，1次内服。

4. 瘤胃酸中毒　该病是由于采食大量精料或长期饲喂酸度过高的青贮饲料，在瘤胃内产生大量乳酸等有机酸而引起的一种代谢性酸中毒。该病的特征是消化功能紊乱、瘫痪、休克和死亡率高。

【病因】过食或偷食大量谷物饲料，如玉米、小麦、红薯干，特别是粉碎过细的谷物，由于淀粉充分暴露，在瘤胃内高度发酵产生大量乳酸或长期饲喂酸度过高的青贮饲料而引起中毒。气候突变等应激情况下，肉牛消化功能紊乱，容易导致本病。

【临床症状】本病多急性经过，初期食欲、反刍减少或废绝，瘤胃蠕动减弱、胀满，腹泻、粪便酸臭、脱水、少尿或无尿，呆立、不愿行走，步态蹒跚，眼窝凹陷。严重时，瘫痪卧地，头向背侧弯曲，呈角弓反张样，呻吟，磨牙，视力障碍，体温偏低，心率加快，呼吸浅而快。

【预防】应注意生长肥育期肉牛饲料的选择和调制，注意精粗比例，不可随意加料或补料，适当添加矿物质、微量元素和维生素添加剂。对含碳水化合物较高或粗饲料以青贮为主的日粮，应适当添加碳酸氢钠。

【发病后措施】对发病牛在去除病因的同时抑制酸中毒，解除脱水和强心。禁食1~2天，限制饮水。为缓解酸中毒，可静脉注射5%的碳酸氢钠1 000~5 000毫升，每天1~2次。为促进乳酸代谢，可肌内注射维生素B_1 0.3克，同时内服酵母片。为补

充体液和电解质，促进血液循环和毒素的排出，常采用糖盐水、复方生理盐水、低分子的右旋糖酐各 1 000 毫升混合，静脉注射，同时加入适量的强心剂。适当应用瘤胃兴奋剂，皮下注射新斯的明、毛果芸香碱和卡巴胆碱等。

5. 腐蹄病 牛蹄间皮肤和软组织具有腐败、恶臭特征的疾病总称为腐蹄病。

【病因】本病病因为两种类型：一是饲料管理方面，主要是草料中钙、磷不平衡，致使角质蹄疏松，蹄变形和不正；牛舍不清洁、潮湿，运动场泥泞，蹄部经常被粪尿、泥浆浸泡，使局部组织软化；石子、铁钉、坚硬的木头、玻璃碴等刺伤软组织而引起蹄部发炎。二是由坏死杆菌引起。本菌是牛的严格寄生菌，离开动物组织后，不能在自然界长期生存，此菌可在病愈动物体内保持活力数月，这是腐蹄病难以消灭的一个原因。

【临床症状】病牛喜爬卧，站立时患肢负重不实或各肢交替负重，行走时跛行。蹄间和蹄冠皮肤充血、红肿，蹄间溃烂，有恶臭分泌物，有的蹄间有不良肉芽增生。蹄底角质部呈黑色，用叩诊锤或手压蹄部出现痛感。有的出现角质溶解、蹄真皮过度增生，肉芽突出于蹄底。严重时，体温升高，食欲减退，严重跛行，甚至卧地不起，消瘦。用刀切削扩创后，蹄底小孔或大洞即有污黑的臭水流出，趾间也能看到溃疡面，上面覆盖着恶臭的坏死物，重者蹄冠红肿，痛感明显。

【预防】药物对腐蹄病无临床效果，切实预防和控制该病的最有效措施是进行疫苗免疫。此外，圈舍应勤扫勤垫，防止泥泞，运动场要干燥，设有遮阳棚。

【发病后措施】草料中要补充锌与铜，每头牛每天每千克体重补喂硫酸铜、硫酸锌各 45 毫克。如钙磷失调，缺钙补骨粉，缺磷则加喂麸皮。用 10% 硫酸铜溶液浴蹄 2 ~ 5 分钟，间隔 1 周再进行 1 次，效果极佳。

6. 子宫内膜炎　子宫内膜炎是在母牛分娩时或产后由于微生物感染所引起的，是奶牛不孕的常见原因之一。根据病程可分为急性和慢性两种，临床上以慢性较为多见，常由急性未及时或未彻底治疗转化而来。

【病因】发病原因多见于产道损伤、难产、流产、子宫脱出、阴道脱出、阴道炎、子宫颈炎、恶露停滞、胎衣不下，以及人工授精或阴道检查时消毒不严格，致使致病病毒侵入子宫而引起。

【临床症状】急性子宫内膜炎，在产后5~6天从阴门排出大量恶臭的恶露，呈褐色或污秽色，有时含有絮状物。慢性子宫炎出现性周期不规律，屡配不孕，阴户在发情时流出较混浊的黏液。

【防治措施】主要方法包括冲洗子宫、子宫按摩。

7. 胎衣不下　牛胎衣不下是指母牛分娩后8~12小时排不出胎衣（正常分娩后3~5小时排出胎衣），超过12小时胎衣还未全部排出者称为胎衣不下或胎衣滞留。

【病因】母牛体质弱，少运动，营养不良，胎儿过大，胎水过多，胎儿胎盘和母体胎盘病理黏着，产道阻滞等均会导致胎衣不下。

【临床症状】停滞的胎衣部分悬垂于阴门之外或阻滞于阴道之内。

【防治措施】胎衣不下的治疗方法很多，概括起来可分为药物疗法和手术剥离两类。①药物疗法。促进子宫收缩，加速胎衣排出。皮下或肌内注射垂体后叶素50~100国际单位。最好在产后8~12小时注射，如分娩超过24~48小时，则效果不佳。也可注射催产素10毫升（100国际单位），麦角新碱6~10毫克。②手术剥离。先用温水灌肠，排出直肠中积粪或用手掏尽，再用0.1%高锰酸钾溶液洗净外阴。后用左手握住外露的胎衣，右手顺阴道伸入子宫，寻找子宫叶。先用拇指找出胎儿胎盘的边缘，然后将食指或拇指伸入胎儿胎盘与母体胎盘之间，把它们分开，至胎儿胎盘被分离一半时，用拇、食、中指握住胎衣，轻轻一拉，即可完整地剥离下来。如粘连较紧，必须慢慢剥离。操作时须由近向远，循序渐进，越靠近子宫角尖端，越不易剥离，尤须细心，力求完整取出胎衣。

预防胎衣不下，当分娩破水时，可接取羊水300~500毫升于分娩后立即灌服，可促使子宫收缩，加快胎衣排出。

8. 子宫外翻或子宫脱出 子宫角、子宫体、子宫颈等翻转突垂于阴道内称为子宫内翻，翻转突垂于阴门外称子宫外翻。

【病因】多因怀孕期饲养管理不当，饲料单一、质量差，缺乏运动，畜体瘦弱无力，过劳等致使会阴部组织松弛，无力固定子宫，年老和经产母牛易发生。助产不当、产道干燥时，强力而迅速拉出胎畜、胎衣不下，在露出的胎衣断端系以重物及胎畜脐带粗短等亦可引起。此外，瘤胃臌气、瘤胃积食、便秘、腹泻等也能诱发本病。

【临床症状】子宫部分脱出，为子宫角翻至子宫颈或阴道内而发生套叠，仅有不安、努责和类似疝痛症状，通过阴道检查才可发现。子宫全部脱出时，子宫角、子宫体及子宫颈部外翻于阴门外，且可下垂到跗关节。脱出的子宫黏膜上往往附有部分胎衣和子叶。子宫黏膜初为红色，以后变为紫红色，子宫水肿增厚，呈肉冻状，表面开裂，流出渗出液。

【防治措施】子宫全部脱出，必须进行整复。将病牛处于前低后高、干燥的体位站立保定。用常水灌肠，使直肠内空虚。用温的0.1%高锰酸钾溶液冲洗脱出部分的表面及其周围的污物，剥离残留的胎衣以及坏死组织，再用3%~5%温明矾水冲洗，并注意止血。如果脱出部分水肿明显，可以消毒针头乱刺黏膜挤压排液；如有裂口，应涂擦碘酊，裂口深而大的要缝合。用2%普

鲁卡因溶液 8~10 毫升在尾荐间隙注射，施行硬膜外腔麻醉。在脱出部分包盖浸有消毒、抗菌药物的油纱布，用手掌趁患畜不努责时将脱出的子宫托送入阴道，直至子宫恢复正常位置，再插入一手至阴道并在里面停留片刻，以防努责时再脱。同时，为防止感染和促进子宫收缩，可在子宫内放置抗生素或磺胺类胶囊，随后注射垂体后叶素或缩宫素 60~100 国际单位，或麦角新碱 2~3 毫克。最后应加栅状阴门托或绳网结以保定阴门，或加阴门锁，或以细塑料线将阴门做稀疏袋口缝合。经数天后子宫不再脱出时即可拆除。

主要参考文献

[1] 曹玉凤，李建国．肉牛标准化养殖技术［M］．北京：中国农业大学出版社，2004.
[2] 初秀．规模化安全养肉牛综合新技术［M］．北京：中国农业出版社，2005.
[3] 中国兽医药品监察所，兽药典委员会办公室．奶牛用药知识手册［M］．北京：中国农业出版社，2010.
[4] 曾振灵．兽药手册［M］.2 版．北京：化学工业出版社，2012.
[5] 魏刚才，等．养殖场消毒技术［M］．北京：化学工业出版社，2007.
[6] 王维安，隆拥军，陈亚兵．天门市种草养牛效益分析[J]．湖北畜牧兽医，2014（35）：61-64.
[7] 杨校民．种草养牛技术手册［M］．北京：金盾出版社，2011.
[8] 王建平，刘宁．种草养牛实用技术［M］．北京：化学工业出版社，2015.
[9] 昝林森．牛生产学［M］．北京：中国农业出版社，2007.